中等职业教育国家规划教材

全国中等职业教育教材审定委员会审定

汽轮机设备

（第三版）

主　　编　赵素芬

编　　写　杨巧云　张梅有

责任主审　朱　萍

主　　审　陈　庚

中国电力出版社
CHINA ELECTRIC POWER PRESS

内 容 提 要

本书为中等职业教育国家规划教材。

全书系统地介绍了汽轮机的工作原理、设备结构、变工况、调节系统、汽轮机的保护装置和供油系统、汽轮机运行的基本理论以及汽轮机运行等内容。为了便于读者学习和掌握，单元后附有小结、复习思考题及习题。

本书可作为中等职业技术学校发电厂热力设备运行、检修专业的教材，也可作为汽轮机运行、检修专业的培训教材，同时可供相关专业的工程技术人员参考。

图书在版编目（CIP）数据

汽轮机设备/赵素芬主编. —3 版. —北京：中国电力出版社，2014.2（2025.9 重印）
中等职业教育国家规划教材
ISBN 978 - 7 - 5123 - 5261 - 2

Ⅰ.①汽… Ⅱ.①赵… Ⅲ.①蒸汽透平－中等专业学校－教材 Ⅳ.①TK26

中国版本图书馆 CIP 数据核字（2013）第 285951 号

中国电力出版社出版、发行
（北京市东城区北京站西街 19 号 100005 http://www.cepp.sgcc.com.cn）
北京天泽润科贸有限公司印刷
各地新华书店经售

*

2002 年 1 月第一版
2014 年 2 月第三版 2025 年 9 月北京第二十六次印刷
787 毫米×1092 毫米 16 开本 15.25 印张 366 千字
定价 38.00 元

中等职业教育国家规划教材
出 版 说 明

为了贯彻《中共中央国务院关于深化教育改革全面推进素质教育的决定》精神，落实《面向21世纪教育振兴行动计划》中提出的职业教育课程改革和教材建设规划，根据教育部关于《中等职业教育国家规划教材申报、立项及管理意见》（教职成〔2001〕1号）的精神，我们组织力量对实现中等职业教育培养目标和保证基本教学规格起保障作用的德育课程、文化基础课程、专业技术基础课程和80个重点建设专业主干课程的教材进行了规划和编写，从2001年秋季开学起，国家规划教材将陆续提供给各类中等职业学校选用。

国家规划教材是根据教育部最新颁布的德育课程、文化基础课程、专业技术基础课程和80个重点建设专业主干课程的教学大纲（课程教学基本要求）编写的，并经全国中等职业教育教材审定委员会审定。新教材全面贯彻素质教育思想，从社会发展对高素质劳动者和中初级专门人才需要的实际出发，注重对学生的创新精神和实践能力的培养。新教材在理论体系、组织结构和阐述方法等方面均作了一些新的尝试。新教材实行一纲多本，努力为教材选用提供比较和选择，满足不同学制、不同专业和不同办学条件的教学需要。

希望各地、各部门积极推广和选用国家规划教材，并在使用过程中，注意总结经验，及时提出修改意见和建议，使之不断完善和提高。

教育部职业教育与成人教育司
二〇〇一年十月

前 言

本次修订在第二版的基础上，通过广泛征求广大读者的意见和建议，并结合当前新技术的发展情况，精选了原有教学内容，并按需求增加了两个单元。全书共分七个单元。以理论指导实践为目的讲述了汽轮机的工作原理、汽轮机的变工况知识，避免了烦琐的公式推导和理论计算，着重于定性分析，突出理论在实际中的应用；以 300、600MW 机组为典型讲述了汽轮机设备的基本结构；以数字电液（DEH）调节系统为重点，讲述了汽轮机的调节、保护及供油系统；以理论应用于实践为宗旨，讲述了汽轮机运行的基本知识。

本书由国网河北省电力公司培训中心赵素芬主编，并编写了绪论、第一、三、四、五单元；武汉电力职业技术学院杨巧云编写了第二单元；宁夏电力公司教育培训中心张梅有编写了第六、七单元。全书由华北电力大学的朱萍教授担任责任主审，北方交通大学的陈庚教授主审。

本书可作为中等职业学校（普通中专、成人中专、技工学校、职业高中）教材，也可作为职工培训用书或供电厂运行人员参考用书。

编　者
2013 年 12 月

第一版前言

汽轮机设备是中等职业学校电厂热力设备运行专业的一门主干课程，是按照国家教育部职业教育与成人教育司关于国家规划教材的统一要求，并依据中等职业学校汽轮机设备教学大纲编写的。

本书依据教学大纲的要求，确定教材的深度和广度，并结合当前电力工业的发展情况，精选教材内容。全书共分五个单元，分别介绍了汽轮机的工作原理、汽轮机设备结构、汽轮机的变工况、汽轮机的调节系统、汽轮机的保护装置和供油系统。

本书由石家庄电力工业学校赵素芬主编，并编写绪论和第一、第三单元；武汉电校杨巧云编写第二单元；长春电校高鉴枰编写第四、第五单元。本书由兰州电校宋文复主审。

在编写过程中，得到兰州电力学校、武汉电力学校、长春电力学校、石家庄电力学校的大力支持和帮助，谨表谢意。

对本书存在的缺点和不足之处，恳切希望广大读者批评指正。

编 者

2001 年 7 月

第二版前言

《汽轮机设备》是教育部80个重点建设专业主干课程之一，是根据教育部最新颁布的中等职业学校电厂热力设备及运行专业"汽轮机设备"课程教学大纲编写的。

本书以培养学生的创新精神和实践能力为重点，以培养在生产、服务、技术和管理第一线工作的高素质劳动者和中初级专门人才为目标。教材的内容适应劳动就业、教育发展和构建人才成长"立交桥"的需要，使学生通过学习具有综合职业能力、继续学习的能力和适应职业变化的能力。

本书依据教学大纲的要求，确定教材的深度和广度，并结合当前电力工业的发展情况，精选教学内容。全书共分五个单元，分别介绍了汽轮机的工作原理、汽轮机设备结构、汽轮机的变工况、汽轮机的调节系统、汽轮机的保护装置和供油系统。

本次是在第一版的基础上，广泛征求读者意见和建议，并结合几年来新技术、新设备的应用情况进行修订的。本次编写在内容上更加体现了先进性、科学性，尤其突出了职业教育的实用性。

本书修订由河北省电力培训中心的赵素芬担任主编，并编写了绪论、第一单元、第三单元、第四单元和第五单元；武汉电力职业技术学院的杨巧云编写了第二单元。赵素芬负责全书的统稿工作。华北电力大学的朱萍教授担任本书的责任主审，北方交通大学的陈庚教授担任审稿工作。本书在编写过程中，参考了众多同仁和企业的文献、资料，并得到有关专家学者的热情帮助，在此一并表示衷心的感谢。

本书可作为中等职业学校（普通中专、成人中专、技工学校、职业高中）教材，也可作为职工培训用书或供电厂运行人员参考用书。

由于编者水平有限，加之时间仓促，书中不足之处在所难免，恳请广大读者批评指正。

编 者
2006 年 4 月

目 录

绪　　论

了解汽轮机的用途、基本工作原理，能识读汽轮机的型号，掌握不同类型汽轮机的工作特点。

一、汽轮机的用途

汽轮机是以水蒸气为工质，将蒸汽热能转换成转子旋转的机械能的动力机械，它具有单机功率大、效率高、转速高、运转平稳、单位功率制造成本低和使用寿命长等优点，在现代工业中得到广泛的应用。

汽轮机的主要用途是在热力发电厂中作原动机。在以煤、石油和天然气为燃料的火力发电厂、核电厂和地热电厂中，都采用以汽轮机为原动机的汽轮发电机组，其发电量约占总发电量的 80%。另外，汽轮机的排汽或中间抽汽还可以用来满足生产和生活的供热需要，这种既供热又供电的汽轮机称为热电合供汽轮机，这种汽轮机在热能的综合利用方面具有较高的经济性。由于汽轮机能够变速运行，故还可以用它直接驱动各种泵、风机、压缩机和船舶螺旋桨等。在生产过程中有余能、余热的各种工厂企业中，可以利用各种类型的工业汽轮机，使不同品位的热能得到合理有效的利用，从而提高企业的节能和经济效益。

生产电能的工厂称为发电厂（如火力发电厂、水力发电厂、核电厂等）。火力发电厂简称为火电厂，它是利用化石燃料（煤、石油、天然气）中蕴藏的化学能，在锅炉内通过燃烧转换为蒸汽的热能，然后在汽轮机内将蒸汽的热能转换成机械能，带动发电机发电的工厂。火电厂中，燃煤电厂所占比例最大，如英国和德国高达 70%，美国和苏联几乎占 50%，我国超过 70%。

二、汽轮机发展史概述

（一）汽轮机的发展特点

自 1883 年瑞典工程师拉瓦尔首先发明、制造了世界上第一台单级冲动式汽轮机，1884 年英国工程师帕森斯发明了第一台多级反动式汽轮机以来，汽轮机已有一百余年的历史。近几十年汽轮机的发展尤为迅速，其发展的主要特点如下所述。

（1）单机功率增大。世界工业发达国家生产的汽轮机在 20 世纪 60 年代已达到 $500 \sim 600MW$ 机组等级水平。1972 年，瑞士 BBC 公司制造的 1300MW 双轴全速汽轮机（24MPa/538℃/538℃、$n = 3600r/min$）在美国投入运行；1976 年，西德 KWU 公司制造的单轴半速（$n = 1500r/min$）1300MW 饱和蒸汽参数汽轮机投入运行；1982 年，世界最大 1200MW 单轴全速汽轮机（24MPa/540℃/540℃）在苏联投入运行。增大单机功率不仅能迅速发展电力生产，而且具有下列优点：

1）单位功率投资成本低。如苏联 800MW 机组的单位功率成本比 500MW 机组的低 17%，而 1200MW 机组的单位功率成本又比 800MW 机组的低 15%～20%。

2）单机功率越大，机组的热经济性就越好。如法国的 600MW 机组的热耗率比 125MW 机组的热耗率降低了 276.3kJ/（kW·h），即每年可节约标准煤 4 万 t 左右。

3）加快电厂建设速度，降低电厂建设投资和运行费用。

（2）蒸汽初参数提高。增大单机功率后适宜采用较高的蒸汽参数，300MW 及以上容量的机组均采用亚临界（16～18MPa）或超临界压力（23～26MPa），甚至采用超超临界压力（32MPa）。蒸汽初温度多采用 535～565℃，即尽量控制在珠光体钢所允许的 565℃ 以下，力求不用或少用奥氏体钢。

（3）普遍采用一次中间再热。采用中间再热后可降低低压缸末级排汽湿度，减轻末级叶片水蚀程度，为提高蒸汽初压创造了条件，从而提高机组内效率、热效率和运行的可靠性。

（4）采用燃气-蒸汽联合循环，以提高电厂效率。

（5）机组的运行水平提高。为了提高机组的运行、维护和检修水平，现代大机组增设和改善了保护、报警和状态监测系统，有的还配置了智能化故障诊断系统。

（6）发展核电厂用的汽轮机。发展核电是解决能源不足问题的主要途径。

（二）我国汽轮机的发展

新中国建立时，我国没有汽轮机制造业。新中国成立后相继建成了上海、哈尔滨和东方三大汽轮机厂，它们主要生产大功率的电厂汽轮机。1955 年，上海汽轮机厂制造了国产第一台中压 6000kW 冲动式汽轮机。此后，我国汽轮机制造工业得到迅速发展，已经陆续生产了中压 12、25MW，高压 50、100MW，超高压中间再热 125、200MW，以及亚临界参数 300、600MW 的汽轮机。此外，还建立了北京重型电机厂、武汉汽轮机厂和青岛汽轮机厂，以及以生产工业汽轮机和燃气轮机为主的杭州汽轮机厂和南京汽轮发电机厂。从而使我国的汽轮机制造业形成了独具特色的一套完整的生产体系。

三、汽轮机的基本工作原理

汽轮机的基本工作原理可分为冲动作用原理和反动作用原理，下面分别进行介绍。

（一）冲动作用原理

由力学可知，当运动物体碰到另一个静止的或速度较低的物体时，就会受到阻碍而改变其速度，同时给阻碍它运动的物体一个作用力，这个作用力称为冲动力。如图 0-1（a）所示，蒸汽在喷嘴 4 中产生膨胀，压力降低，速度增加，蒸汽的热能转换为蒸汽的动能。高速汽流冲击叶片 3，由于汽流方向的改变，蒸汽对叶片产生一个冲动力。该冲动力对叶片做功，使叶轮 2 旋转，从而将蒸汽的动能转换成轴旋转的机械能。这种利用冲动力做功的原理，称为冲动作用原理。

现以半圆形叶片为例，说明高速汽流流经动叶栅时，对叶片产生冲动力的原理。如图 0-1（b）所示，假设汽流的流动为理想流动，从喷嘴流出的高速汽流以速度 c_1 进入动叶片，做匀速圆周运动，最后以速度 c_2（c_2 与 c_1 大小相等，方向相反）流出流道。因为汽流微团受流道约束而运动，所以每一微团都直接或间接地受到流道内弧表面的弹力作用，这个弹力就是汽流微团做圆周运动的向心力。与此同时，根据牛顿第三定律，叶片内弧表面受到汽流微团的压力作用，此压力在效果上属离心力。图 0-1（b）中，F_a，F_b，…，F_f 分别表示汽流微团作用在 a，b，…，f 各点的压力，这些压力 F_i 都可以分解为沿圆周方向的周向力 F_{iu} 和沿转轴方向的轴向力 F_{iz}。将作用于叶片上的全部周向力相加，其合力为 $F_u = F_{au} + F_{bu} + \cdots + F_{fu} > 0$。

而轴向力由图上左右对称点可见，两两大小相等、方向相反，故其轴向合力为零，即 $F_z=F_{az}+F_{bz}+\cdots+F_{fz}=0$。周向力 F_u 即为冲动力，如果叶片旋转的速度为 u，则在单位时间内汽流周向力所做的功为 $P=F_u u$。这就是冲动作用原理。

冲动作用原理的特点是，蒸汽在动叶中流动时，只是速度方向发生改变，不发生膨胀，因此只有冲动力对动叶做功，其所做的功等于热能转换为汽轮机转子机械能的数量。

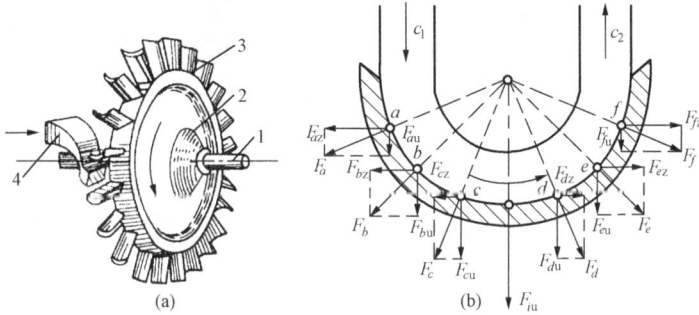

图 0-1　单级冲动式汽轮机
(a) 结构简图；(b) 冲动作用原理
1—轴；2—叶轮；3—叶片；4—喷嘴

(二) 反动作用原理

由牛顿第三定律可知，一物体对另一物体施加一作用力时，这个物体上必然要受到与其作用力大小相等、方向相反的反作用力。例如火箭（见图 0-2）就是利用燃料燃烧时产生的大量高压气体从尾部高速喷出，对火箭产生的反作用力使其高速飞行的，这个反动作用力称为反动力。利用反动力做功的原理，称为反动作用原理。

在反动式汽轮机中，蒸汽在喷嘴中产生膨胀，压力由 p_0 降至 p_1，速度由 c_0 增至 c_1。汽流流进动叶后，一方面由于速度方向改变而产生一个冲动力 F_i；另一方面蒸汽同时在动叶道内继续膨胀，压力由 p_1 降到 p_2，汽流加速产生一个反动力 F_r，见图 0-3。动叶则在这两种力的合力作用下运动。

反动作用原理的特点是，蒸汽的冲动力和反动力同时对动叶片做功，其所做的功等于热能转换为汽轮机转子的机械能的数量。显然，反动式汽轮机是同时利用冲动和反动作用原理工作的。

图 0-2　火箭工作原理示意

(三) 冲动式汽轮机和反动式汽轮机本体结构特点

1. 单级冲动式汽轮机结构

在汽轮机中，一列静叶栅（喷嘴）和其后的动叶栅（动叶片）组成将蒸汽热能转换成机械能的基本工作单元，称为汽轮机的级。只有一个级的汽轮机，称为单级汽轮机；有若干个级的汽轮机，称为多级汽轮机。图 0-4 所示为单级冲动式汽轮机示意，它由汽缸、喷嘴、动叶片、叶轮和轴等部件组成。蒸汽流过喷嘴时，压力由 p_0 降至 p_1，流速则从 c_0 增至 c_1，将热能转换为动能；在动叶片中，蒸汽按冲动原理给动叶片以冲动力，蒸汽速度由 c_1 降至 c_2，叶轮旋转而输出机械功，将大部分蒸汽动能转换为叶轮的机械能。

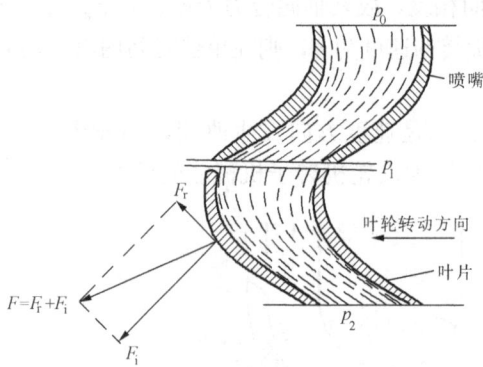

图 0-3 蒸汽对反动式汽轮机叶片的作用力

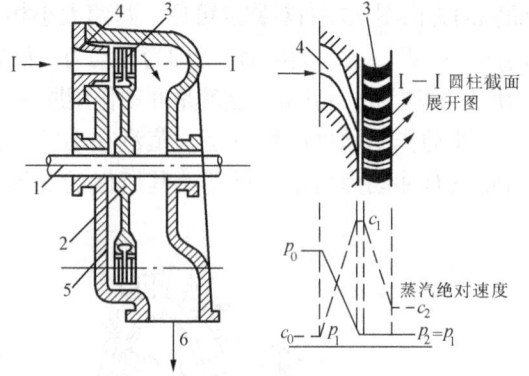

图 0-4 单级冲动式汽轮机示意

1—轴；2—叶轮；3—动叶片；

4—喷嘴；5—汽缸；6—排汽口

2. 多级汽轮机结构

无论什么形式的汽轮机，其基本结构都可分为转动部分（转子）和静止部分（静子）。转动部分主要包括主轴、叶轮、动叶片和联轴器等，静止部分主要包括进汽部分、汽缸、隔板和静叶栅、汽封及轴承等。

除静止和转动部分外，汽轮机本体上还设置了各种工作系统，其中包括汽水系统、汽封系统、滑销系统、调节系统、供油系统和保护装置等，这些系统共同保证汽轮机正常工作。

现就多级冲动式和多级反动式汽轮机的具体结构和工作特点概述如下：

（1）多级冲动式汽轮机。图 0-5 所示为一台多级冲动式汽轮机结构示意，它由 4 级组成，第一级称为调节级，其余三级称为压力级。汽轮机负荷发生变化时，通常利用依次开启的调节阀，使第一级喷嘴的流通面积变化来改变蒸汽流量，因此第一级通常称为调节级。第一级的喷嘴分组装在喷嘴室里，每个调节阀分别控制一组喷嘴。压力级的喷嘴装在隔板上，隔板分为上下两半，分别装在上汽缸及下汽缸上。蒸汽在每一级中膨胀，推动转子旋转做功，蒸汽如此逐级膨胀做功。整个汽轮机的功率是各级功率之和，所以，多级汽轮机的功率可以做得很大。图 0-5 还给出了冲动式多级汽轮机中各级的压力 p 与速度 c 的变化曲线。

由于流经各级的蒸汽压力逐渐降低，比体积逐渐增大，则蒸汽的体积流量逐渐增大。为了使蒸汽顺利通过，通流面积应逐渐增大，最后，做过功的蒸汽排入凝汽器中。

此外，为防止隔板与轴之间的间隙产生漏汽，隔板上装有隔板汽封 9，同时为防止通过高压缸与轴之间的间隙向外漏蒸汽和通过低压缸与轴之间的间隙向里漏空气，还分别装有轴封 8。

多级冲动式汽轮机总体结构的特点是汽缸内装有隔板和轮式转子。

（2）多级反动式汽轮机。图 0-6 所示为一台具有 4 级的反动式汽轮机。由于反动式汽轮机与冲动式汽轮机工作原理的不同，使得反动式汽轮机与冲动式汽轮机结构也有所不同，其总体结构特点是，汽缸内无隔板或装有无隔板体隔板，并采用了鼓形转子，动叶栅直接嵌装在鼓形转子的外缘上。另外，高压端轴封还设有平衡活塞 4，用蒸汽连接管 7 与凝汽器相通，使平衡活塞上产生一个与汽流的轴向力方向相反的平衡力。

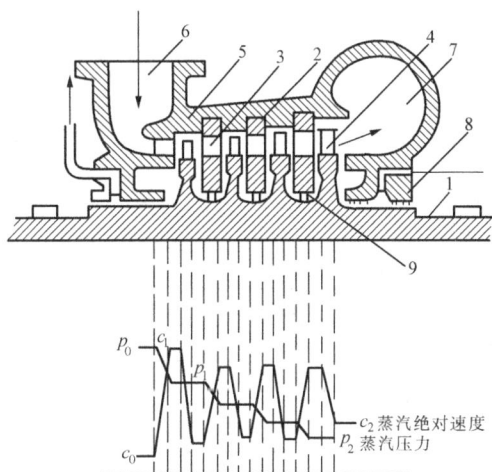

图 0-5　多级冲动式汽轮机通流部分示意

1—转子；2—隔板；3—喷嘴；4—动叶片；5—汽缸；
6—蒸汽室；7—排汽管；8—轴封；9—隔板汽封

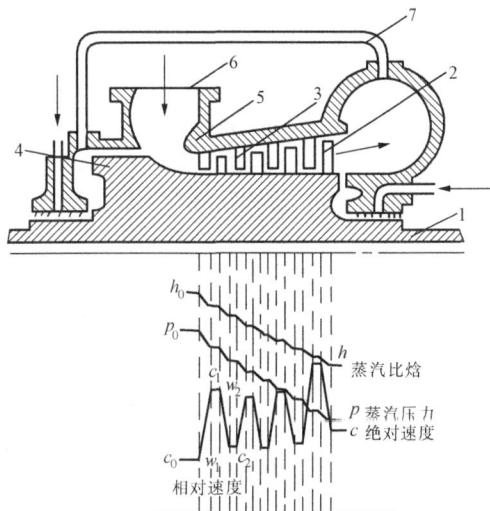

图 0-6　多级反动式汽轮机通流部分示意

1—鼓形转子；2—动叶片；3—静叶片；4—平
衡活塞；5—汽缸；6—蒸汽室；7—连接管

图 0-7 所示的国产引进型 N300-16.7/537/537 汽轮机，是较为典型的多级反动式汽轮机。

四、汽轮机的分类和型号

（一）分类

汽轮机的类型很多，为便于使用，常按热力过程特性、工作原理、蒸汽参数、汽流方向及用途等对汽轮机进行分类，见表 0-1。

表 0-1　　　　　　　　　　汽 轮 机 的 分 类

分　类	形　式	特　点
按工作原理	冲动式汽轮机	按冲动作用原理工作的汽轮机，蒸汽的膨胀主要发生在喷嘴中
	反动式汽轮机	按反动作用原理工作的汽轮机，蒸汽在喷嘴中和动叶中的膨胀程度接近相等
	冲反联合式汽轮机	有些级按冲动作用原理工作，有些级按反动作用原理工作
按热力过程特性	凝汽式汽轮机	进入汽轮机做功的蒸汽，除少量的回热抽汽外，其余的蒸汽在低于大气压力下的真空状态下排入凝汽器
	调节抽汽式汽轮机	在汽轮机中，部分蒸汽在一种或两种给定压力下抽出，供给工业或生活使用，其余蒸汽在汽轮机内做功后仍排入凝汽器。一般用于工业生产的抽汽压力为 0.5~1.5MPa，用于生活采暖的抽汽压力为 0.05~0.25MPa
	背压式汽轮机	在汽轮机中做过功的蒸汽以高于大气压力排出，供给热用户使用，这种汽轮机称为背压式汽轮机。排汽作为其他中、低压汽轮机工作介质的背压式汽轮机，称为前置式汽轮机
	中间再热式汽轮机	新蒸汽在汽轮机前面若干级做功后，全部引至锅炉内再次加热到某一温度，然后回到汽轮机中继续做功，这种汽轮机称为中间再热式汽轮机

续表

分　类	形　式	特　　点
按进汽参数	低压汽轮机	新蒸汽压力小于 1.5MPa
	中压汽轮机	新蒸汽压力 2～4MPa
	高压汽轮机	新蒸汽压力 6～10MPa
	超高压汽轮机	新蒸汽压力 12～14MPa
	亚临界参数汽轮机	新蒸汽压力 16～18MPa
	超临界参数汽轮机	新蒸汽压力超过 22.1MPa
按蒸汽流动方向	轴流式汽轮机	蒸汽主要是沿着轴向流动的汽轮机
	辐流式汽轮机	蒸汽主要是沿着辐向（即半径方向）流动的汽轮机
	周流式汽轮机	蒸汽主要是沿着周向流动的汽轮机
按用途	电厂汽轮机	热力发电厂中用于发电的汽轮机
	工业汽轮机	用于工业企业中的固定式汽轮机
	船用汽轮机	用于船舶驱动螺旋桨的汽轮机

（二）型号

汽轮机种类很多，为了便于使用，通常用一定的符号来表示汽轮机的基本特性，这种符号组称为汽轮机的型号。

1. 国产汽轮机型号组成

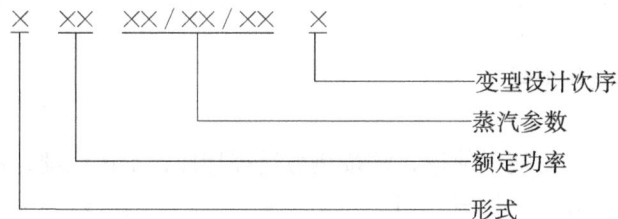

功率单位为 MW，压力单位为 MPa，温度单位为℃。

2. 汽轮机型式的汉语拼音代号

汽轮机类型的汉语拼音代号见表 0-2。

表 0-2　　　　　　　　　　汽轮机类型的汉语拼音代号

代号	N	B	C	CC	CB	H	Y
形式	凝汽式	背压式	一次调整抽汽式	二次调整抽汽式	抽汽背压式	船用	移动式

3. 汽轮机型号中蒸汽参数表示法

汽轮机型号中蒸汽参数表示法见表 0-3。

表 0-3　　　　　　　　　　汽轮机型号中蒸汽参数表示法

形　式	参数表示法	示　例
凝汽式	主蒸汽压力/主蒸汽温度	N100-8.83/535
中间再热式	主蒸汽压力/主蒸汽温度/再热蒸汽温度	N300-16.7/538/538
一次调整抽汽式	主蒸汽压力/抽汽压力	C50-8.83/0.118
两次调整抽汽式	主蒸汽压力/高压抽汽压力/低压抽汽压力	CC25-8.83/0.98/0.118
背压式	主蒸汽压力/排汽压力	B50-8.83/0.98
抽汽背压式	主蒸汽压力/抽汽压力/排汽压力	CB25-8.83/1.47/0.49

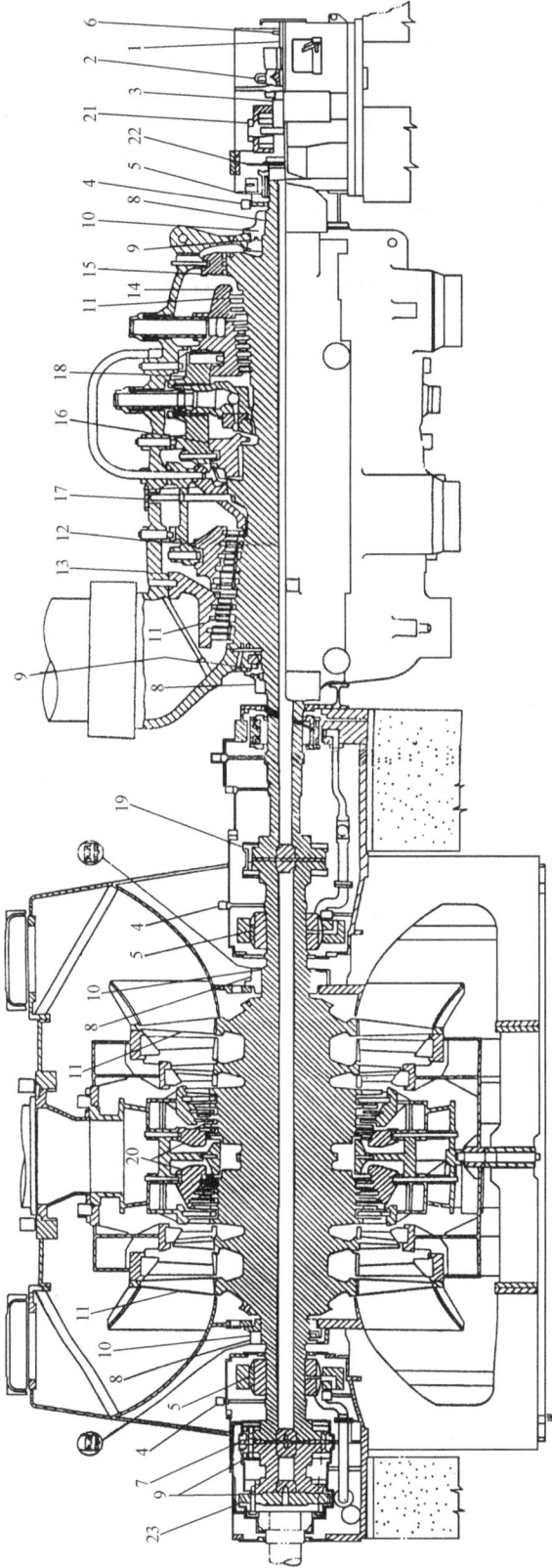

图 0-7　N300-16.7/537/537 型汽轮机纵剖面

1—超速脱扣装置;2—主油泵;3—转速传感器和零转速检测器;4—振动检测器;5—轴承;6—偏心和鉴相器;7—胀差检测器;8—外汽封;9—内汽封;10—汽封;
11—叶片;12—中压 1 号持环;13—中压 2 号持环;14—高压 1 号持环;15—高压排汽活塞汽封;16—高压平衡活塞汽封;17—中压平衡活塞汽封;
18—高压内缸;19—联轴器;20—低压持环;21—推力轴承;22—轴向位置和推力轴承脱扣检测器;23—测速装置(危急遮断系统)

小　　结

1. 汽轮机是以蒸汽为工质，将蒸汽热能转换成机械能的动力机械。汽轮机应用广泛，在发电厂中作为拖动发电机的原动机。

2. 组成汽轮机的基本做功单元是汽轮机的级，每一级均由一列喷嘴和一列动叶组成。根据汽轮机级数的不同可分为单级汽轮机和多级汽轮机。

3. 汽轮机的基本工作原理是冲动作用原理和反动作用原理。由于工作原理不同，造成了冲动式汽轮机和反动式汽轮机结构的不同。

4. 按照不同的分类方法将汽轮机分成了不同类型，不同类型的汽轮机具有不同的特点。

复 习 思 考 题

1. 大功率汽轮机的主要优点是什么？

2. 解释冲动作用原理、反动作用原理。

3. 按热力过程特性可将汽轮机分为哪几类？

4. 什么叫汽轮机的级？

5. 多级冲动式汽轮机和多级反动式汽轮机在结构上有哪些区别？

6. 说明下列汽轮机型号的含义：CC12-3.43/0.98/0.118，B25-8.83/0.98，N300-16.7/538/538。

汽 轮 机 的 工 作 原 理

●——内 容 提 要——●

本单元主要介绍蒸汽在级中的能量转换过程，多级汽轮机的工作特点。

组成汽轮机的基本做功单元是级，因此分析汽轮机的工作原理总是从级的工作原理入手。

喷嘴和动叶的流道是由弯曲的壁面构成的。由于蒸汽在这些流道中的实际流动情况比较复杂，为了便于分析，对蒸汽在喷嘴和动叶中的流动做如下假设：

（1）稳定流动，即蒸汽在流道中任一点的参数不随时间变化；

（2）一元流动，即蒸汽在流道中的参数只沿流动方向发生变化，而在垂直于流动方向的截面上各点参数相同；

（3）绝热流动，即认为蒸汽在流道中流动速度很高，因而流经流道的时间很短，来不及与壁面发生热交换。

按照上述假定，即可将蒸汽在喷嘴和动叶中的流动看作是一元稳定绝热流动。这样不仅简单易懂，而且当用其说明和计算汽轮机中的能量转换过程和变工况特性时，对于大多数级，特别是那些相对高度较小的高、中压级来讲，已足够精确。考虑到实际汽流的不均匀性，在分析和计算时各个参数均用级平均直径处的数值表示。

由汽轮机的基本工作原理可知，蒸汽流经级做功时，有的级中蒸汽仅在喷嘴中膨胀，有的级中蒸汽不仅在喷嘴中膨胀，而且在动叶中也膨胀。在实际应用中，常根据蒸汽在动叶中是否发生膨胀及膨胀程度的大小来区分级的类型。图 1-1 表示没有损失时，蒸汽在喷嘴和动叶中都发生膨胀的理想热力过程，蒸汽在喷嘴中的理想比焓降为 Δh_{1t}，在动叶中的理想比焓降为 $\Delta h_{2t}'$，则级的理想比焓降 Δh_t 为

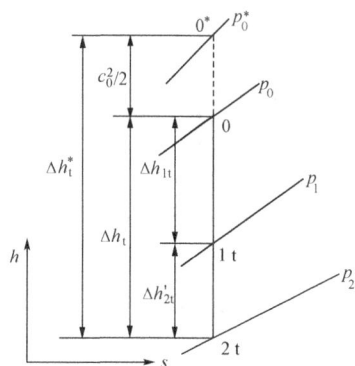

图 1-1 级的理想热力过程

$$\Delta h_t = \Delta h_{1t} + \Delta h_{2t}'$$

当假想汽流被等熵地滞止到初速等于零的状态时，蒸汽在级内等熵膨胀所具有的比焓降，称为级的理想滞止比焓降，用 Δh_t^* 表示。

蒸汽在动叶中的理想比焓降与级的理想滞止比焓降之比称为级的反动度，以 Ω 表示，即

$$\Omega = \frac{\Delta h_{2t}'}{\Delta h_t^*} \tag{1-1}$$

按照不同的反动度，汽轮机的级可分为下列类型。

（1）纯冲动级。当级的反动度 $\Omega=0$ 时，称为纯冲动级，如图 1-2 所示。级内能量的转换特点是，蒸汽只在喷嘴中发生膨胀，在动叶中不膨胀（$\Delta h'_{2t}=0$），只改变速度方向，则级的理想滞止比焓降等于喷嘴的理想滞止比焓降，即 $\Delta h^*_{1t}=\Delta h^*_t$。喷嘴出口压力等于动叶出口的压力，即 $p_1=p_2$。纯冲动级的结构特点是，动叶的进口和出口截面接近相等。

（2）反动级。级的反动度 $\Omega=0.5$ 左右时，称为反动级，如图 1-3 所示。级内能量转换特点是，蒸汽在喷嘴和动叶中的膨胀程度接近相等，其比焓降接近相等，$p_1>p_2$。反动级的结构特点是，喷嘴和动叶的形状相似，流道均为收缩型。这种级多用于反动式汽轮机及冲动式汽轮机的最末几级。

（3）带有反动度的冲动级。当级的反动度 $\Omega=0.15$ 左右时，称为带有反动度的冲动级，简称冲动级，如图 1-4 所示。级内能量转换特点是，蒸汽在动叶中有一定的膨胀，但小于在喷嘴中的膨胀量，蒸汽对动叶的作用力以冲动力为主，因此有 $p_1>p_2$，$\Delta h'_{2t}>0$。喷嘴和动叶的结构介于纯冲动级和反动级之间。这种级在冲动式汽轮机中应用较广，一般在高压端的级反动度较小，低压端的级反动度较大。

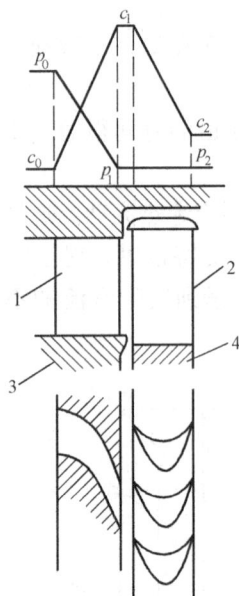

图 1-2　纯冲动级中蒸汽
压力和速度变化示意
1—喷嘴；2—动叶；
3—隔板；4—叶轮

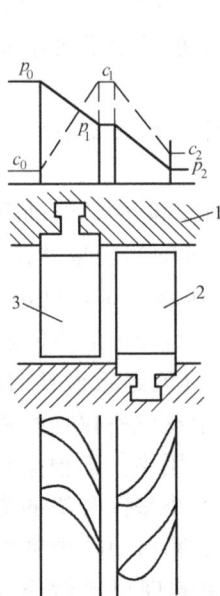

图 1-3　反动级中蒸汽压
力和速度变化示意
1—静叶持环；2—动
叶；3—喷嘴

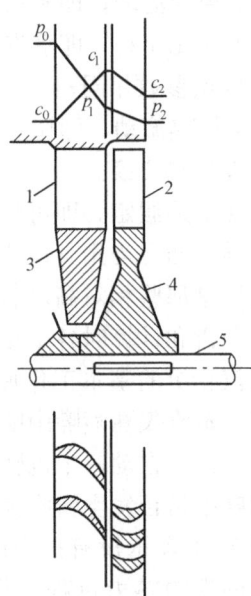

图 1-4　带反动度的冲动级中
蒸汽压力和速度变化示意
1—喷嘴；2—动叶；3—隔
板；4—叶轮；5—轴

蒸汽流经级时，将热能转换成机械能，因此，研究级的工作原理就是研究蒸汽流经喷嘴和动叶时的能量转换过程、特点以及它们之间的数量关系。

课题一　蒸汽在喷嘴中的流动

📖 **教学目的**

掌握蒸汽在喷嘴内的能量转换过程、特点，了解能量转换的计算方法。

一、蒸汽在喷嘴中的膨胀过程

（一）滞止状态与滞止参数

在汽轮机的多数级（除调节级和末级）中，喷嘴入口的初速度是不可忽略的（$c_0 \neq 0$），为了便于分析计算，引入滞止状态和滞止参数概念。所谓滞止状态就是假想汽流被等熵滞止到初速度等于零的状态。滞止状态点记为"0^*"点，此状态下的参数被称为滞止参数。与喷嘴入口实际状态参数 p_0、t_0、h_0 相应的滞止参数为 p_0^*、t_0^*、h_0^*，由已知的 p_0、t_0、c_0 便可求得滞止状态焓，即

$$h_0^* = h_0 + \frac{c_0^2}{2}$$

在 h-s 图上，从初状态点"0"向上等熵截取 $\frac{c_0^2}{2}$ 数值，即得到"0^*"点，进而由 0^* 查出 p_0^*、t_0^* 数值，见图 1-5。

（二）蒸汽在喷嘴中的膨胀过程

如图 1-3 所示，蒸汽流经喷嘴时，压力逐渐降低，流速逐渐升高，将蒸汽的热能转换为动能。蒸汽在喷嘴中膨胀的热力过程如图 1-6 所示。

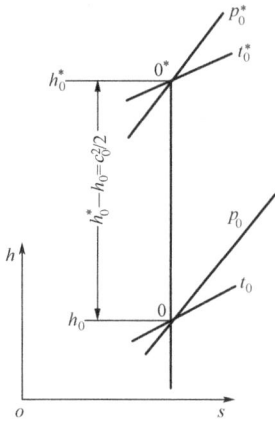

图 1-5　蒸汽滞止状态和滞止参数　　　　图 1-6　蒸汽在喷嘴中膨胀的热力过程线

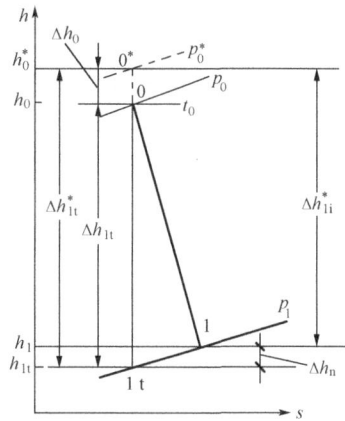

0 点是喷嘴前蒸汽状态点，0^* 点是滞止状态点。蒸汽初压力 p_0、初焓 h_0，以 c_0 的初速度进入喷嘴膨胀至 p_1 压力。如果不考虑损失，膨胀沿等熵线 0-$1t$ 进行，喷嘴出口理想状态点为 $1t$ 点，对应比焓值为 h_{1t}，喷嘴的理想比焓降为 Δh_{1t}，喷嘴的滞止理想比焓降为 Δh_{1t}^*。若考虑损失，膨胀沿 0-1 线进行。1 点在 h-s 图上的准确位置，取决于喷嘴损失 Δh_n 的大小。

二、蒸汽在喷嘴中的流动速度

（一）喷嘴出口的理想速度

在已知喷嘴入口参数和出口压力时，对喷嘴进行计算。因为喷嘴是不动的，因而蒸汽流经喷嘴时不对外做功，又因蒸汽在喷嘴中没有损失的流动为等熵过程，则喷嘴进出口处的能量方程为

$$h_0 + \frac{c_0^2}{2} = h_{1t} + \frac{c_{1t}^2}{2} \tag{1-2}$$

由此知喷嘴出口的理想速度为

$$c_{1t} = \sqrt{2(h_0 - h_{1t}) + c_0^2} = \sqrt{2(h_0^* - h_{1t})} = 1.414\sqrt{\Delta h_{1t}^*} \qquad (1-3)$$

动量方程的形式为

$$c_{1t} = \sqrt{\frac{2\kappa}{\kappa - 1} p_0^* v_0^* \left[1 - \left(\frac{p_1}{p_0^*}\right)^{\frac{\kappa - 1}{\kappa}}\right]} \qquad (1-4)$$

$$= \sqrt{\frac{2\kappa}{\kappa - 1} p_0^* v_0^* (1 - \varepsilon_n^{\frac{\kappa - 1}{\kappa}})}$$

计算时,比焓值应在蒸汽的焓-熵图中查取,ε_n 为喷嘴压力比,即 $\varepsilon_n = \dfrac{p_1}{p_0^*}$。

随着蒸汽在喷嘴中的膨胀,蒸汽的流速不断增加,但压力、温度等参数逐渐降低,导致声速也逐渐降低。因此,会出现蒸汽流速与当地声速相等的临界状态,处于临界状态时的喷嘴压力比为临界压力比,即

$$\varepsilon_c = \frac{p_c}{p_0^*} = \left(\frac{2}{\kappa + 1}\right)^{\frac{\kappa}{\kappa - 1}} \qquad (1-5)$$

由式 (1-5) 可以看出,ε_c 的大小仅与蒸汽性质有关。由于水蒸气不是理想气体,其等熵指数 κ 不是常数,而由试验确定。对过热蒸汽,$\kappa = 1.3$,则 $\varepsilon_c \approx 0.546$;对干饱和蒸汽,$\kappa = 1.135$,则 $\varepsilon_c \approx 0.577$;对湿蒸汽 $\kappa = 1.035 + 0.1x$(x 为蒸汽干度),ε_c 由式 (1-5) 计算。

(二)喷嘴出口蒸汽实际速度及速度系数

蒸汽在喷嘴中流动时产生摩擦、涡流等损失,使得喷嘴出口蒸汽实际速度 c_1 低于理想速度 c_{1t},损失的这部分动能转换成了热能,并重新被蒸汽所吸收,所以出口比焓值提高。实际速度 c_1 的计算式为

$$c_1 = \sqrt{2(h_0^* - h_1)} = 1.414\sqrt{\Delta h_{1i}^*} \qquad (1-6)$$

喷嘴出口蒸汽速度减小的程度用喷嘴速度系数表示

$$\varphi = \frac{c_1}{c_{1t}}$$

$$c_1 = \varphi c_{1t} = \varphi \times 1.414\sqrt{\Delta h_{1t}^*} \qquad (1-7)$$

喷嘴速度系数的大小反映了喷嘴损失的多少,它与喷嘴损失的关系为

$$\Delta h_n = \frac{1}{2}c_{1t}^2 - \frac{1}{2}c_1^2 = (1 - \varphi^2)\frac{c_{1t}^2}{2} = (1 - \varphi^2)\Delta h_{1t}^* \qquad (1-8)$$

由此推出

$$\zeta_n = \frac{\Delta h_n}{\Delta h_{1t}^*} = 1 - \varphi^2 \qquad (1-9)$$

式中 Δh_n、ζ_n——喷嘴损失及喷嘴能量损失系数。

φ 值的大小一般由试验来确定。图 1-7 所示为渐缩喷嘴的速度系数 φ 与叶高 l_n 的变化关系。它是喷嘴宽度 B_n 为 55~88mm 时,在不同叶高条件下试验绘制的曲线。由图可知,φ 随 l_n 的增高而增加,当 l_n 小于 10~12mm 时,φ 值急剧下降。故设计时,要求 l_n 不小于 10~12mm 为宜;在满足强度要求条件下,尽量选择窄喷嘴,以减少损失。φ 的大小除与喷嘴高度和宽度密切相关外,还与汽道形状、喷嘴表面粗糙度、流动速度等诸多因素有关。φ 值一般为 0.95~0.98,为了计算方便,可取 $\varphi = 0.97$,把与 l_n 有关的损失另用经验公式计算。

（三）流经喷嘴的流量

当不考虑流动损失时，通过喷嘴的理想流量为

$$G_{nt} = A_n \frac{c_{1t}}{v_{1t}} \qquad (1-10)$$

由于蒸汽流动过程有损失，故喷嘴的实际流量为

$$G_n = A_n \frac{c_1}{v_1} \qquad (1-11)$$

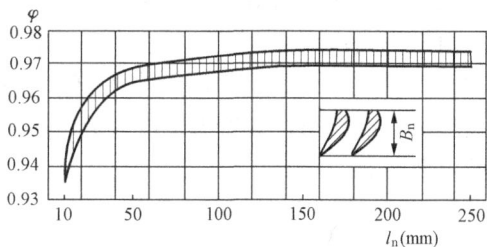

图 1-7　渐缩喷嘴的速度系数

上两式中　A_n——喷嘴出口截面积；

v_{1t}、v_1——喷嘴出口蒸汽的理想比体积和实际比体积。

令 $\mu = \dfrac{G_n}{G_{nt}}$ 为流量系数，将式（1-10）和式（1-11）两式代入得

$$\mu = \frac{A_n c_1/v_1}{A_n c_{1t}/v_{1t}} = \frac{c_1}{c_{1t}} \frac{v_{1t}}{v_1} = \varphi \frac{v_{1t}}{v_1} \qquad (1-12)$$

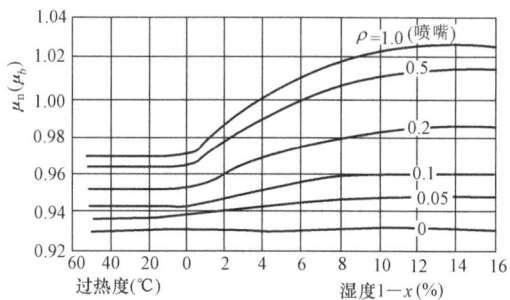

图 1-8　喷嘴和动叶流量系数曲线

由式（1-12）可以看出，μ 值不仅与 φ 值有关，还与流动损失时的比体积变化有关，即与蒸汽状态有关。图 1-8 所示为喷嘴和动叶流量系数曲线，流动损失越大，φ 值就越低，v_1 与 v_{1t} 相差越大，因而 φ 与 μ 的差别也相应加大。

蒸汽在过热区膨胀时，流动损失转换成热能加热了蒸汽，使 $v_1 > v_{1t}$，即 $\dfrac{v_{1t}}{v_1} < 1$，而 $\varphi < 1$，故流量系数 $\mu < 1$，且过热区流动损失引起的比体积变化较小，所以 μ 基本不变；而在湿蒸汽区膨胀时，由于蒸汽流过喷嘴时间极短，一部分蒸汽来不及凝结，使大部分蒸汽未吸收这部分汽化潜热而出现过饱和现象，其实际比体积 v_1 反而小于理想比体积 v_{1t}，即 $\dfrac{v_{1t}}{v_1} > 1$，因而有可能出现 $\mu > 1$ 的情况。

当考虑流量系数之后，实际的临界流量 $G_c = \mu G_{ct}$，即

过热蒸汽（$\mu = 0.97$），$G_c = 0.6473 A_n \sqrt{\dfrac{p_0^*}{v_0^*}}$

饱和蒸汽（$\mu = 1.02$），$G_c = 0.6483 A_n \sqrt{\dfrac{p_0^*}{v_0^*}}$

可见，两者的实际临界值很相近，所以无论是过热蒸汽还是饱和蒸汽，均可用下式计算：

$$G_c = 0.648 A_n \sqrt{\frac{p_0^*}{v_0^*}} \qquad (1-13)$$

实际流量的大小仍然取决于滞止参数。

三、蒸汽在渐缩斜切喷嘴中的膨胀

由于汽轮机结构方面的要求，喷嘴的出口部分都做成斜切形，这种喷嘴称为斜切喷嘴，见图 1-9（a）。α_{1g} 为喷嘴出口结构角，即喷嘴出口的中心线与动叶运动方向间的夹角。α_1 为喷嘴出口射汽角，即喷嘴出口汽流速度方向与动叶运动方向的夹角。δ 为汽流偏转角，t_n 为叶片节距。

1. 渐缩斜切喷嘴的膨胀特点

当喷嘴压力比大于临界压力比时，其膨胀过程只在渐缩部分发生，斜切部分只起导流作用；当喷嘴的压力比小于临界压力比时（$\varepsilon_n < \varepsilon_c$），最小截面 ab 上的汽流保持临界压力，流速为临界流速。由于 $p_1 < p_c$，故在斜切部分蒸汽将继续膨胀，流速增加，达到超声速，同时汽流发生偏转。

2. 汽流偏转的原因

渐缩斜切喷嘴只相当于一个不完整的缩放喷嘴，蒸汽在斜切部分膨胀时，最小截面上的压力为 p_c，而出口截面上压力为 p_1。a 点之后因无喷嘴壁面，其压力由 p_c 骤降至 p_1，之后保持 p_1 压力流动，而 bc 侧汽流压力从 p_c 逐渐降至 p_1，两侧压力分布见图 1-9（b）。由于两侧压力分布不均，汽流偏转 δ。膨胀程度越大，偏转角就越大。

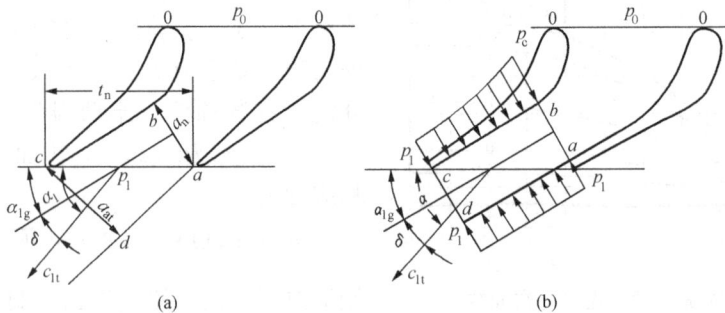

图 1-9　蒸汽在斜切喷嘴中膨胀
(a) 斜切部分几何尺寸；(b) 斜切部分压力分布

3. 汽流偏转角计算

若将蒸汽在斜切部分的流动看成一元流动，且忽略汽流的扩散现象，则汽流偏转角可用下式计算：

$$\sin\alpha_1 = \sin(\alpha_{1g} + \delta) \approx \frac{c_c}{c_{1t}} \frac{v_{1t}}{v_{ct}} \sin\alpha_{1g} \tag{1-14}$$

4. 斜切部分的膨胀极限

由上述分析可知，对于渐缩斜切喷嘴，只要 $p_1 < p_c$，蒸汽就将在斜切部分膨胀，汽流发生偏转；若进一步降低 p_1，蒸汽在斜切部分也进一步膨胀，速度进一步增加，偏转角也进一步增大。但蒸汽在斜切部分的膨胀不是无限度的，当喷嘴斜切部分利用完毕时，再降低 p_1 则将在喷嘴外发生膨胀，造成能量损失。

渐缩斜切喷嘴所能膨胀到的最低压力为极限压力 p_{1l}，对应的压力比为极限压力比 ε_{nl}。因此，只有当 $\varepsilon_n > \varepsilon_{nl}$ 时，采用渐缩斜切喷嘴才合理。

极限压力比可用下式求得：

$$\varepsilon_{nl} = \left(\frac{2}{\kappa+1}\right)^{\frac{\kappa}{\kappa-1}} (\sin\alpha_{1g})^{\frac{2\kappa}{\kappa+1}} \quad (1-15)$$

由上式可知，极限压力比 ε_{nl} 与喷嘴的出口角 α_{1g} 有关。α_{1g} 越小，ε_{nl} 就越小，一般 $\alpha_{1g}=10°\sim20°$。

由于蒸汽在渐缩斜切喷嘴中能够膨胀到低于临界压力，获得超声速汽流，因而扩大了它的应用范围。特别是它具有制造工艺比缩放喷嘴简单、在变工况时它比缩放喷嘴工作稳定的优点，因此在实际应用中尽可能用渐缩斜切喷嘴代替缩放喷嘴，只有在特殊情况下（$\varepsilon_n<0.3$）时，才采用缩放喷嘴。

课题二　蒸汽在动叶中的流动

教学目的

掌握蒸汽在动叶中的速度变化和能量转换。

动叶片可看作旋转的喷嘴，因为动叶在运动之中，所以讨论时应采用相对运动速度。本课题重点讨论蒸汽运动速度的变化与能量转换过程。

一、蒸汽在动叶中具有损失的流动

（一）级的热力过程

蒸汽在级中的理想膨胀过程为等熵过程。由于蒸汽在级中的流动是具有损失的，故其实际膨胀过程并不是等熵的，而是有熵增的实际过程（$s_1>s_{1t}$，$s_2>s_{2t}$）。

不同的级，其热力过程也不同，图 1-10 所示为一个一般级的热力过程。

图 1-10 中，0、0^*、1^* 分别为级的入口状态点、级的入口滞止状态点和动叶入口滞止状态点；$2t'$、$1t$、$2t$ 分别为级的出口理想状态点、喷嘴出口理想状态点和动叶出口理想状态点；1、2 分别为喷嘴出口和动叶出口实际状态点；Δh_t、Δh_t^* 分别为级的理想比焓降和理想滞止比焓降；Δh_{1t}、Δh_{2t} 分别为喷嘴和动叶的理想比焓降；Δh_n、Δh_b 分别为喷嘴和动叶损失。

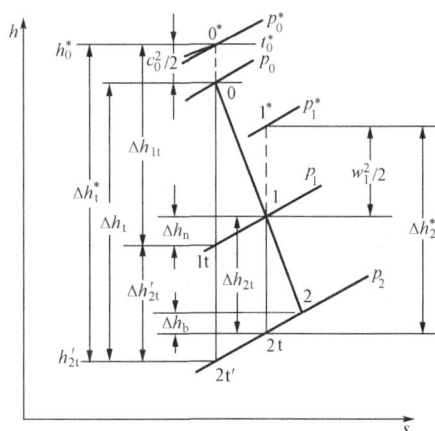

图 1-10　级的热力过程线

（二）动叶进出口速度三角形

由于动叶在做匀速圆周运动，其圆周速度 u 可用下式计算：

$$u = \frac{\pi d_b n}{60} \quad (1-16)$$

式中　d_b——动叶的平均直径，m；
　　　n——汽轮机的转速，r/min。

蒸汽相对静止喷嘴的速度为绝对速度 c，相对于运动动叶的速度为相对速度 w，喷嘴与动叶两参照系之间的相对运动速度 u 为牵连速度。由理论力学知三者的关系为

$$\vec{c} = \vec{w} + \vec{u}$$

三个矢量绘出的矢量三角形称为速度三角形。

　　由已知条件求解未知量的过程，一般有两种：一种为图解法，就是按比例绘图量取，但不够准确；另一种解析法是利用三角形定理计算出未知量，此方法较为简单、普遍，故得到了广泛应用。图 1-11 所示为动叶进出口速度三角形。

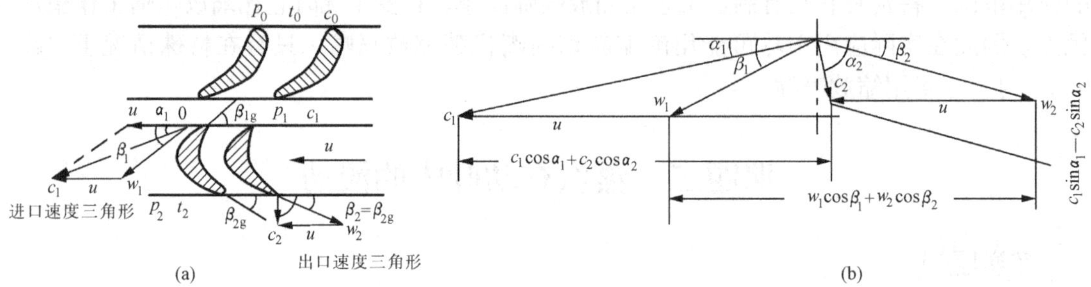

图 1-11　动叶进出口速度三角形
(a) 进出口的速度三角形；(b) 矢量图

1. 动叶进口速度三角形

　　由前面学习中，已知喷嘴出口速度大小和方向（c_1 和 α_1）、圆周速度的大小和方向（叶轮旋转方向），利用图 1-11 中的入口三角形，可求出入口相对速度的大小和方向，即

$$w_1 = \sqrt{c_1^2 + u^2 - 2c_1 u \cos\alpha_1} \tag{1-17}$$

$$\beta_1 = \arcsin\frac{c_1 \sin\alpha_1}{w_1} = \arctan\frac{c_1 \sin\alpha_1}{c_1 \cos\alpha_1 - u} \tag{1-18}$$

2. 动叶出口速度三角形

　　在动叶出口速度三角形中，已知 u，将动叶看作旋转的喷嘴，用能量方程式先求出 w_2 的值，即

$$w_2 = \phi\sqrt{2\Delta h_{2t} + w_1^2} = 1.414\phi\sqrt{\Delta h_{2t} + \frac{w_1^2}{2}} \tag{1-19}$$

　　再根据反动度大小，选出汽角 β_2。一般 Ω 不大时，$\beta_2 = \beta_{2g} = \beta_{1g} - (3°\sim5°)$。反动度越大，$\beta_{2g}$ 就越小，故 β_2 也越小。当 $\Omega = 0.5$ 时，$\beta_2 = \beta_{2g} = \alpha_{1g}$。（$\beta_{2g}$ 为动叶出口角）

　　利用图 1-11，可求出出口绝对速度的大小和方向，即

$$c_2 = \sqrt{w_2^2 + u^2 - 2w_2 u \cos\beta_2} \tag{1-20}$$

$$\alpha_2 = \arctan\frac{w_2 \sin\beta_2}{w_2 \cos\beta_2 - u} \tag{1-21}$$

当式（1-21）的分母为正值时，α_2 取锐角；而为负值时，α_2 取钝角。$\Delta h_{c2} = \dfrac{c_2^2}{2}$ 称为本级的余速损失。

　　ϕ 为动叶速度系数，其大小及影响因素将在下一问题中介绍。为了蒸汽流动顺利、无撞击，一般是动叶的结构角和汽流角相等，即 $\beta_1 = \beta_{1g}$，$\beta_2 = \beta_{2g}$。同时为了充分利用余速，设计时尽量要使 α_2 为 90°。有时考虑使用的方便，通常将动叶片进出口速度三角形绘在一起，如图 1-11 (b) 所示。

（三）蒸汽在动叶中的流动损失

与喷嘴类似，动叶中实际的流动过程也存在损失，使得动叶出口实际速度小于其理想速度，即 $w_2 < w_{2t}$，出口实际比焓值增加。引入动叶速度系数 $\psi = \dfrac{w_2}{w_{2t}}$，来反映流动损失的大小，$\psi$ 值越小，说明损失越大。

动叶速度系数 ψ，一般由试验确定，通常取 $\psi = 0.85 \sim 0.95$，它与叶型、叶高、反动度及叶片表面粗糙程度有关，叶高及反动度对其影响尤其大。图 1-12 所示为冲动级、反动级的动叶速度系数与叶高及反动度的关系曲线。

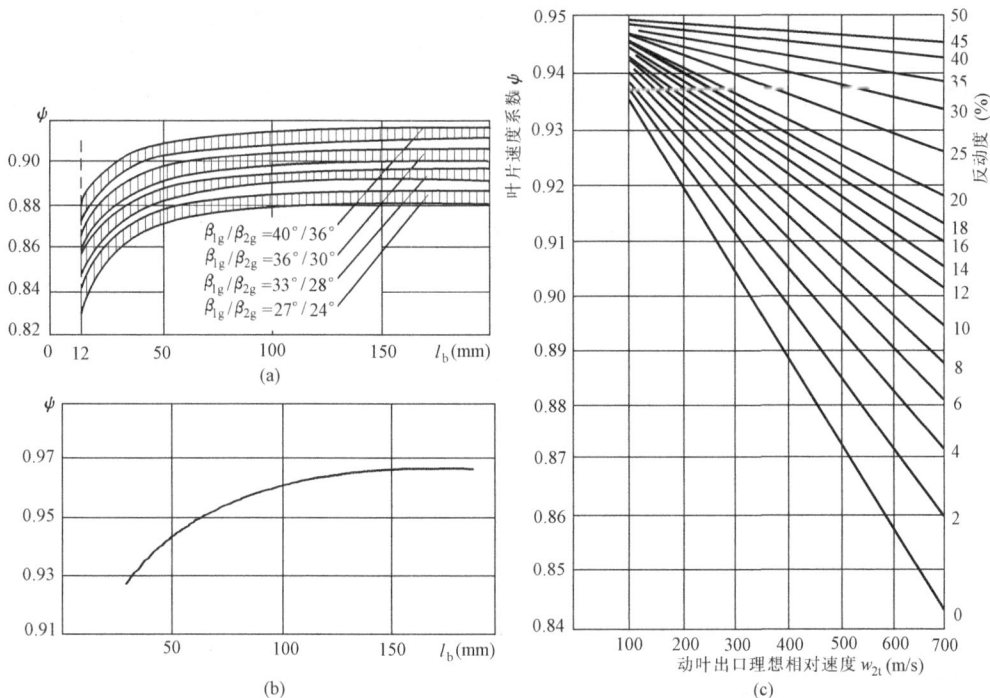

图 1-12　动叶速度系数 ψ 曲线

（a）冲动级；（b）反动级；（c）动叶出口理想相对速度 w_{2t}

具体计算动叶损失时，一般先假定 l_b 为无限高，查图 1-12（c）取 ψ 值后，计算出

$$\Delta h'_b = \frac{1}{2}w_{2t}^2 - \frac{1}{2}w_2^2 = \frac{w_{2t}^2}{2}(1 - \psi^2) = \frac{w_2^2}{2}\left(\frac{1}{\psi^2} - 1\right) \qquad (1-22)$$

而与叶高相关的损失，另外由半经验公式计算：

$$\Delta h_1 = \frac{a}{l_b}(\Delta h_t^* - \Delta h_n - \Delta h'_b - \Delta h_{c2}) \qquad (1-23)$$

式中　a——由试验确定的系数，单列级 $a = 1.6$（包括扇形损失），双列级 $a = 2$；

　　　l_b——叶片高度，mm。

则动叶的损失应为式（1-22）与式（1-23）式之和，即 $\Delta h_b = \Delta h'_b + \Delta h_1$。

二、轮周功及轮周效率

（一）蒸汽作用在动叶片上的力

在动叶片施加给汽流的力 F' 和流道进出口压差（$p_1 - p_2$）共同作用下，汽流在动叶弯

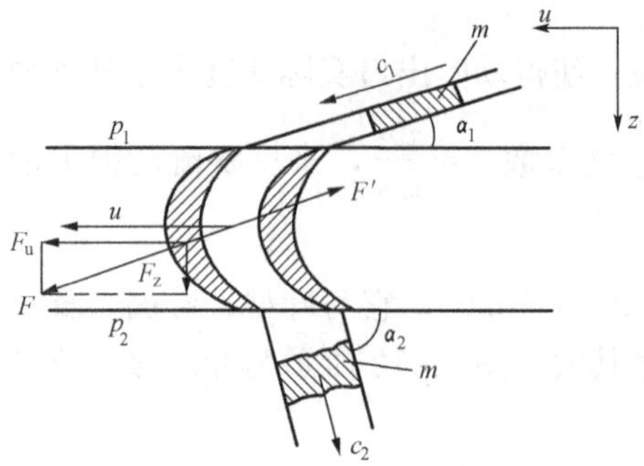

图 1-13 动叶中蒸汽流动汽流

曲流道内转向并加速。根据牛顿第三定律,汽流对动叶片的作用力 F 与 F' 是一对大小相等、方向相反的力,如图 1-13 所示。

假设在时间 τ 内,有质量为 m 的蒸汽流经动叶,其速度由 c_1 变成 c_2(方向角分别为 α_1 和 α_2)。由于流动中蒸汽的动量发生改变,说明蒸汽受到了力的作用。根据动量定理,蒸汽动量的改变等于动叶对汽流的作用冲量。

由于蒸汽的流动方向与动叶的运动方向成一角度,因此蒸汽对动叶的作用力可以分解成沿动叶运动方向的圆周力 F_u 和与动叶运动方向垂直的轴向力 F_z。圆周力推动叶轮旋转做功,轴向力使转子产生轴向位移。

1. 周向力

为了分析方便,以图示坐标方向为正方向,蒸汽在圆周速度方向的动量改变量 m($-c_1\cos\alpha_1-c_2\cos\alpha_2$)应等于圆周方向的冲量 $F'_u\tau$,即

$$F'_u\tau=m(-c_1\cos\alpha_1-c_2\cos\alpha_2)$$

$$F'_u=\frac{-m}{\tau}(c_1\cos\alpha_1+c_2\cos\alpha_2)=-G(c_1\cos\alpha_1+c_2\cos\alpha_2)$$

$$G=\frac{m}{\tau}$$

式中 G——质量流量,kg/s。

则由牛顿第三定律知动叶所受的周向力 F_u 为

$$F_u=-F'_u=G(c_1\cos\alpha_1+c_2\cos\alpha_2) \tag{1-24}$$

2. 轴向力 F_z

同理,蒸汽在轴向的动量改变量应等于轴向的作用冲量,即

$$[F'_z+A_b(p_1-p_2)]\tau=m(c_2\sin\alpha_2-c_1\sin\alpha_1)$$

$$F'_z=\frac{-m}{\tau}(c_1\sin\alpha_1-c_2\sin\alpha_2)-A_b(p_1-p_2)$$

故 $$F_z=-F'_z=G(c_1\sin\alpha_1-c_2\sin\alpha_2)+A_b(p_1-p_2) \tag{1-25}$$

式中 A_b——动叶流道轴向面积。

(二)轮周功率 P_u

汽流的周向力在单位时间内对动叶所做的功,称为轮周功率 P_u,单位为 W,可用下式求出:

$$P_u=F_u u=Gu(c_1\cos\alpha_1+c_2\cos\alpha_2)$$

单位蒸汽(1kg)所做的功为轮周功,用 W 表示,单位为 J/kg。

$$W=\frac{P_u}{G}=u(c_1\cos\alpha_1+c_2\cos\alpha_2) \tag{1-26}$$

由图 1-11(b)速度三角形的边角关系及余弦定理,上两式也可表示为

$$P_u=Gu(w_1\cos\beta_1+w_2\cos\beta_2)=\frac{G}{2}[(c_1^2-c_2^2)+(w_2^2-w_1^2)] \tag{1-27}$$

$$W = u(w_1\cos\beta_1 + w_2\cos\beta_2) = \frac{1}{2}\left[(c_1^2 - c_2^2) + (w_2^2 - w_1^2)\right] \quad (1\text{-}28)$$

通常 W 也被看成是级的做功能力，它与 β_1 和 β_2 有关。多数情况下，冲动级比反动级的转折角相对较大，即 $(\beta_1 + \beta_2)$ 相对较小，所以在不考虑其他因素时，冲动级就比反动级的做功能力强。

（三）轮周效率

1kg 蒸汽所做的轮周功 W 与该级的理想能量 E_0 之比称为该级的轮周效率，用 η_u 表示：

$$\eta_u = \frac{W}{E_0} \quad (1\text{-}29)$$

$$E_0 = \xi_0\Delta h_{c0} + \Delta h_t - \xi_2\Delta h_{c2} = \Delta h_t^* - \xi_2\Delta h_{c2} \quad (1\text{-}30)$$

式中　ξ_0、ξ_2　　本级利用上级余速和本级余速被下级利用的系数。

从级的理想能量 E_0 中扣除喷嘴、动叶、余速损失后，剩下的能量即转换成轮周功。所以轮周功 W 用能量形式可以表示为

$$W = E_0 - \Delta h_n - \Delta h_b - (1 - \xi_2)\Delta h_{c2}$$

代入式（1-29），则有

$$\eta_u = \frac{E_0 - \Delta h_n - \Delta h_b - (1 - \xi_2)\Delta h_{c2}}{E_0} = 1 - \zeta_n - \zeta_b - (1 - \xi_2)\zeta_2 \quad (1\text{-}31)$$

$$\zeta_n = \frac{\Delta h_n}{E_0}, \quad \zeta_b = \frac{\Delta h_b}{E_0}, \quad \zeta_{c2} = \frac{\Delta h_{c2}}{E_0}$$

式中　ζ_n、ζ_b、ζ_{c2}——喷嘴、动叶及余速能量损失系数。

当本级余速损失不被下级利用时（$\xi_2 = 0$），$E_0 = \Delta h_t^*$，则轮周效率的表达式为

$$\eta_u = \frac{\Delta h_t^* - \Delta h_n - \Delta h_b - \Delta h_{c2}}{\Delta h_t^*} = 1 - \zeta_n - \zeta_b - \zeta_{c2} \quad (1\text{-}32)$$

减少各项损失，可以提高轮周效率，在多级汽轮机中，当各级叶型确定之后，主要靠余速利用程度的提高来提高轮周效率。反动式汽轮机级效率较高的一个主要原因，就是级与级之间的间隙较小，级间的余速可以得到充分利用。

课题三　级内损失和级效率

教学目的

了解级内各项损失产生的原因、影响因素及减小损失的措施。

在级内的能量转换过程中，凡是直接影响蒸汽状态的各种损失，称为级内损失。前面讲过的喷嘴损失、动叶损失和余速损失都是级内损失，除此之外，还有扇形损失、鼓风摩擦损失、湿汽损失及漏汽损失等。

需要说明的是，各项损失不一定在一级中同时存在。对全周进汽的级没有鼓风损失，在非湿汽区工作的级没有湿汽损失，采用扭曲叶片的级没有扇形损失等。另外，各项损失的计算多采用经验或半经验公式来计算，故使用时，要注意公式的试验条件和要求。

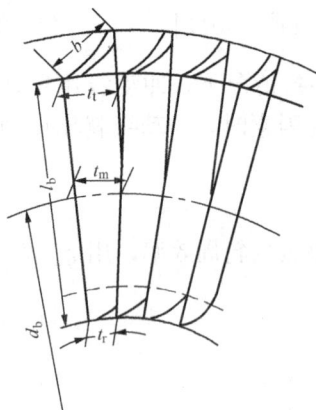

图 1-14　环形叶栅的节距变化

一、级内损失

(一)扇形损失 Δh_θ

等截面叶片是沿圆周方向布置成环形叶栅，叶栅的槽道断面呈扇形，如图 1-14 所示。叶栅的相对节距 $\bar{t} = \dfrac{t}{b}$ 沿径向不断增大（$t_t > t_m > t_r$），只有平均直径处的相对节距为设计值（即最佳值），其他各处均偏离设计值，故会造成附加的流动损失。另外级间间隙中有径向压力梯度，产生径向流动损失。这是产生扇形损失的两个根本原因。

扇形损失的计算一般采用如下半经验公式：

$$\Delta h_\theta = \zeta_\theta E_0 \qquad (1-33)$$

$$\zeta_\theta = 0.7 \left(\frac{l_b}{d_b} \right)^2 \qquad (1-34)$$

$\theta = d_b / l_b$ 称为径高比。θ 越小，ζ_θ 就越大，损失就越多。一般 $\theta > 8 \sim 12$ 时（短叶片），叶片多为等截面直叶片，各参数沿径向变化较小，所以扇形损失可忽略不计；而 $\theta < 8 \sim 12$（长叶片），参数沿叶高变化较大，扇形损失明显增加。为了提高长叶片的做功效率，多将叶片加工成扭叶片，以保持良好的汽动特性，当然这样做也给加工带来了困难，故应通过技术经济比较后来确定。

(二)摩擦鼓风损失 Δh_{vf}

1. 摩擦损失

(1)摩擦损失产生的原因。叶轮的两侧面和围带的表面并不是绝对光滑的，而且实际做功的蒸汽具有黏性，会附着在这些地方，当叶轮旋转时，自然造成速度分布的不均匀，如图 1-15 所示。蒸汽质点与隔板或汽缸之间，以及质点与质点之间会因摩擦造成能量损失。另外，靠近叶轮侧质点，受离心力作用而产生径向流动，促使隔板或汽缸侧质点向中心填补，形成叶轮两侧的蒸汽涡流。这种涡流运动使摩擦阻力增加，本身也要消耗轴功。

(2)减少摩擦损失的措施。为了减少这项损失，设计时，冲动式汽轮机应尽量减小叶轮与隔板间腔室的容积，即减小叶轮与隔板间的轴向间隙；降低叶轮表面粗糙度。反动式汽轮机取消叶轮，采用鼓形转子，这样摩擦损失就可以忽略不计。

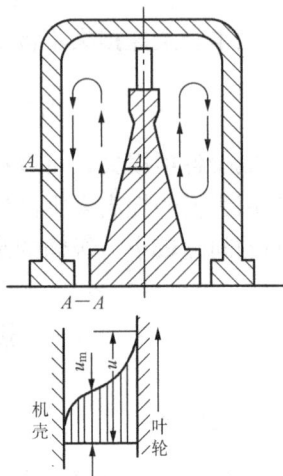

图 1-15　叶轮两侧汽流速度分布

级的平均直径、圆周速度及蒸汽的比体积直接影响摩擦损失的大小。在低负荷特别是空负荷运行时，摩擦损失产生的热量将引起排汽温度升高，影响机组安全运行，运行时应注意监视。对已投入运行的汽轮机来说，由于摩擦损失与 Gv 成反比，所以高压各级远比低压各级摩擦损失大得多。

2. 鼓风损失

(1)鼓风损失产生的原因。在部分进汽的级中，装有喷嘴的弧段称为工作弧段，未装喷嘴的弧段称为非工作弧段。动叶片在旋转中交替地进入工作段和非工作段，当叶片由工作段进入非工作段时，轴向间隙中停滞的蒸汽就从动叶一侧被鼓到另一侧，动叶像鼓风机叶片一样消耗轴功，这种损失称为鼓风损失。

（2）减小鼓风损失的措施。鼓风损失与部分进汽度 e（装有喷嘴的弧长与圆周长之比）有关，部分进汽度越大，则该项损失越小，当 $e=1$ 时，鼓风损失为零。因此可以考虑用加大部分进汽度来减小鼓风损失，但部分进汽度的增加必然引起喷嘴和动叶高度的降低，从而增大了喷嘴和动叶损失，因此部分进汽度应选择适中，使这三项损失的总和为最小。实验证明，在不装喷嘴的弧段采用护罩装置可以大幅度地减少鼓风损失。如图 1-16 所示，在不装喷嘴的非工作弧段中，将动叶的进出口两侧用护罩罩起来，这时动叶片仅对护罩内少量不工作的蒸汽有鼓风作用，从而减少了鼓风损失。

此外，由于部分进汽还会在进汽弧段的两端产生斥汽损失，但因其数值较小，可以略去。

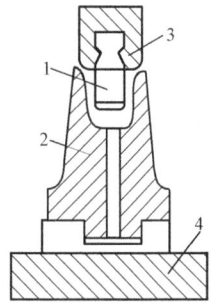

图 1-16 部分进汽级护罩示意

1—叶片；2—护罩；3—叶轮；4—汽缸

3. 摩擦鼓风损失的计算

鼓风损失和摩擦损失通常合并在一起，用下面经验公式计算：

$$\Delta P_{vf} = \lambda \left[Ad^2 + B(1-e-0.5e_k)dl_b^{1.5} \right] \left(\frac{u}{100} \right)^3 \frac{1}{v} \tag{1-35}$$

式中　ΔP_{vf}——鼓风摩擦消耗的功率，kW；

$\quad\quad\lambda$——与蒸汽状态有关的系数，过热蒸汽 $\lambda=1.0$，饱和蒸汽 $\lambda=1.2\sim1.3$；

$\quad e$、e_k——部分进汽度和护罩部分进汽度；

$\quad\quad v$——级的平均比体积，m^3/kg；

$\quad\quad d$——级的平均直径，m；

$\quad A$、B——经验系数，一般 $A=1.0$，$B=0.4$；

$\quad\quad l_b$——叶栅高度，cm。

由此得摩擦鼓风损失为

$$\Delta h_{vf} = \frac{\Delta P_{vf}}{G} \tag{1-36}$$

对应的能量损失系数为

$$\zeta_{vf} = \frac{\Delta h_{vf}}{E_0} \tag{1-37}$$

（三）湿汽损失 Δh_x

凝汽式汽轮机的最末几级常在湿汽区工作，蒸汽中含水造成湿汽损失，具体原因如下：

（1）湿蒸汽中存在一部分水珠，此外，湿蒸汽在膨胀过程中，一部分蒸汽凝结成水，使做功的蒸汽量减少了。

（2）水珠流速远低于蒸汽流速，高速蒸汽流夹带低速水珠流动，消耗一部分动能。

（3）水珠流速 c_{1x} 仅为蒸汽流速 c_1 的 10%～13%，在同样圆周速度下，水珠进入动叶的角度远大于蒸汽的进汽角（$\beta_{1x} \gg \beta_1$），见图 1-17。水珠以 w_{1x} 的速度撞击动叶背弧，阻碍叶轮旋转，消耗轴功。同理在动叶出口，由于 $\alpha_{2x} \gg \alpha_2$，水珠撞击下级喷嘴背弧，干扰主汽流做功，造成附加损失。

图 1-17　水珠对动叶、静叶片冲击示意

(4) 湿蒸汽膨胀时，汽态变化很快，一部分蒸汽来不及凝结（即不能释放汽化潜热），而形成过饱和，造成蒸汽做功比焓降减小，形成"过冷"损失。

湿汽损失常用下面经验公式计算：

$$\Delta h_x = (1 - x_m)\Delta h_i' \qquad (1-38)$$

$$\zeta_x = \frac{\Delta h_x}{E_0} \qquad (1-39)$$

$$x_m = \frac{x_1 + x_2}{2} \qquad (1-40)$$

式中　$\Delta h_i'$——未计入湿汽损失时级的有效比焓降；

x_m——级内湿蒸汽的平均干度。

蒸汽中含水除了造成湿汽损失外，还对动叶金属有冲蚀作用，尤其在动叶进汽侧背弧顶部，被冲蚀成密集细毛孔，叶片缺损，威胁着汽轮机的安全运行。为此，要求凝汽式汽轮机最终可见湿度（即 h-s 图上可查到的）不得超过 12%～15%，并装设去湿装置，如图 1-18 所示。其原理是在离心力作用下，水珠被甩到外缘，通过捕水口、捕水室和疏水通道流走（去低压加热器或凝汽器），达到去湿效果。

为了提高叶片抗冲蚀能力，最常见的方法是在动叶进汽边背弧顶部，焊硬质司太立合金（见图 1-19），以增强表面硬度，延长叶片寿命。另外，也可采用镀铬、局部高频淬硬、电火花强化及氮化等方法。

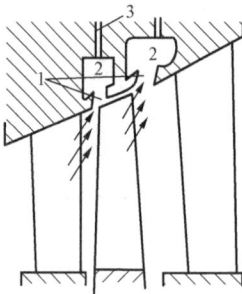

图 1-18　去湿装置示意
1—捕水口槽道；2—捕水
室；3—疏水通道

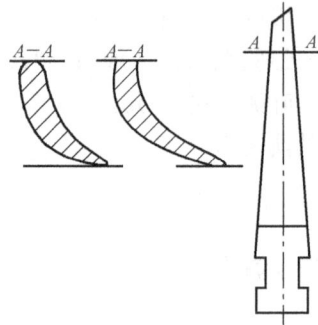

图 1-19　焊硬质合金的动叶

（四）漏汽损失 Δh_p

1. 漏汽损失产生的原因

级的结构形式和级的反动度大小不同，决定了级的漏汽情况不同。

冲动级的隔板前后有较大的压差，而且隔板与转轴之间、动叶顶部与汽缸之间存在间隙，因此一部分蒸汽不经流道而绕到隔板后或级后，分别形成隔板漏汽和叶顶漏汽（围带漏汽）。漏汽不参与做功，造成损失，见图 1-20（a）。

反动级的静叶与转毂之间、叶顶与汽缸之间同样存在间隙，而且与冲动级相比，其汽封

直径比隔板汽封直径大，汽封齿数少，动叶前后的压差也较大，所以漏汽量会更大一些，如图 1 - 20（b）所示。

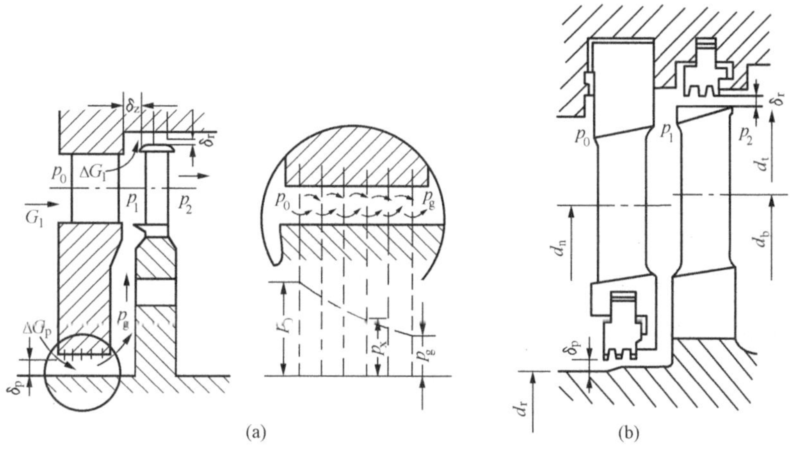

图 1 - 20 级内漏汽示意
(a) 冲动级的漏汽；(b) 反动级的漏汽

2. 减少漏汽损失的措施

（1）在动静部分的间隙处安装汽封，如在隔板与主轴之间安装隔板汽封，在叶顶处安装围带汽封等，如图 1 - 20（a）所示。汽流每经过一个齿就被节流一次，故齿数越多，每个齿所承担的压差就越小，漏汽面积和压差的减小均使漏汽损失减少。

（2）在叶轮上开平衡孔，使隔板漏汽从平衡孔中流到级后，避免这部分漏汽干扰主流。

（3）选择适当的反动度，使叶根处既不吸汽，也不漏汽。级的反动度过大时，蒸汽经过叶根的轴向间隙从叶轮的平衡孔中漏向级后，级的反动度过小时，叶片根部可能出现负的反动度，因而产生吸汽现象。

（4）对无围带的较长的扭叶片，也可将顶部削薄，减小动叶与汽缸（或与隔板套）之间的间隙，起到汽封的作用，同时尽量减小扭叶片顶部的反动度。

蒸汽在每一汽封间隙中的流动情况，与渐缩喷嘴中的流动情况相似，其漏汽量可用下式计算：

$$\Delta G_p = \frac{\mu_p A_p c_{1p}}{v_{1t}} = \mu_p A_p \frac{\sqrt{2\Delta h_{1t}^*}}{v_{1t}\sqrt{Z_p}} \tag{1-41}$$

式中　　v_{1t}——汽封齿出口理想比体积，m/kg；

　　　　c_{1p}——汽封齿出口的理想流速，m/s；

　　　　Z_p——高低齿齿数，对平齿应修正为 $Z_p = \dfrac{Z+1}{2}$；

　　　　μ_p——汽封流量系数，一般 $\mu_p = 0.7 \sim 0.8$；

　　　　A_p——汽封间隙面积，m^2，对平齿用半个汽封间隙处的直径，对高低齿用两齿直径的平均值。

由此得隔板漏汽损失为

$$\Delta h_p = \frac{\Delta G_p}{G} \Delta h_i'' \tag{1-42}$$

式中 G——级的流量，kg/s；

$\Delta h_i''$——未计入漏汽损失时级的有效比焓降，kJ/kg。

冲动级叶顶漏汽可用下式计算：

$$\Delta G_{pt} = \frac{\mu_t A_t C_t}{v_{2t}} = \frac{e \mu_t \pi (d_b + l_b) \delta_t \sqrt{2 \rho_t \Delta h_t^*}}{v_{2t}} \approx 0.6 \delta_t \sqrt{\frac{\rho_t}{1 - \rho}} \frac{v_{1t} (d_b + l_b) \delta_t}{v_{2t} d_n l_n \sin \alpha_1} G_n$$

$$\rho_t = 1 - (1 - \rho) \frac{d_b}{d_b + l_b}$$

$$\delta_t = \frac{\delta_z}{\sqrt{1 + Z_r \dfrac{\delta_z}{\delta_r}}}$$

式中 ρ_t——叶顶反动度；

δ_t——叶顶当量间隙，如图 1-20（a）所示；

δ_z——轴向间隙；

Z_r——叶顶径向汽封齿数。

对应叶顶损失为

$$\Delta h_{pt} = \frac{\Delta G_{pt}}{G} \Delta h_i'' \tag{1-43}$$

反动级叶顶漏汽损失则用下式计算：

$$\Delta h_{pt} = 1.72 \frac{\delta_r^{1.4}}{l_b} E_0 \tag{1-44}$$

式中 δ_r——叶顶径向间隙。

二、级的相对内效率和内功率

级的相对内效率是反映级内损失大小，衡量级内热力过程完善程度的重要指标。前述的轮周效率，仅考虑了喷嘴、动叶和余速这三项损失。当考虑了级内的各项损失之后，真正转变为轴功的比焓降，称为级的有效比焓降。级的相对内效率为级的有效比焓降 Δh_i 与级的理想能量 E_0 之比，即

$$\eta_i = \frac{\Delta h_i}{E_0} = \frac{E_0 - \Delta h_n - \Delta h_b - \Delta h_\theta - \Delta h_{vf} - \Delta h_x - \Delta h_p - (1 - \xi_2) \Delta h_{c2}}{E_0} \tag{1-45}$$

对应级的内功率为

$$P_i = G E_0 \eta_i = \frac{D E_0 \eta_i}{3600} \quad \text{kW} \tag{1-46}$$

式中 D、G——均为级的流量，前者单位 t/h，后者单位为 kg/s；

E_0——级的理想能量，kJ/kg。

图 1-21 所示为反动级的实际热力过程线。

图中 $\sum \Delta h$ 为轮周损失之外的各项损失之和。一般情况下，反动级的余速可以部分地被下一级利用，此时本级的真实出口状态点为 $2'$ 点，对应滞止状态点为 2^* 点；对余速全部损失和余速全部利用这两种情况，级的真实出口状态点分别为 $2'''$ 和 $2''$ 点，级的热力过程线也应相应修改。

考虑了级间的余速利用后，级的理想能量 E_0 也表示在图 1-21 中。可见，有效比焓降

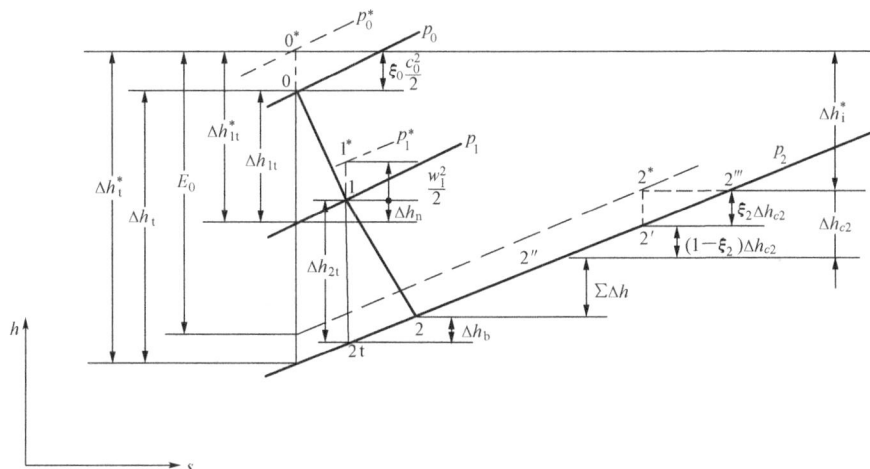

图 1-21 反动级的实际热力过程线

Δh_i 的大小,不受本级余速被利用情况的影响,余速利用与否只是对理想能量的大小及下一级入口状态点有直接影响。必须特别指出的是:各项损失不一定同时存在于一级,绘图时,对未发生的某项损失,应予以扣除。

课题四 级的速度比与级效率之间的关系

🔖 **教学目的**

了解速度比与级效率的关系;掌握最佳速度比的概念,并能对冲动级和反动级进行做功能力和效率的比较。

动叶圆周速度 u 与喷嘴出口实际速度 c_1 之比,称为级的速度比,用 x_1 表示,即

$$x_1 = \frac{u}{c_1} \tag{1-47}$$

速度比是一个很重要的数值,对级的效率有很大的影响。

一、速度比与轮周效率的关系

(一)纯冲动级

设有一纯冲动级,假定速度 c_1 不变,在不考虑动叶中流动损失时,则 $w_1 = w_2$,$\beta_1 = \beta_2$。

若 $u = 0$,即 $x_1 = 0$ 时,其速度三角形如图 1-22(a)所示,流经动叶的蒸汽只是改变了方向,动叶出口绝对速度 c_2 等于进口绝对速度 c_1,全部动能都变成了本级的余速损失,尽管蒸汽对动叶的作用力很大,但因圆周速度为零,所以级的轮周功率为零,轮周效率也为零。

若 $u = c_1\cos\alpha_1$,即 $x_1 = \cos\alpha_1$ 时,其速度三角形如图 1-22(e)所示。由图可见,蒸汽进入和离开动叶的速度相等($w_1 = w_2$),而且方向都是与动叶运动方向垂直,因此动叶的槽道只相当于一个直通道,蒸汽离开动叶的绝对速度 c_2 等于进入动叶的绝对速度 c_1,且方向相同,故所有动能也都成了本级的余速损失。由于蒸汽不能对动叶产生作用力,故轮周功率为零,轮周效率也为零。

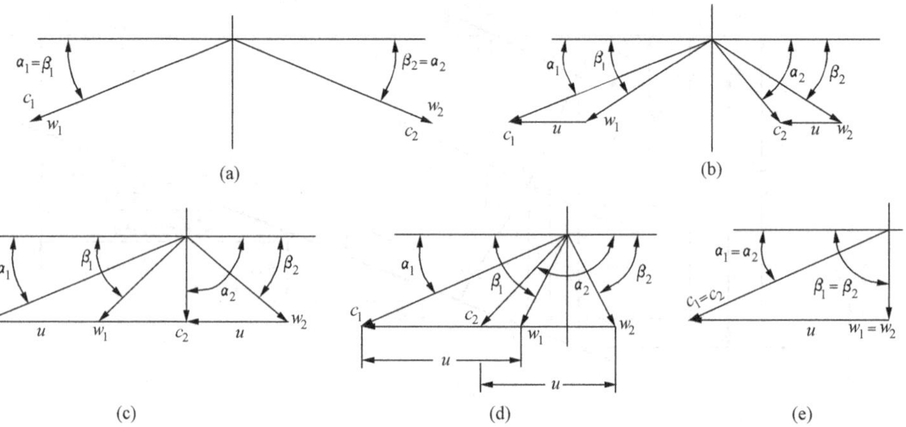

图 1-22　不同速度比时的速度三角形

(a) $x_1 = 0$；(b) x_1 过小；(c) $x_1 = x_{1op}^{im}$；(d) x_1 过大；(e) $x_1 = \cos\alpha_1$

当 u 从零逐渐增大（即 x_1 从零逐渐增大），或者 u 从 $c_1\cos\alpha_1$ 逐渐减小（即 x_1 从 $\cos\alpha_1$ 逐渐减小）时，由图 1-22（b）和（d）可知，c_2 都是减小的，即余速损失减少，蒸汽在动叶中产生的轮周功率增加，轮周效率也增大。

由上述分析可知，x_1 在 $0 \sim \cos\alpha_1$ 必有一余速损失为最小、轮周效率为最大的数值。由速度三角形知，$\alpha_2 = 90°$ 时，c_2 最小，即余速损失最小，轮周效率最大。轮周效率最大时的速度比称为最佳速度比 x_{1op}，此时的速度三角形如图 1-22（c）所示，利用几何关系即可求得纯冲动级的最佳速度比 x_{1op}^{im}，即

$$x_{1op}^{im} = \frac{u}{c_1} = \frac{1}{2}\cos\alpha_1 \tag{1-48}$$

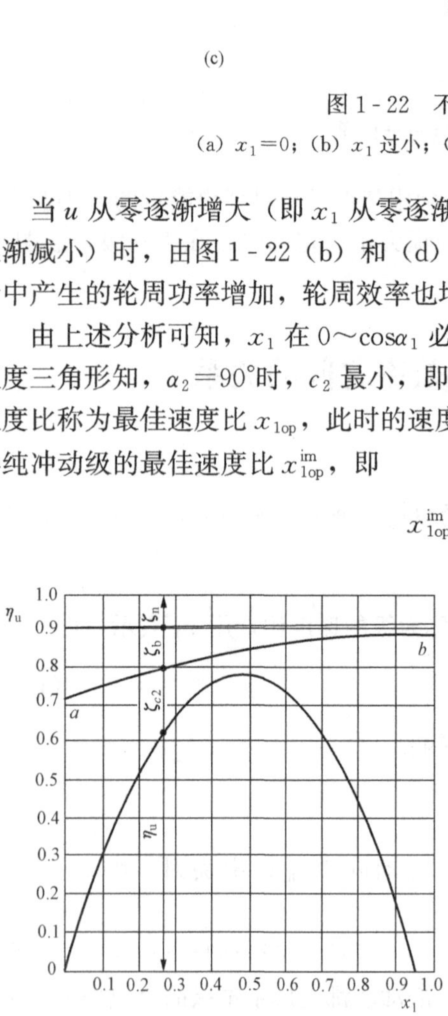

图 1-23　纯冲动级的实际轮周
效率与速度比的关系曲线

轮周效率除考虑余速损失外，还应考虑喷嘴损失和动叶损失，喷嘴损失系数由喷嘴速度系数 φ 决定，而 φ 与 x_1 无关，故喷嘴损失系数与 x_1 无关。动叶损失由动叶速度系数 ψ 和动叶出口速度 w_2 决定，当 x_1 减小时，β_1 和 β_2 减小，w_2 增大，这些都使动叶损失增加，但其变化数值远比余速损失变化数值小。考虑喷嘴损失和动叶损失后，纯冲动级的实际轮周效率与速度比的关系曲线如图 1-23 所示。当 $\alpha_1 = 11° \sim 22°$ 时，$x_{1op}^{im} = 0.4 \sim 0.5$。

（二）反动级

反动级（$\Omega = 0.5$）的静叶与动叶型线相同，若不考虑叶片的流动损失，则 $\beta_2 = \alpha_1$、$w_2 = c_1$，要使余速损失为最小，必须 $\alpha_2 = 90°$，此时速度三角形如图 1-24 所示。利用几何关系即可求得反动级的最佳速度比 x_{1op}^{re} 为

$$x_{1op}^{re} = \frac{u}{c_1} = \cos\alpha_1 \qquad (1-49)$$

图 1 - 25 为实际反动级的轮周效率与速度比的关系曲线，其最佳速度比 $x_{1op}^{re} = 0.8 \sim 1.0$。

（三）冲动级

由于冲动级都具有一定的反动度，故其最佳速度比介于纯冲动级和反动级之间，并且随着反动度的增加，其最佳速度比也增加，其数值可近似用下式计算：

$$x_{1op} = \frac{\cos\alpha_1}{2(1-\Omega)} \qquad (1-50)$$

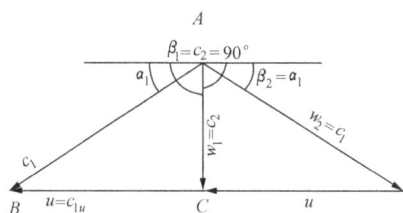

图 1 - 24 反动级在最佳速度
比时的速度三角形

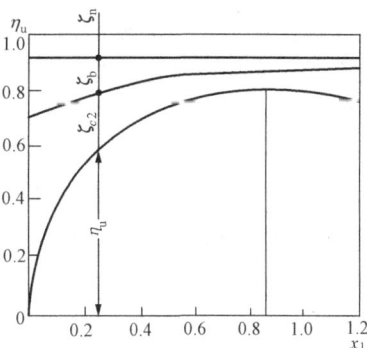

图 1 - 25 反动级的轮周
效率与速度比的关系曲线

二、纯冲动级与反动级的比较

1. 最佳速度比下做功能力的比较

当 α_1、φ 和 u 相同时，纯冲动级与反动级的最佳速度比之比值为

$$\frac{x_{1op}^{im}}{x_{1op}^{re}} = \frac{\frac{1}{2}\cos\alpha_1}{\cos\alpha_1} = \frac{1}{2}$$

而

$$\frac{x_{1op}^{im}}{x_{1op}^{re}} = \frac{\left(\frac{u}{c_1}\right)^{im}}{\left(\frac{u}{c_1}\right)^{re}} = \frac{c_1^{re}}{c_1^{im}} = \sqrt{\frac{\frac{1}{2}\Delta h_t^{re}}{\Delta h_t^{im}}}$$

两式相等，可推出

$$\Delta h_t^{im} : \Delta h_t^{re} = 2 : 1 \qquad (1-51)$$

式（1-51）说明纯冲动级的理想比焓降比反动级大一倍。整机理想比焓降相同时，则纯冲动式汽轮机比反动式汽轮机的级数要少一半。为了减少反动式汽轮机的级数，设计时常选用小于 x_{1op}^{re} 的速度比值，这样，既不会使反动级的效率下降许多（x_{1op}^{re} 附近曲线平缓，这是余速得到利用的级的共同特点），又提高了级的做功能力，弥补了反动式汽轮机级数多的缺点。

2. 轮周效率的比较

比较图 1 - 23 和图 1 - 25 可知：

（1）反动级在最佳速度比附近，其轮周效率曲线相对平缓，余速利用的级尤为明显，故反动级的变工况特性优于纯冲动级。

（2）同在最佳速度比下，反动级的轮周效率高于纯冲动级，原因是反动级的余速可被利用（级间间隙小）；动叶中蒸汽的膨胀加速，使动叶损失明显减小。

目前，300MW 以上大机组，既有采用反动式汽轮机的，以求得整机经济效益的提高；也有采用冲动式汽轮机的，可使级数大大减少，节省投资。机组功率越大，从合理利用能源及节能的长远观点来看，尤其是带基本负荷的机组，宜选用反动式汽轮机。实际上冲动式汽轮机的级中，也带有一定的反动度，目的是改善其变工况特性，提高做功效率。

三、级的相对内效率与速度比的关系

在讨论级的相对内效率与速度比的关系时，虽然 η_i 与 η_u 考虑的损失项数不同，损失大小也不同，但效率随速度比的变化趋势是类似的。

在最佳速度比下，级的相对内效率不一定最高。因为除喷嘴、动叶和余速损失之外，冲动级中还有鼓风摩擦损失随速度比变化，所以分析时可以看作 $\eta_i = \eta_u - \zeta_{vf}$（实际上并不相等），这样在 $\eta_u = f(x_1)$ 基础上，绘出 $\zeta_{vf} = f(x_1)$ 曲线（三次方函数）并叠加，就得到了 $\eta_i = f(x_1)$ 曲线，见图 1-26（a）。可见 $\eta_{i,max} < \eta_{u,max}$，且 x_{1op} 值也相应有所减小；反动级中，考虑漏汽损失后，相对内效率曲线如图 1-26（b）所示。由图中可直观地看出 $\eta_{i,max} < \eta_{u,max}$，而且最佳速度比也由 0.94 下降至 0.5 左右。所以，不管冲动级还是反动级，实际运行时以略低于 x_{1op} 下运行效益为好。

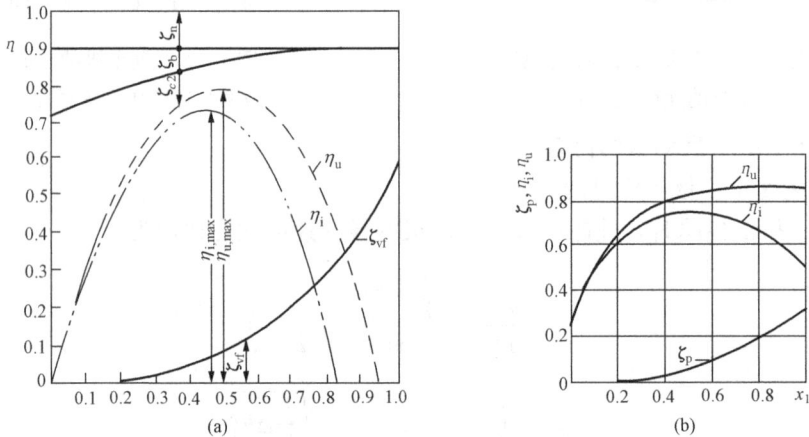

图 1-26　η_u、η_i 与 x_1 的关系

（a）考虑摩擦鼓风损失；（b）考虑漏汽损失时

四、速度比与级的比焓降和平均直径的关系

式 $x_1 = \dfrac{u}{c_1}$ 将速度比与级的直径和比焓降联系在一起，互相制约。

（1）设计汽轮机时，要求级在最佳速度比下，这样当 α_1 取定后，速度比为一定值。由速度比定义式知，u 与 c_1 有正比例约束关系，即要增加级的做功能力，则必须增大圆周速度。而 u 的增加是受材质强度限制的，故一个级的做功能力的增加是有限的，所以单级汽轮机的功率不会设计得太大。

（2）当级的比焓降确定之后，圆周速度就近似为一定值，由式 $u = \dfrac{n\pi d_b}{60}$ 可知：d_b 与 n 成反比约束关系，即转速越高，级的平均直径就越小。所以，小型汽轮机常常提高转子转速，以求得结构紧凑，节省钢材。

（3）多级汽轮机各级的压力逐级降低，比体积会逐级增大，客观上要求级直径应逐级加大。若设计要求各级在最佳速比下工作，则必然要求各级比焓降逐级增大。

课题五 多级汽轮机

教学目的

掌握多级汽轮机各种损失产生的原因及减少的措施，了解多级汽轮机的热力特性、热力过程，掌握多级汽轮机轴向推力的组成及其平衡方法。

从级的工作原理可知，级只有在最佳速比下工作时，才具有较高的效率，由于级的圆周速度受到材料强度的限制，使得一个单级所能利用的比焓降受到限制。现代发电用的汽轮机，要求功率大、效率高，为此采用了高的新蒸汽参数和低的排汽压力，汽轮机的理想比焓降很大。例如，300MW 的汽轮机初参数为 16.7MPa、537℃，排汽压力为 4.9kPa，其理想比焓降约为 1482kJ/kg。显然任何形式的单级汽轮机都不能有效地利用这样大的比焓降。但我们可以采用由许多个单级组成的多级汽轮机，蒸汽依次在各级中膨胀做功，各级均按照最佳速比选择适当的比焓降，根据总的比焓降确定多级汽轮级的级数，这样，既能利用很大的比焓降，又能保持较高的效率。所以，功率稍大的汽轮机都采用多级汽轮机。例如，300MW 汽轮机是由 1 个冲动式调节级和 35 个反动式压力级组成的。

一、多级汽轮机的损失

对于一台多级汽轮机来说，在蒸汽将热能转换成机械能的过程中，不仅要产生各种级内损失，而且还产生一些属于全机（不属于哪一个级）的损失。

多级汽轮机的损失分为两大类：一类是不影响蒸汽状态的损失，称为外部损失；另一类是影响蒸汽状态的损失，称为内部损失。

（一）多级汽轮机的外部损失

汽轮机外部损失包括两种，机械损失和轴端漏汽损失。

1. 机械损失

汽轮机运行时，要克服支持轴承和推力轴承的摩擦阻力，以及带动主油泵等，都将消耗一部分有用功而造成损失，这部分损失称为机械损失，在大功率机组中占 0.5%~1%。

2. 轴端漏汽损失

汽轮机主轴从汽缸两端穿出，轴与汽缸之间存在着间隙，虽然装上端部汽封后，这个间隙很小，但由于压差的存在，在高压端总有部分蒸汽漏出，这部分蒸汽不做功，因而造成能量损失，这种损失称为轴端漏汽损失。在处于真空状态的低压端就会有部分空气从外向里漏，而破坏真空。为了解决这种漏汽损失，多级汽轮机都设置了一套汽封系统。

（二）汽轮机的内部损失

多级汽轮机的内部损失除包括各种级内损失外，还有进汽机构的节流损失和排汽管的压力损失。这两种损失对蒸汽的状态都有影响，因此都属于内部损失，同时又因为这两种损失分别发生在进汽端和排汽端，因而又称为端部损失。

1. 进汽机构的节流损失

新蒸汽进入汽轮机第一级之前，首先要经过主汽门和调节汽门，由于阀门的节流作用，

使蒸汽压力下降。一般情况下压力降为

$$\Delta p = (0.03 \sim 0.05) p_0 \tag{1-52}$$

式中　p_0——新蒸汽（主汽门前）的压力。

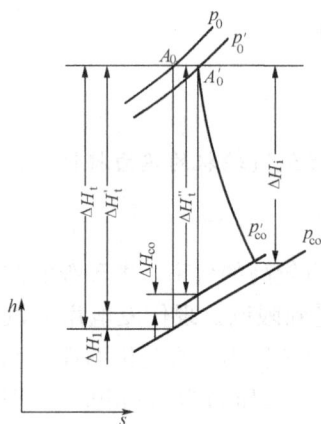

图 1-27 为蒸汽流经主汽门、调节汽门时，产生节流损失的热力过程。由图可见，在没有节流损失时，汽轮机的理想比焓降为 ΔH_t，有节流损失后，其比焓降为 $\Delta H_t'$，ΔH_t 与 $\Delta H_t'$ 之差 ΔH_1 称为进汽机构的节流损失。

限制蒸汽流经阀门和管道的流速，选用流动特性好的阀门是减小进汽机构节流损失的措施。一般应使蒸汽流过阀门和管道的流速小于或等于 $40 \sim 60\text{m/s}$，压力降控制在 $(0.03 \sim 0.05) p_0$ 的范围内。

2. 排汽管压力损失

汽轮机末级叶片排出的乏汽由排汽管引至凝汽器，乏汽在排汽管道中流动时，因产生摩擦、涡流等，造成压力降低，即汽轮机末级动叶后压力 p_∞' 高于凝汽器压力 p_∞，Δp_∞

图 1-27 节流损失及
排汽管压力损失

$= p_\infty' - p_\infty$，这个压降 Δp_∞ 并未用于做功，而是用于克服流动阻力，故称之为排汽管压力损失，它可由下面经验公式计算：

$$\Delta p_\infty = \lambda \left(\frac{c_n}{100} \right)^2 p_\infty \tag{1-53}$$

式中　c_n——排汽管中的蒸汽流速（凝汽式汽轮机 $c_n = 80 \sim 120$，背压式汽轮机 $c_n = 40 \sim 60$），m/s；

　　　λ——阻力系数，一般取 $\lambda = 0.05 \sim 0.1$，当排汽缸型线良好且汽流速度较小时，λ 取较小值，否则取较大值。

由图 1-27 可以看出，由于排汽管压力损失的存在，使蒸汽在汽轮机中的做功能力减小，ΔH_∞ 即为排汽管压力损失所引起的比焓降损失。排汽管压力损失的大小取决于排汽缸中的蒸汽速度和排汽缸的结构形式，为了减小这项损失，通常利用排汽本身的动能，来补偿排汽管中的压力损失，为此，排汽缸都设计成既有较好的扩压效果，流动阻力又较小的扩压型排汽通道。

二、多级汽轮机的热力过程

图 1-28 所示为一台六级凝汽式汽轮机的热力过程，汽轮机自动主汽门前的蒸汽参数为 p_0、t_0，进汽状态点为 A_0 点。经主汽门、调节汽门节流后压力降至 p_0'，调节级喷嘴前的进汽状态点为 A_0'。从 A_0' 开始画调节级包括所有级内损失的热力过程线，从调节级的出口状态点（即第二级的进口状态点）画出第二级的热力过程线，然后依次类推，画出各级的热力过程线。图中 A_1' 表示末级动叶出口蒸汽状态点，A_1 为排汽管末端的蒸汽状态点。ΔH_t 表示汽轮机的理想比焓降，ΔH_i 为多级汽轮机的有效比焓降（即转换为内功率的比焓降）。显然多级汽轮机的有效比焓降 ΔH_i 等于各级的有效比焓降之和。

三、多级汽轮机的重热现象

1. 重热现象

蒸汽在汽轮机级内进行能量转换过程中，由于级内各项损失的存在，这些损失转换为热,并重新被蒸汽吸收,使得级后蒸汽比焓值增大,这将使下一级的理想比焓降比没有损失时增大,也就是说,在多级汽轮机中,前面级的损失可以在后面的级中部分地得以利用。

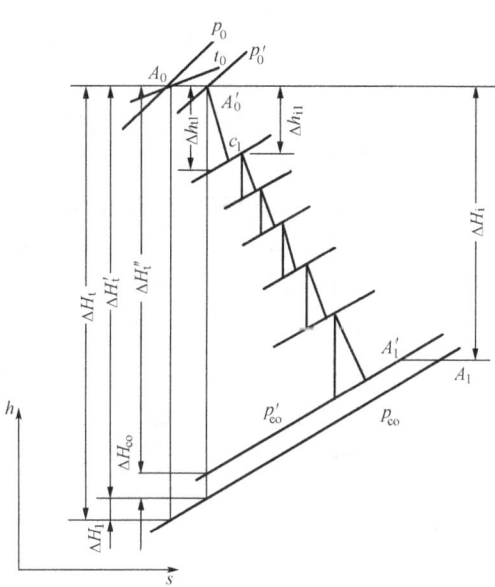

图 1-28 多级汽轮机的热力过程在 $h\text{-}s$ 图上的表示　　图 1-29 汽轮机的热力过程

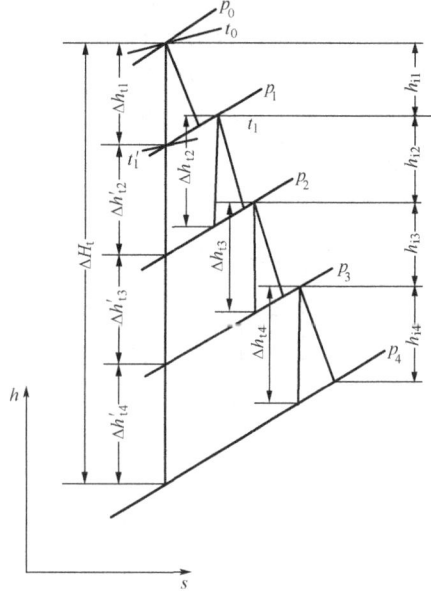

图 1-29 所示为四级汽轮机的热力过程,为简明起见,图中只画出了级内的热力过程,此时汽轮机的理想比焓降为

$$\Delta H_t = \Delta h_{t1} + \Delta h'_{t2} + \Delta h'_{t3} + \Delta h'_{t4}$$

各级的理想比焓降之和为

$$\sum \Delta h_t = \Delta h_{t1} + \Delta h_{t2} + \Delta h_{t3} + \Delta h_{t4}$$

由于等压线沿熵增方向是渐扩的,即

$$\Delta h_{t2} > \Delta h'_{t2}, \quad \Delta h_{t3} > \Delta h'_{t3}, \quad \Delta h_{t4} > \Delta h'_{t4}$$

故

$$\sum \Delta h_t > \Delta H_t$$

由此可见,由于汽轮机的级内损失,使汽轮机各级理想比焓降之和,大于汽轮机的理想比焓降,这种现象就叫作多级汽轮机的重热现象。

2. 重热现象对效率的影响

前面级的损失能被后面级回收的量为 $\sum \Delta h_t - \Delta H_t$,则重热系数为

$$\alpha = \frac{\sum \Delta h_t - \Delta H_t}{\Delta H_t} \tag{1-54}$$

则

$$\sum \Delta h_t = \Delta H_t (1+\alpha) \tag{1-55}$$

式中　α——重热系数。

假定汽轮机各级的平均效率为 η_{im},则

$$\eta_{im} = \frac{\sum \Delta h_i}{\sum \Delta h_t} = \frac{\Delta H_i}{\sum \Delta h_t}$$

即

$$\Delta H_i = \sum \Delta h_t \eta_{im} \tag{1-56}$$

整台汽轮机的效率为

$$\eta_i = \frac{\Delta H_i}{\Delta H_t} = \frac{\sum \Delta h_t \eta_{im}}{\Delta H_t} = \frac{\Delta H_t(1+\alpha)}{\Delta H_t}\eta_{im} = (1+\alpha)\eta_{im} \qquad (1-57)$$

因为汽轮机中总是有损失的,所以 $\alpha > 0$。

由此我们可以得出如下结论:由于重热现象的存在,使得整台汽轮机的效率高于各级的平均效率。但值得注意的是,这并不能说 α 越大,汽轮机的效率就越高。因为 α 的增大是由于各级损失增加,使各级平均效率降低而造成的,而重热只能回收损失中的部分能量,因此,重热系数越大,汽轮机各级的平均效率就越低,汽轮机的效率也就越低。

四、多级汽轮机的余速利用

在多级汽轮机中,除调节级和末级外,上一级的余速动能可以全部或部分地被下一级所利用,从而提高了汽轮机的效率。这一点从多级汽轮机的热力过程图上可以看出,如图 1-30 所示,在相同的进汽参数和排汽压力下,当各级的余速动能都不被利用时,第一级的余速动能 $\frac{c_2^2}{2}$ 用线段 $d'c$ 表示,第一级的实际排汽点为 d 点,$abcd$ 为第一级的热力过程(为简化问题,图中未画出喷嘴的实际过程)。以后各级依次类推,汽轮机末级排汽状态点为 e 点,整级有效比焓降为 ΔH_i。当各级余速全被利用时,第二级的进汽状态点为 c 点,进口滞止状态为 d' 点,以后各级依次类推,则末级排汽状态点为 e' 点(末级余速不能被利用),此时整机的有效比焓降为 $\Delta H_i'$,显然,余速利用后汽轮机的有效比焓降 $\Delta H_i'$ 高于余速没有被利用时的有效比焓降 ΔH_i,即余速利用提高了汽轮机的相对内效率。

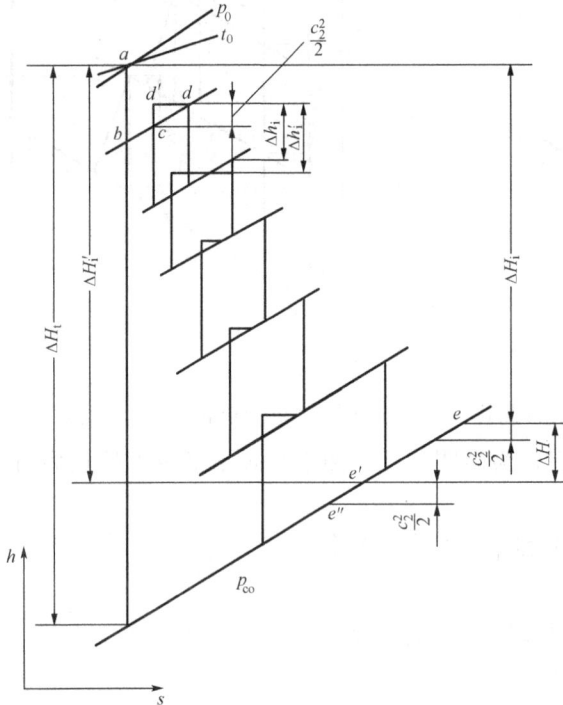

图 1-30 余速利用对汽轮机热力过程的影响

五、多级汽轮机的轴向推力及其平衡

(一)多级汽轮机的轴向推力

蒸汽在汽轮机级内流动时,除了产生推动叶轮旋转做功的周向力外,还产生与轴线平行的轴向推力,其方向与汽流在汽轮机内的流动方向相同。多级汽轮机的轴向推力即为各级轴向推力之和。每一级的轴向推力通常包括蒸汽作用在动叶栅上的轴向力、叶轮轮面上的轴向力和汽封凸肩上的轴向力三部分,如图 1-31 所示。

1. 作用在动叶栅上的轴向力

蒸汽作用在动叶栅上的轴向力为

$$F_{z1} = G(c_1\sin\alpha_1 - c_2\sin\alpha_2) + \pi d_b l_b e(p_1 - p_2)$$

上式第一项为蒸汽流经动叶时,由于轴向分速度的变化所引起的轴向力,其值一般很小，可以忽略不计。第二项为动叶前后由于存在压力差所引起的轴向力，对反动度不大的冲动级，在级的进口初速度不大时，可近似认为

$$p_1 - p_2 \approx \Omega(p_0 - p_2)$$

因此作用在动叶栅上的轴向力可以近似写成

$$F_{z1} = \pi d_b l_b e \Omega(p_0 - p_2) \qquad (1-58)$$

由此可知，作用在动叶栅上的轴向力与该级的反动度成正比。

2. 作用在叶轮轮面上的轴向力

在多级汽轮机中，当叶轮前后存在压力差时，作用在叶轮上的轴向力为

$$F_{z2} = \frac{\pi}{4}[(d_b - l_b)^2 - d_1^2]p_d - \frac{\pi}{4}[(d_b - l_b)^2 - d_2^2]p_2$$

式中　p_d——叶轮前的压力。

如果 $d_1 = d_2$，则上式可以写成

$$F_{z2} = \frac{\pi}{4}[(d_b - l_b)^2 - d_1^2](p_d - p_2) \qquad (1-59)$$

图 1-31　汽轮机级简图

当叶轮上没有平衡孔，动叶根部与隔板间隙较大时，p_1 与 p_d 相等；当叶轮上开有平衡孔，而且有足够的面积时，可认为 p_d 与 p_2 相等，此时 $F_{z2} = 0$。显然，平衡孔面积不够或运行中隔板汽封漏汽量增大时，将使 F_{z2} 增大，引起轴向推力增大。

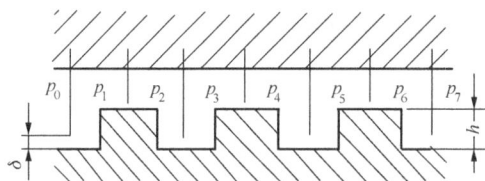

图 1-32　隔板汽封

3. 作用在汽封凸肩上的轴向力

采用高低齿形式的隔板汽封的机组，则转子汽封也相应做成凸肩结构，如图 1-32 所示。由于每个汽封凸肩前后存在压差，因而产生轴向推力 F_{z3}，其值为

$$F_{z3} = \pi d_b h \sum \Delta p \qquad (1-60)$$

式中　d_b——汽封凸肩的平均直径；

　　　h——汽封凸肩高度；

　　　Δp——每个汽封齿的前后压差。

因此，每一级的轴向推力为

$$F_z = F_{z1} + F_{z2} + F_{z3}$$

每一级的轴向推力相加即为整台汽轮机的轴向推力。不同形式不同容量的汽轮机，其轴向推力的大小不同，冲动式汽轮机的轴向推力为数吨或数十吨，大型反动式汽轮机的轴向推力可达二三百吨。

（二）多级汽轮机轴向推力的平衡

汽轮机中的推力轴承是用来平衡转子轴向推力并确定转子轴向位置的，但是轴向推力过大时，若仅靠推力轴承来平衡，将使推力轴承尺寸过大，结构笨重，并且运行时轴承摩擦损失和润滑冷却的耗油量增大，这不仅降低了汽轮机运行的经济性，也影响了汽轮机运行的安全性。因此，在设计制造汽轮机时，常在结构上采取措施，使大部分轴向推力被平衡，推力轴承只用来承担剩余的轴向推力。通常采取以下措施来平衡轴向推力：

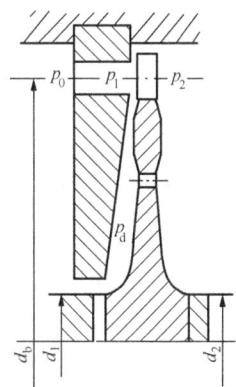

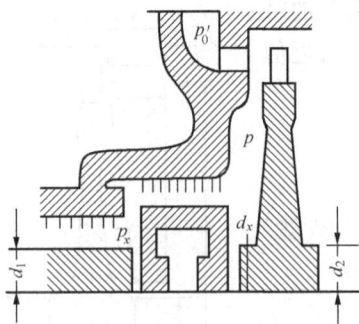

图 1-33　平衡活塞示意

（1）开平衡孔，即在叶轮上开 5～7 个平衡孔，使叶轮前后的压力差减小，从而减小汽轮机的轴向推力。

（2）采用平衡活塞，如图 1-33 所示。即在汽轮机的高压端，加大其轴封套直径，以便在端面上产生平衡活塞的作用。平衡活塞两端环形面积上作用着不同的蒸汽压力（$p_x > p$），在这个压差作用下产生了与汽流流动方向相反的轴向平衡力。

（3）采用相反流动布置，即采用汽缸对置，使不同汽缸中的汽流流动方向相反，抵消一部分轴向推力。这在大容量机组中得到普遍采用。图 1-34 所示为 N300-16.7/537/537 型汽轮机汽缸的布置。

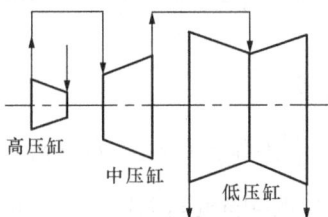

高压缸　　中压缸　　低压缸

图 1-34　汽缸布置

课题六　　汽轮发电机组的效率和经济指标

教学目的

掌握汽轮发电机组各种效率的意义、计算方法及相互间的关系。

一、汽轮发电机组的效率

汽轮发电机组是将蒸汽热能转换成电能的装置，汽轮发电机组的各种效率表明在蒸汽热能转换成电能的过程中，各种设备或部件的工作完善程度。

如图 1-35 所示，在不考虑任何损失时，蒸汽在汽轮机中的理想比焓降为 ΔH_t，其对应的汽轮机功率为理想功率 P_t；考虑了汽轮机的内部损失后，真正转换成机械功的比焓降为汽轮机的有效比焓降 ΔH_i，其对应的功率为内功率 P_i；从内功率中扣除机械损失后的功率才是拖动发电机的功率，称之为有效功率

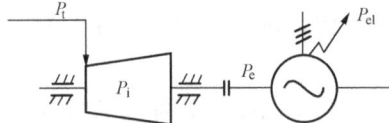

图 1-35　汽轮发电机组功率

P_e；发电机在将机械能转换成电能的过程中也存在一些损失，扣除这部分损失之后的功率才是发电机输出的电功率 P_{el}。由此可见，$P_t > P_i > P_e > P_{el}$。

（一）汽轮机的相对内效率 η_i

汽轮机的有效比焓降 ΔH_i（或内功率 P_i）与理想比焓降 ΔH_t（或理想功率 P_t）之比称为汽轮机的相对内效率 η_i，即

$$\eta_i = \frac{\Delta H_i}{\Delta H_t} = \frac{P_i}{P_t} \qquad (1 \text{-} 61)$$

由于汽轮机的相对内效率考虑了蒸汽在汽轮机中的所有内部损失，因此它表明了汽轮机内部结构的完善程度，目前大功率汽轮机的相对内效率已达到 87% 以上。

（二）汽轮机的相对有效效率 η_e

由于机械损失的存在，消耗了一部分机械功 ΔP_m，故汽轮机拖动发电机的有效功率为 P_e，即

$$P_e = P_i - \Delta P_m$$

汽轮机有效功率与汽轮机内功率之比称为机械效率 η_m，即

$$\eta_m - \frac{P_e}{P_i}$$

机械效率一般为 96%～99%。

汽轮机有效功率与汽轮机理想功率之比称为汽轮机相对有效效率 η_e，即

$$\eta_e = \frac{P_e}{P_t} \qquad (1 \text{-} 62)$$

或

$$\eta_e = \frac{P_e}{P_t} = \frac{P_e}{P_t} \frac{P_i}{P_i} = \eta_i \eta_m \qquad (1 \text{-} 63)$$

（三）汽轮发电机组的相对电效率 η_{el}

由于发电机在工作中存在着机械损耗和电气损耗，所消耗功率称为发电机损失 ΔP_g，因此发电机输出的电功率小于汽轮机的有效功率，即

$$P_{el} = P_e - \Delta P_g$$

发电机输出的电功率 P_{el} 与汽轮机的有效功率 P_e 之比称为发电机效率 η_g，即

$$\eta_g = \frac{P_{el}}{P_e}$$

发电机的效率与发电机所采用的冷却方式及机组容量有关，中小型机组采用空气冷却，$\eta_g = 92\%～98\%$；大功率的机组采用氢冷却或水冷却，η_g 在 98% 以上。

发电机输出的电功率与汽轮机理想功率之比称为汽轮发电机组的相对电效率，即

$$\eta_{el} = \frac{P_{el}}{P_t}$$

或

$$\eta_{el} = \frac{P_{el}}{P_t} \frac{P_e}{P_e} \frac{P_i}{P_i} = \eta_i \eta_m \eta_g \qquad (1 \text{-} 64)$$

不难看出相对电效率的高低反映了整台汽轮发电机组的工作完善程度。

汽轮发电机组输出的电功率为

$$P_{el} = \frac{D \Delta H_t \eta_i \eta_m \eta_g}{3600} \qquad (1 \text{-} 65)$$

二、汽轮发电机组的汽耗率和热耗率

（一）汽耗率

汽轮发电机组每发 1kW·h 电能所消耗的蒸汽量称为汽耗率 d，单位为 kg/（kW·h），汽轮机每小时消耗的蒸汽量称为汽耗量 D，单位为 kg/h。由式（1 - 65）得

$$D = \frac{3600 P_{el}}{\Delta H_t \eta_i \eta_m \eta_g} = \frac{3600 P_{el}}{\Delta H_i \eta_m \eta_g} \qquad (1-66)$$

因此汽耗率 d 可由下式求得

$$d = \frac{D}{P_{el}} = \frac{3600}{\Delta H_t \eta_i \eta_m \eta_g} = \frac{3600}{\Delta H_i \eta_m \eta_g} \qquad (1-67)$$

有回热抽汽的机组，式（1-67）中的 ΔH_i 应由当量有效比焓降 $\Delta \overline{H_i}$ 代替，即

$$\Delta \overline{H_i} = \sum (1 - \sum \alpha) \Delta H_i \qquad (1-68)$$

式中　ΔH_i——各段回热抽汽间的有效比焓降；

　　　　α——各段回热抽汽量占总进汽量的份额。

汽耗率只能反映同型号机组经济性的高低。

（二）热耗率

汽轮发电机组每发 $1kW \cdot h$ 的电能所消耗的热量称为热耗率 q，当汽耗率求出后，热耗率可表示为

$$q = d(h_0 - h_{fw}) \qquad (1-69)$$

若为中间再热机组，则

$$q = d\left[(h_0 - h_{fw}) + \frac{D_{rh}}{D_0}(h_{rh} - h'_{rh})\right] \qquad (1-70)$$

式中　D_0——汽轮机总进汽量，kg/h；

　　　　D_{rh}——再热蒸汽量，kg/h；

　　　　h_0——新蒸汽的比焓值，kJ/kg；

　　　　h_{fw}——锅炉给水比焓，kJ/kg；

　　　　h_{rh}——再热蒸汽比焓，kJ/kg；

　　　　h'_{rh}——汽轮机高压缸排汽比焓，kJ/kg。

热耗率不仅反映出汽轮机结构的完善程度，也反映出发电厂热力循环的效率及运行技术水平的情况。

小　　结

1. 汽轮机的级是基本能量转换单元，级的工作原理体现了汽轮机的工作原理；级的反动度是衡量动叶内蒸汽膨胀程度的主要技术指标，它的大小能反映级的特点，并可以此对级进行分类。

2. 汽轮机均采用斜切喷嘴，渐缩斜切喷嘴应用最为普遍。蒸汽通过喷嘴时将热能转换为动能，其实际过程有损失（即喷嘴损失），可表示在 $h-s$ 图上，利用能量方程可定量计算能量的转换关系；蒸汽在这样的喷嘴中可以达到超声速，在一定条件下（$p_1 < p_c$）汽流会发生偏转。

3. 动叶栅可被看成"旋转的喷嘴"，引入相对速度概念和动叶速度三角形后，喷嘴的计算方法同样适用于动叶；多数级的 $\rho \neq 0$，蒸汽在动叶中膨胀做功，冲动力和反动力共同作用，将蒸汽的动能进一步转换为机械能，其转换程度由轮周功率和轮周效率公式定量计算出来。

4. 级的相对内效率考虑了级内各项损失，减小级内各项损失，可提高级的相对内效率。级内损失使级的热力过程线向熵增的方向偏转。

5. 速度比是一个重要概念，它的大小与级内损失关系密切，当轮周效率最高时（$\alpha_2 = 90°$），其速度比为最佳速度比。

6. 多级汽轮机的损失可分为内部损失和外部损失两类。外部损失对蒸汽的状态没有影响，它包括机械损失和轴端漏汽损失；内部损失对蒸汽的状态产生影响，它包括所有的级内损失、进汽机构的节流损失和排汽管压力损失。

7. 多级汽轮机中上一级的损失可以在下一级中部分得以利用，即多级汽轮机中存在重热现象，重热现象的存在使得汽轮机的内效率高于各级的平均效率。多级汽轮机中上一级的余速可以被下一级利用，从而提高了汽轮机的内效率。

8. 多级汽轮机的轴向推力等于各级的轴向推力之和，而各级的轴向推力分别由作用在动叶栅上的轴向力、叶轮轮面上的轴向力及作用在汽封凸肩上的轴向力三部分组成。在设计制造汽轮机时，常采取在叶轮上开平衡孔、采用平衡活塞、采用汽缸对置等措施来平衡大部分的轴向推力，剩余的轴向推力则由推力轴承来承担。

9. 汽轮机的相对内效率反映了汽轮机内部结构的完善程度。汽轮发电机组的相对电效率反映了整台汽轮发电机组的工作完善程度。汽耗率是衡量汽轮发电机组经济性的指标之一，汽轮发电机组的各种效率提高，汽耗率则必然减小，经济性提高。热耗率同样也是汽轮发电机组的重要经济指标，它不仅反映出汽轮发电机组的技术完善程度，也反映出发电厂热力循环效率及运行技术水平的高低。

复 习 思 考 题

1. 什么是汽轮机的级？级有哪几类，各自的特点如何？

2. 什么是汽轮机级的反动度？它的实际含义是什么？

3. 纯冲动级和反动级在做功原理上和叶型上有何区别？反动级的优越性有哪些？

4. 画出动叶进出口的速度三角形。

5. 什么是级内损失？级内损失包括哪些？

6. 什么是速度比？什么是最佳速度比？速度比与级内哪些损失有关，又对哪项损失影响最大？

7. 速度比与效率的曲线如何？反动级级间的余速利用对曲线有何影响？

8. 什么是重热现象？它对汽轮机的效率有何影响？

9. 在焓-熵图上表示出进汽机构的节流损失和排汽管压力损失，并分别说明这两项损失产生的原因及减小的措施。

10. 余速利用后为什么能提高汽轮机的内效率？哪些级的余速不能被利用？

11. 汽轮发电机组的效率有哪些？它们之间有什么关系？

12. 什么是汽耗率、热耗率？

13. 多级汽轮机的相对内效率为什么比单级汽轮机的高？

14. 汽轮机的损失包括哪些？

15. 相同蒸汽参数、相同功率的纯凝汽式汽轮机和回热抽汽式汽轮机，哪一种的汽耗率小，哪一种的热耗率小?

习　题

1. 已知喷嘴进口蒸汽压力 $p_0=8.5\text{MPa}$，温度 $t_0=490℃$，初速 $c_0=50\text{m/s}$，喷嘴后压力 $p_1=5.8\text{MPa}$，试求：

(1) 喷嘴前蒸汽滞止焓、滞止压力；

(2) 当喷嘴速度系数 $\varphi=0.97$ 时，喷嘴出口的 c_{1t} 和 c_1；

(3) 喷嘴出口压力由 5.8MPa 降至临界压力时的临界速度 c_c。

2. 在渐缩斜切喷嘴中，蒸汽由 $p_0=1.6\text{MPa}$，$t_0=290℃$，膨胀至 $p_1=0.5\text{MPa}$，喷嘴出口的 $\alpha_{1g}=18°$，速度系数 $\varphi=0.95$，$c_0=0$，求①喷嘴出口实际速度；②喷嘴损失；③斜切部分汽流偏转角。

3. 反动级喷嘴出口 $c_1=160\text{m/s}$，$\alpha_1=\beta_2=20°$，该级流量 $G=7\text{kg/s}$，$n=3000\text{r/min}$，级平均直径 $d=0.66\text{m}$，若 $\beta_1=\alpha_2$，试求①动叶的进汽角 β_1；②动叶所受的力 F_u；③级的轮周功率 P_u。

4. 对称动叶纯冲动级的 $c_{1t}=450\text{m/s}$，$x_1=0.47$，$\varphi=0.97$，$\psi=0.9$，$\alpha_1=18°$。试计算并绘制动叶进出口速度三角形。

汽 轮 机 设 备 结 构

——内 容 提 要——

本单元主要介绍汽轮机主要组成部件的作用、形式、结构特点及工作原理，并对叶片的振动、轴承油膜振荡等问题进行了专门讨论。

汽轮机由转动部分和静止部分组成。转动部分又称为转子，其作用是汇集各级动叶栅上的旋转机械能并传递给发电机，包括动叶栅、主轴和叶轮（反动式汽轮机为转鼓）、联轴器；静止部分包括汽缸、隔板（反动式汽轮机为静叶环）及轴承。此外，还有汽封和盘车装置等部件。

课题一 动 叶 片

📑 教学目的

掌握动叶片的作用、结构及形式，了解动叶片工作时的受力情况。

动叶片是汽轮机中完成能量转换的主要部件。它工作时受力复杂，工作条件又很恶劣，因此，其结构不但应保证有良好的流动特性，而且还要保证有足够的强度。

一、叶片的结构

叶片由叶型、叶根和叶顶三部分组成，如图 2-1 所示。

（一）叶型部分

叶型部分是叶片的工作部分，相邻叶片的叶型部分之间构成汽流通道，蒸汽流过时将动能转换成机械能。为了提高能量转换的效率，叶片断面型线及其沿叶高的变化规律应符合气体动力学要求。

按叶型部分横截面的变化规律，叶片可分为等截面直叶片（见图 2-1）和变截面扭曲叶片（见图 2-2）。等截面直叶片的断面型线和面

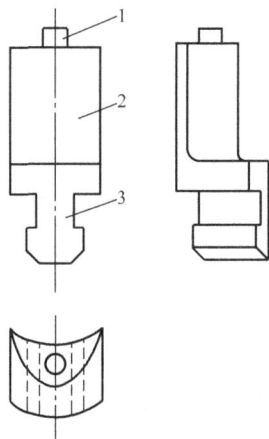

图 2-1 动叶片的结构
1—叶顶；2—叶型；3—叶根

积沿叶高是相同的，具有加工方便、制造成本低、有利于在部分级实现叶型通用等优点，但其气动特性较差，主要用于短叶片。变截面扭曲叶片的截面型线及截面积沿叶高变化，各截面型心的连线连续发生扭转，具有较好的气动特性及强度，但制造工艺较复杂，主要用于长叶片。随着加工工艺不断进步，变截面扭曲叶片正逐步用于短叶片。

在湿蒸汽区工作的叶片，为了提高其抗冲蚀能力，通常在叶片进口的背弧上采取强化措施，如镀铬，电火花强化，表面淬硬及贴焊硬质合金等。

图 2-2 变截面扭曲叶片

（二）叶根部分

叶根是将动叶片固定在叶轮（或转鼓）上的连接部分，它应保证在任何运行条件下连接牢固，同时力求制造简单、装配方便。叶根的形式较多，常用的有 T 形、枞树形和叉形。

1. T 形叶根

T 形叶根如图 2-3（a）所示，它结构简单，加工、装配方便，被普遍使用在较短叶片上。如引进美国西屋公司技术、由我国生产的（简称国产引进型）300MW 汽轮机的高压级采用的就是这种形式的叶根。但这种叶根在离心力的作用下会对轮缘两侧产生弯曲应力，使轮缘有张开的趋势。为此，有的 T 形叶根的两侧做出凸肩〔见图 2-3（b）〕，将轮缘包住，阻止轮缘张开。国产 300MW 汽轮机的高压部分就采用了这种形式的叶根。图 2-3（c）所示为双 T 形叶根，这种形式增大了叶根的受力面积，进一步提高了叶根的承载能力，多用于中长叶片。

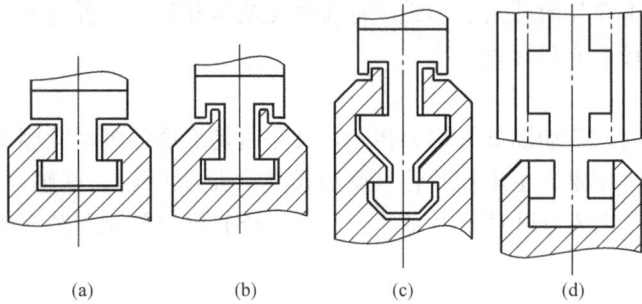

图 2-3　T 形叶根

（a）T 形叶根；（b）外包 T 形叶根；
（c）双 T 形叶根；（d）T 形叶根的装配

T 形叶根在轮缘上的装配采用周向埋入，如图 2-3（d）所示。安装时，将叶片从轮缘上的一个或两个锁口处逐个插入，并沿周向移至相应位置，最后锁口处的叶片用铆钉固定在轮缘上。这种装配方法较简单，但在更换叶片时拆装工作量较大。

2. 叉形叶根

叉形叶根结构如图 2-4 所示，其叶根制成叉形，安装时从径向插入轮缘上的叉槽中，并用铆钉固定。叉形叶根加工简单，强度高，适应性好，更换叶片方便，较多用于中、长叶片。但这种叶根装配时工作量大，且钻铆钉孔需要较大的轴向空间，这限制了它在整锻和焊接转子上的应用。哈尔滨汽轮机厂生产的引进型 300、600MW 汽轮机，调节级汽室有较大空间，其调节级采用了每三个叶片为一个整体的三叉形叶根，如图 2-5 所示。

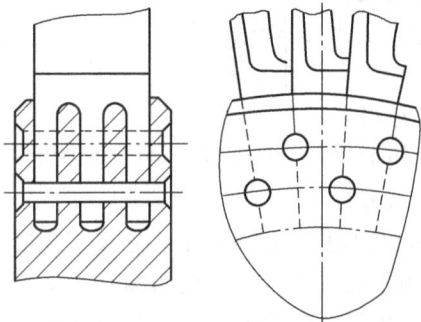

图 2-4　叉形叶根

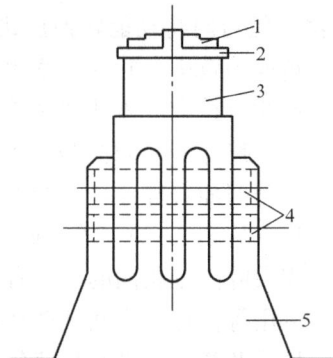

图 2-5　国产引进型 300、600MW 汽轮机调节级叶片
1—铆接围带；2—整体围带；3—动叶片；4—铆钉；5—转子

3. 枞树形叶根

图 2-6 所示为枞树形叶根，它的形状呈楔形，安装时，叶根沿轴向装入轮缘上枞树形

槽中。这种叶根承载能力大，强度适应性好，拆装方便，但加工复杂，精度要求高，主要用于载荷较大的叶片。如国产引进型 300MW 汽轮机的中、低压级动叶片、600MW 汽轮机的全部压力级动叶片采用了这种形式的叶根。

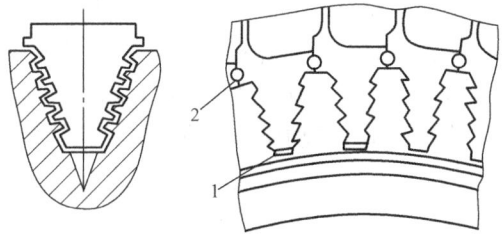

图 2-6 枞树形叶根
1—垫片；2—圆销

（三）叶顶部分

汽轮机的短叶片和中长叶片通常在叶顶用围带连在一起，构成叶片组。长叶片则在叶身中部用拉金连接成组，或者围带、拉金都不装，而成为自由叶片。

1. 围带

围带的主要作用：①增加叶片刚性，改变叶片的自振频率，以避开共振，从而提高了叶片的振动安全性；②减小汽流产生的弯应力；③可使叶片构成封闭通道，并可装置围带汽封，减小叶片顶部的漏汽损失。

常用的围带有以下几种形式：

（1）铆接围带。如图 2-7（a）所示，围带由扁钢制成，用铆接的方法固定在叶片的顶部。通常将 4～16 片叶片连接成一组，各组围带间留有 1～2mm 的膨胀间隙。

（2）整体围带。这种围带与叶片为一整体，叶片安装好后，相邻围带紧密贴合或焊在一起，将汽道顶部封闭，如图 2-7（b）所示。图 2-7（c）所示为国产引进型 300MW 汽轮机压力级叶片的整体围带形式，围带为平行四边形并随叶顶倾斜 30°。在围带上开有拉金孔，叶片组装后围带间相互靠紧，并用短拉金连接起来。该汽轮机调节级叶片在叶顶的整体围带上又铆接了一层围带，构成了双层围带结构（见图 2-5）。

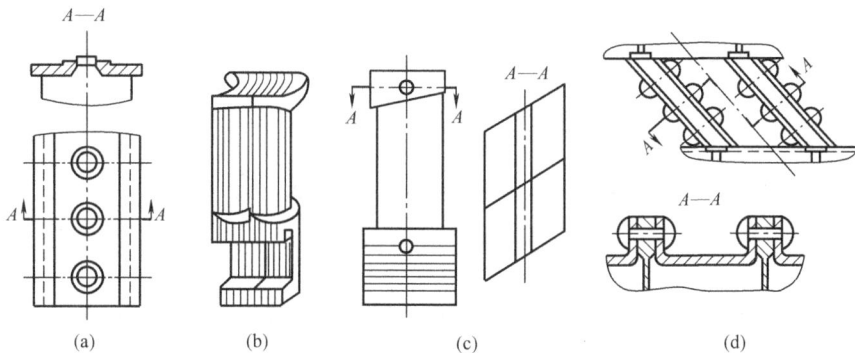

图 2-7 围带的形式
（a）铆接围带；（b）、（c）整体围带；（d）弹性拱形围带

（3）弹性拱形围带。如图 2-7（d）所示，它是将弹性钢片弯成拱形，用铆钉固定在叶片的顶部，形成整圈连接。这种围带可抑制叶片的 A 型振动和扭转振动。

2. 拉金

拉金的作用是增加叶片的刚性，以改善其振动特性。拉金为 6～12mm 的实心或空心金属圆杆，穿在叶型部分的拉筋孔中。拉金与叶片间可以采用焊接结构（焊接拉金），也可以采用松装结构（松装拉金或阻尼拉金）。通常每级叶片上穿 1～2 圈拉金，最多不超过 3 圈。常见的拉金结构如图 2-8 所示，其中图（e）为意大利 320MW 汽轮机末级叶片采用的 Z 形拉金，这种拉金与叶片一起铣出，然后分组焊接。这种拉金节距小，可提高叶片的刚性和抗扭性能，也有利于避免拉筋因离心力过大而损坏。

由于拉金处于汽流通道之中，增加了蒸汽流动损失，同时拉金孔还会削弱叶片的强度，因此在满足了叶片振动要求的情况下，应尽量避免采用拉金，有的长叶片就设计成自由叶片。

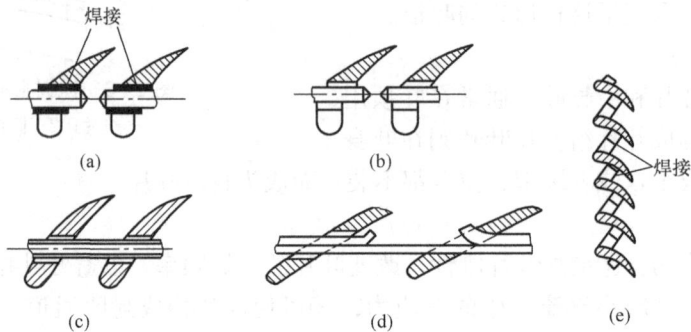

图 2-8　拉金结构示意

(a) 实心焊接拉金；(b) 实心松装拉金；(c) 空心松装拉金；(d) 剖分松装拉金；(e) Z形拉金

二、叶片的受力分析

叶片工作时的受力情况如下：

(1) 叶片、围带和拉筋产生的离心力。离心力不仅在叶片的横截面上产生离心拉应力，而且当离心力的作用线不通过承力面的形心时，还会产生离心弯应力。离心拉应力和离心弯应力不随时间的变化而变化，属于静应力。

(2) 汽流的作用力。该力是随叶片的旋转而呈周期性变化的，可分解为一个不随时间变化的平均值分量和一个随时间变化的交变分量。平均值分量在叶片中产生静弯应力，交变分量则迫使叶片振动，并在叶片中引起交变的振动应力。

离心力和汽流力还可能在叶片中引起扭应力，扭应力数值较小，可略去不计。

(3) 叶片中的温差引起的热应力。

课题二　叶片的振动

🔖 **教学目的**

掌握叶片振动的影响因素、安全准则及调频方法，熟悉叶片振动的原因及振动形式。

叶片是一个弹性体，当受到一个瞬时外力的冲击后，它将在原平衡位置的两侧做周期性的摆动，这种摆动称为自由振动，其振动频率称为叶片的自振频率。当叶片受到一周期性外力（又称为激振力）作用时，它会按外力的频率振动。在强迫振动时，若叶片的自振频率与激振力频率相等或成整数倍，叶片将发生共振，使振幅和振动应力急剧增加，可能导致叶片产生疲劳裂纹进而断裂。当叶片断裂后，其碎片有可能将相邻叶片及后边级的叶片打坏，使转子失去平衡，引起机组发生强烈振动，造成严重后果。由此可知，叶片振动性能的好坏对汽轮机的安全运行影响非常大，必须对叶片振动的有关问题加以讨论。

一、引起叶片振动的激振力

激振力按其来源不同可分为机械激振力和汽流激振力。机械激振力是汽轮机其他零部件的振动传给叶片的，只要查明原因予以消除即可；汽流激振力是由于沿圆周方向的不均匀汽流对旋转着的叶片的脉冲作用而产生的。汽流激振力按频率的高低可分为低频激振力和高频激振力。

（一）高频激振力

由于喷嘴叶片出汽边具有一定的厚度，使得喷嘴叶栅出口汽流的速度及对动叶片的作用力分布不均匀，喷嘴通道中间部分高，而出汽边尾迹处低，如图 2-9 所示。动叶片每经过一个喷嘴时，所受的汽流力的大小就变化一次，即受到一次激振。如果一级的喷嘴数为 Z_n，汽轮机的转速为 n_s，则这种激振力的频率为 $f = Z_n n_s$。

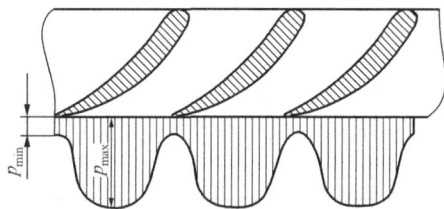

图 2-9　喷嘴后汽流力的分布

通常一个级的喷嘴数 $Z_n = 40 \sim 80$，$n_s = 50 \text{r/s}$，则 $f = 2000 \sim 4000 \text{Hz}$，因此这种激振力称为高频激振力。

对于部分进汽的级

$$f = \frac{Z_n' n_s}{e}$$

式中　Z_n'——进汽弧段中的喷嘴数；

　　　e——级的部分进汽度。

（二）低频激振力

在喷嘴叶栅轮周上，有个别处汽流速度的大小或方向可能异常，动叶片每转到此处所受的汽流作用力就变化一次，这样形成的激振力频率较低，称为低频激振力。产生低频激振力的主要原因有：个别喷嘴有残缺，或加工、安装偏差大；上下隔板之间的喷嘴结合不良；级前后有抽汽口，使抽汽口旁汽流异常；级前后有加强筋、使汽流受到干扰；部分进汽或喷嘴弧分段。

若一级中有 i 个突变处，则低频激振力的频率为

$$f = i n_s$$

二、叶片的振动形式

叶片的振动主要有两种基本形式，即弯曲振动和扭转振动，弯曲振动又分为切向振动和轴向振动。绕叶片截面最小主惯性轴的振动，其振动方向接近叶轮圆周的切线方向，称为切向振动；绕叶片截面最大主惯性轴的振动，其振动方向接近于汽轮机的轴向，称为轴向振动；沿叶高方向绕通过各截面形心的连线的往复扭转，称为扭转振动。

叶片的轴向振动和扭转振动发生在汽流作用力较小而叶片的刚度较大的方向，所以振动应力比较小。切向振动发生在叶片刚度最小的方向，并且几乎与汽流的主要作用力的方向一致，所以切向振动最容易发生又最危险。以下对叶片的切向振动进行讨论。

按振动时叶片顶部是否摆动，切向振动可分为 A 型振动和 B 型振动。

1. A 型振动

叶片振动时，叶根固定、叶顶摆动的振动形式称为 A 型振动。A 型振动按叶片上节点（振幅为零的点，实际上是一条不动的线）个数可分为 A_0 型、A_1 型、A_2 型，…，单个叶片的 A 型振动如图 2-10 所示。随着激振力频率提高，叶片上节点数增加，振幅减小，依次出现以上振型。

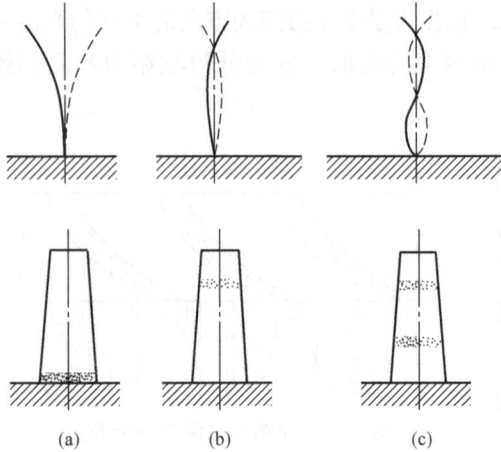

图 2-10　单个叶片的 A 型振动

(a) A_0 型；(b) A_1 型；(c) A_2 型

叶片组也会发生 A_0、A_1、A_2 等不同频率的 A 型振动，如图 2-11 所示。叶片组发生 A 型振动时，组内各叶片的频率及相位都相同。

2. B 型振动

叶片振动时，叶根固定、叶顶基本不动的振动形式称为 B 型振动。用围带连接的叶片组可能发生 B 型振动。按节点的个数，B 型振动也可分为 B_0、B_1 等振型，但有节点的 B 型振动不易发生，故只需考虑 B_0 型。

叶片组发生 B_0 型振动时，组内叶片的相位大多是对称的，如果组内叶片数为奇数，则中间的叶片不振动。若叶片组中心线两侧对称的叶片振动相位相反，称为第一类对称 B_0 型振动；若叶片组中心线两侧对称的叶片振动相位相同，称为第二类对称 B_0 型振动，如图 2-12 所示。

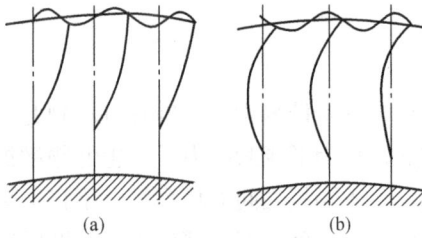

图 2-11　叶片组的 A 型振动

(a) A_0 型；(b) A_1 型

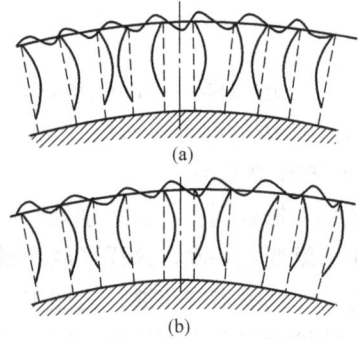

图 2-12　叶片组的 B_0 型振动

(a) 第一类对称 B_0 型振动；

(b) 第二类对称 B_0 型振动

随着激振力频率提高，叶片组依次出现 A_0、B_0、A_1、B_1、…型振动。由于高阶次的振动不容易发生，即使发生危险性也较小，所以通常在叶片的安全性校核中主要考虑 A_0、B_0、A_1 三种振型。

三、叶片的自振频率及其影响因素

叶片在静止状态下振动的自振频率称为叶片的静频率。等截面自由叶片切向振动的静频率的计算公式为

$$f = \frac{(kl)^2}{2\pi} \sqrt{\frac{EI}{ml_b^3}} \qquad (2-1)$$

由上式可知，影响叶片静频率的主要因素如下：

(1) 叶片的抗弯刚度 EI。EI 越大，静频率就越高。

(2) 叶片的质量 m。m 越大，静频率就越低。

(3) 叶片的高度 l_b。l_b 越大，静频率就越低。

(4) 叶片频率方程式的根 k_L。k_L 的值与叶片的振型有关。

上述静频率的计算公式是在一定的条件下导出的,而叶片的实际工作条件往往与这些条件不相符,因此,叶片工作时的自振频率并不等于按上述公式计算出的静频率,它还要受到工作条件的影响,主要有以下几点:

(1) 叶根的连接刚性。叶片制造不精确、安装不当或工作时叶根连接处产生弹性变形等,都可能使其根部夹紧力不够,叶根也会部分地振动。这样,叶片参与振动的质量增加而刚性降低,自振频率降低。

(2) 叶片的工作温度。叶片材料的弹性模量 E 随着温度的升高而减小,使叶片的抗弯刚度 EI 减小,自振频率降低。

(3) 离心力。当转子处于旋转状态下,叶片因振动而偏离平衡位置时,叶片上的离心力将偏离截面形心而形成一个附加弯矩作用在叶片上,促使叶片返回平衡位置。因此,离心力的存在相当于增加了叶片的刚度,使叶片自振频率增加。

叶片在旋转状态下的自振频率称为动频率 f_d,动频率和静频率之间的关系为

$$f_d = \sqrt{f^2 + Bn^2} \tag{2-2}$$

式中　f——经过连接刚度和工作温度修正后的静频率;

　　　n——叶片的工作转速;

　　　B——动频系数,通常根据经验公式进行计算。

(4) 叶片成组。叶片用围带和拉金连接成组后,对叶片自振频率的影响有两方面:一方面,它们的质量分配到各叶片上,相当于叶片的质量增加,使频率降低;另一方面,它们对叶片的反弯矩使叶片抗变形能力增加,使频率升高。一般情况下,刚度增加使频率增加的值大于质量增加使频率降低的值,所以叶片组的频率通常比单个叶片的同阶频率高。

由于影响叶片自振频率的因素很多,且难以准确估计,用计算的方法来确定叶片的自振频率有一定的困难,故现场中广泛通过试验来测定叶片(叶片组)的自振频率。

四、叶片振动安全性准则

在计算或实测了叶片的自振频率和激振力频率后,便可判断叶片工作时是否会发生共振。长期的实践证明,有的叶片在共振状态下工作容易损坏,因此需要将叶片的自振频率与

激振力频率调开,避免运行中发生共振,称为调频叶片;而有的叶片在共振状态下仍能长期安全工作,因此不需要调频,称为不调频叶片。

叶片工作时的受力是在一个不随时间变化的静应力 σ_m 基础上叠加一个幅值为 σ_d 的交变动应力,如图 2-13 所示。其中 σ_d 是迫使叶片振动的动应力幅值,它正比于汽流弯应力 σ_{sb}。

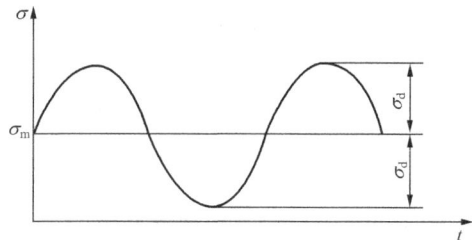

图 2-13 叶片工作时的受力

为了保证叶片的工作安全,必须满足静强度和动强度的要求。叶片的静强度主要是以材料的屈服极限、蠕变极限和持久强度作为校核指标,而动强度则以耐振强度 σ_a^* 作为校核指标。耐振强度是指叶片在一定工作温度和一定的静应力作用下,所能承受的最大交变应力的幅值,也称复合疲劳强度。耐振强度可以通过试验求得。

(一) 不调频叶片振动强度安全准则

不调频叶片在共振时的动应力幅值 σ_d 必须满足如下条件:

$$\sigma_{\mathrm{d}} \leqslant \frac{\sigma_{\mathrm{a}}^*}{K_{\mathrm{s}}} \tag{2-3}$$

式中　K_{s}——安全系数。

由于 $\sigma_{\mathrm{d}} = D\sigma_{\mathrm{sb}}$（$D$ 为应力放大系数），上式可写为

$$\frac{\sigma_{\mathrm{a}}^*}{\sigma_{\mathrm{sb}}} \geqslant DK_{\mathrm{s}} \tag{2-4}$$

式中 σ_{a}^* 和 σ_{sb} 可以分别通过材料试验和计算确定。在实际应用时，考虑各种因素的影响，必须引入一系列的系数加以修正，修正后的耐振强度与汽流弯应力的比值称为安全倍率，用 A_{b} 表示。于是，动强度条件可以表示为

$$A_{\mathrm{b}} = \frac{\sigma_{\mathrm{a}}^* K_1 K_2 K_{\mathrm{d}}}{\sigma_{\mathrm{sb}} K_3 K_4 K_5 K_{\mu}} \geqslant DK_{\mathrm{s}} \tag{2-5}$$

式中　K_1——介质腐蚀修正系数；

　　　K_2——叶片表面质量修正系数；

　　　K_{d}——尺寸修正系数；

　　　K_3——应力集中修正系数；

　　　K_4——通道修正系数；

　　　K_5——流场不均匀修正系数；

　　　K_{μ}——成组影响系数。

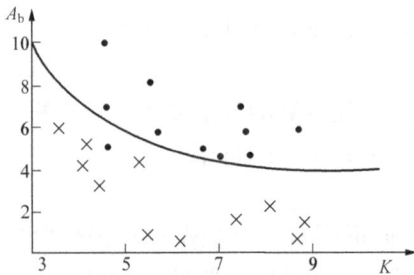

图 2-14　不调频叶片 A_0 型共振
安全倍率曲线

•—安全叶片；×—损坏叶片

式（2-5）右端的 DK_{s} 不能准确计算，一般通过统计的方法得到。对国内大量的叶片进行统计，对其中能在共振状态下长期安全运行的叶片和由于共振而损坏的叶片，分别算出它们的安全倍率值和振动倍率 K（叶片的动频率与激振力频率之比），按不同的振型归纳，然后将这些数据点标在 A_{b}-K 图上。图 2-14 为与低频激振力产生共振的 A_0 型振动的安全倍率曲线，由图可以看出，安全叶片与损坏叶片之间有一条较明显的分界线，分界线上的 A_{b} 值定义为许用安全倍率，记作 $[A_{\mathrm{b}}]$。因而，不调频叶片的振动强度的安全准则为

$$A_{\mathrm{b}} = \frac{K_1 K_2 K_{\mathrm{d}} \sigma_{\mathrm{a}}^*}{K_3 K_4 K_5 K_{\mu} \sigma_{\mathrm{sb}}} \geqslant [A_{\mathrm{b}}] \tag{2-6}$$

图 2-13 中，σ_{d} 是迫使叶片振动的动应力幅值，它正比于汽流弯应力 σ_{sb}。

对低频激振力下的 A_0 型振动，在不同振动倍率时叶片的 $[A_{\mathrm{b}}]$ 见表 2-1；对低频激振力下的 B_0 型振动，要求 $[A_{\mathrm{b}}] \geqslant 10$；对高频激振力下的 A_0 型振动，全周进汽的级要求 $[A_{\mathrm{b}}] \geqslant 45$，部分进汽的级 $[A_{\mathrm{b}}] \geqslant 55$。为保证安全，$K=2$ 的叶片采用了调频叶片，以避开共振。

表 2-1　　　　　　　　　　　　　不调频叶片 A_0 型振动的 $[A_{\mathrm{b}}]$ 值

K	3	4	5	6	7	8	9	10	11	12
$[A_{\mathrm{b}}]$	10.0	7.8	6.2	5.0	4.4	4.1	4.0	3.9	3.8	3.7

(二) 调频叶片的振动强度安全准则

对于调频叶片，由于其动强度不允许在共振条件下长期运行，因此需要使叶片的自振频率与激振力频率及其整数倍避开一定的距离，同时还应满足许用安全倍率要求。由于已避开共振，动应力大为减小，所以允许有较小的安全倍率值。

1. A_0 型振动与低频激振力共振的叶片

为保证叶片的安全，应将叶片的动频率调至 kn 和 $(k-1)n$ 之间，并满足下列条件：

$$f_{d1} - (k-1)n_1 \geqslant 7.5 \text{Hz}$$
$$kn_2 - f_{d2} \geqslant 7.5 \text{Hz} \tag{2-7}$$

式中 n_1、n_2——工作转速允许波动的上下限；

         f_{d1}——在 n_1 转速下叶片的动频率（取同一级中最低的）；

         f_{d2}——在 n_2 转速下叶片的动频率（取同一级中最高的）；

         k——振动倍率。

这种叶片在调开频率后，其安全倍率还应大于表 2-2 推荐的 $[A_b]$ 值，才能保证叶片的安全。

表 2-2   调频叶片 A_0 型振动的 $[A_b]$ 值

K		2～3	3～4	4～5	5～6
$[A_b]$	自由叶片	4.5	3.7	3.5	3.5
	成组叶片	3			

由于级内各叶片的频率有一定的分散度及电网频率有一定的波动范围，当 $k > 6$ 时，要求一定的频率避开率比较困难，故按不调频叶片处理。

2. B_0 型振动与高频激振力共振的调频叶片组

叶片组发生 B_0 型振动时，其静频率与动频率已很接近，可用动频率代替静频率。其频率避开率应满足如下要求：

$$\Delta f_1 = \frac{f_1 - Z_n n}{Z_n n} \times 100\% > 15\%$$
$$\Delta f_2 = \frac{Z_n n - f_2}{Z_n n} \times 100\% > 12\% \tag{2-8}$$

式中 Δf_1、Δf_2——频率避开率；

         f_1、f_2——全级叶片组最低、最高的 B_0 型振动静频率；

         Z_n——喷嘴叶片数（部分进汽为当量喷嘴数）；

         n——额定转速。

B_0 型振动满足上述调频要求后，其 A_0 型振动往往又和低频激振力处于共振状态，仍属 A_0 型共振的不调频叶片，所以这种叶片组的许用安全倍率仍采用表 2-1 中的值。

五、叶片的调频

当调频叶片的自振频率不符合频率避开率的要求时，就需要对叶片的自振频率或激振力频率进行调整，使叶片工作时避开共振，称为调频。由于激振力频率不好改变，所以实用中通常是调整叶片的自振频率。

调整叶片自振频率的措施主要是改变叶片的质量和刚度（包括连接刚度）。常用的调频

方法如下:

（1）重新研磨叶根间的接触面，以增加叶根的连接刚性。这对于因安装质量不佳而导致频率不合格的叶片是一种提高自振频率和减小频率分散度的有效方法。

（2）在叶片顶部钻孔或切角，以减小叶片质量。

（3）改善围带或拉金与叶片的连接质量，增加连接牢固程度。对焊接围带或拉金可采用加焊的方法，对铆接围带可重新捻铆不合格的铆钉。

（4）改变围带或拉金尺寸。这将使叶片的刚度和质量都发生变化，由此引起的频率变化需根据具体条件进行计算或试验才能确定。

（5）改变叶片组内的叶片数。当组内叶片数增加时，围带或拉金对叶片的反弯矩相应增加，使叶片自振频率提高。但是当组内原有叶片数较多时，此法效果就不大了。

（6）采用松拉金。运行中，松拉金由于离心力而紧贴在叶片上，可以有效地抑制叶片的 A_0 型和 B_0 型振动，减小振幅和振动应力。

课题三　转　　子

掌握转子的结构、形式及特点，理解临界转速的概念。

一、转子的结构

汽轮机转子可分为轮式转子和鼓式转子两种基本类型。轮式转子装有安装动叶片的叶轮，鼓式转子则没有叶轮（或有叶轮但其径向尺寸很小），动叶片直接装在转鼓上。通常冲动式汽轮机采用轮式转子；反动式汽轮机为了减小转子上的轴向推力，采用鼓式转子。

（一）轮式转子

按制造工艺，轮式转子可分为整锻式、套装式、组合式和焊接式。

1.套装转子

套装转子的结构如图 2-15 所示，叶轮与主轴分别加工制造，然后热套在轴上。这种转

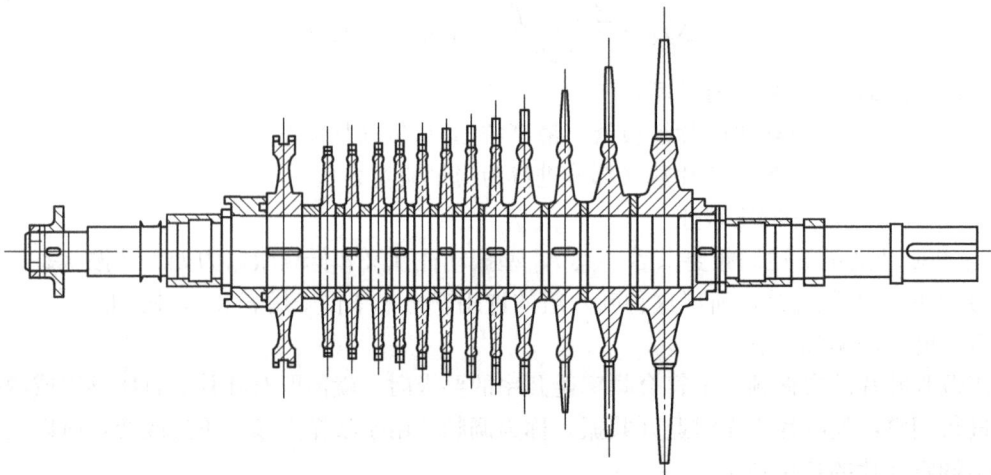

图 2-15　套装转子

子加工方便,材料利用合理,叶轮和主轴的锻件质量容量保证。但它在高温下工作时,会因高温蠕变和过大的温差使叶轮与主轴间的过盈消失,发生松动。因此套装转子多用于汽轮机的中、低压部分。

2. 整锻转子

整锻转子由整体锻件加工而成,它的叶轮、联轴器、推力盘与主轴为一整体,如图2-16所示。它具有结构紧凑、强度和刚度较高、能适应高温工作环境等优点,但对生产设备和加工工艺要求较高,贵重材料消耗最大。为了防止高温下叶轮等零件松动,在高温区域工作的转子都采用这种结构形式。

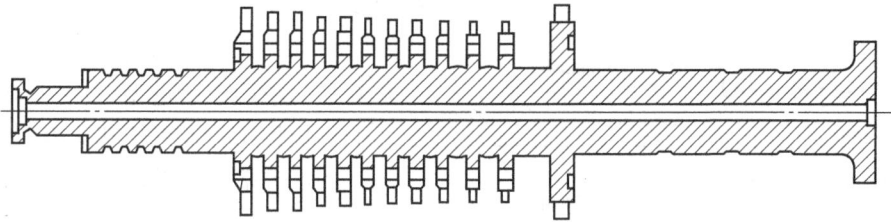

图2-16　整锻转子

整锻转子通常钻有一直径为100mm的中心孔,目的是去掉锻件中心的杂质及疏松部分,以防止缺陷扩展,同时也便于借助潜望镜等仪器检查转子内部缺陷。随着金属冶炼和锻造水平的提高,国外已有些大的整锻转子不再打中心孔。600、1000MW汽轮机转子多数采用这种型式。

3. 组合转子

组合转子由整锻结构和套装结构组合而成,如图2-17所示。它兼有前面两种转子的优点,国产高参数大容量汽轮机的中压转子多采用这种结构。

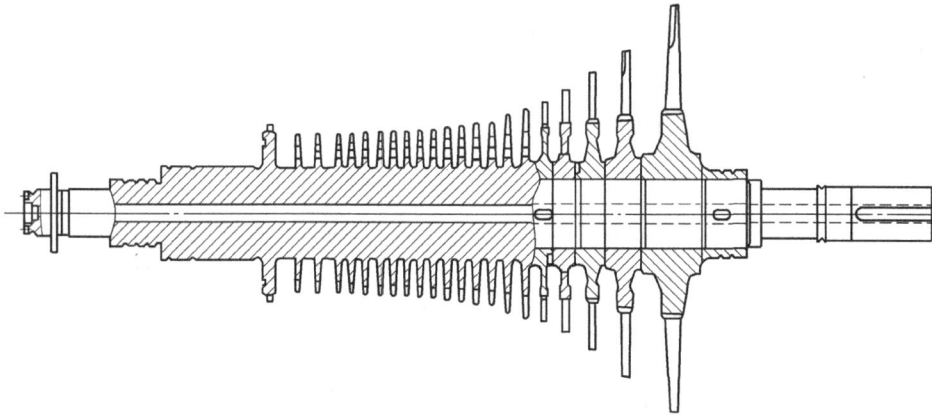

图2-17　组合转子

4. 焊接转子

焊接转子由若干个实心轮盘和两个端轴焊接而成,如图2-18所示。这种转子强度高,刚度大,结构紧凑,相对质量小,但要求材料有很好的焊接性能,对焊接工艺的要求也很高。随着冶金和焊接技术的不断发展,焊接转子的应用将日益广泛。我国产的300MW汽轮机的低压转子采用了焊接结构,瑞士BBC公司生产的1300MW双轴汽轮机的高、中、低压转子全部为焊接转子。

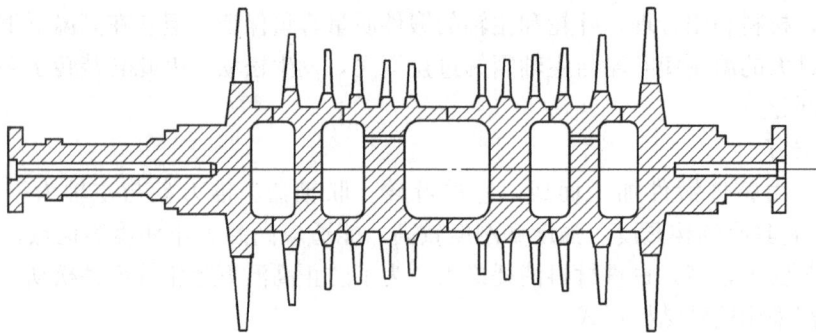

图 2-18　焊接转子

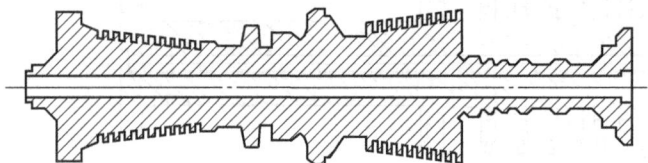

图 2-19　鼓式转子

（二）鼓式转子

国产引进型 300、600MW 汽轮机为反动式汽轮机，其转子采用的鼓式结构。图 2-19 所示为高中压转子，由 CrMoV 合金钢整锻而成，各反动级动叶片直接装在转子上开出的叶片槽中。其高中压压力级反向布置，同时转子上还设有高、中、低压三个平衡活塞，以平衡轴向推力。低压转子由 CrNiMoV 合金钢整锻而成，中部为转鼓形结构，末级和次末级为整锻叶轮结构。

为了减小高温区段转子的金属蠕变变形和热应力，国产引进型 300MW 汽轮机对高中压转子采取了蒸汽冷却，如图 2-20 所示。其中图 2-20（a）为主蒸汽进入调节级区域内转子的冷却结构，调节级内蒸汽的流向与压力级内蒸汽的流向相反，在调节级叶轮上开有若干个斜孔，调节级出口一部分蒸汽通过这些斜孔并继续流过高温区转子表面，然后再流到压力级，从而对这部分转子起到了冷却作用。图 2-20（b）所示为在再热蒸汽进口区域内转子的冷却情况，来自高压平衡活塞密封环后的蒸汽和冷却高压内缸后的蒸汽，在中压平衡活塞密封环和转子之间通过，然后其中的一部分在中压第一级的动静叶间汇入主流，另一部分通过第一级动叶根部的通道进入中压第二级，这样就使中压

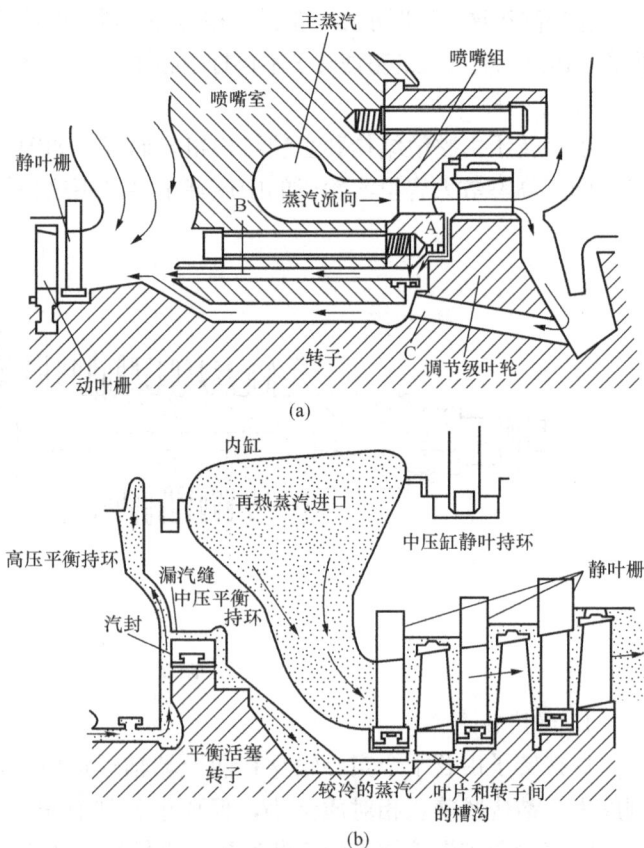

(a)

(b)

图 2-20　汽轮机转子的冷却

(a) 主蒸汽进入调节级区域内转子的冷却；
(b) 再热蒸汽进口区域内转子的冷却

第二级前的转子得到冷却。

哈尔滨汽轮机厂生产的 1000MW 汽轮机的高压调节级采用正反各 1 级，发电机端调节级出口压力略高于汽轮机端调节级出口压力，调节级出口的部分蒸汽可以从发电机端向汽轮机端流动，防止高温蒸汽在转子和喷嘴室之间的腔室内停滞，冷却高温喷嘴室和转子。中压转子的冷却蒸汽来自高压调节级后，通过冷却蒸汽管进入中压缸，在叶根与叶轮的预留间隙中流动，冷却中压前二级叶根。

二、叶轮的结构

冲动式汽轮机转子上都有叶轮，用来装置动叶片并将叶片上的转矩传递到主轴上。

叶轮由轮缘和轮面组成，套装式叶轮还有轮毂。轮缘是安装叶片的部位，其结构取决于叶根形式；轮毂是为了减小内孔应力的加厚部分；轮面将轮缘与轮毂连成一体，高、中压级叶轮的轮面上通常开有 5～7 个平衡孔，以疏通隔板漏汽和平衡轴向推力。

按照轮面断面的型线，叶轮可分为等厚度叶轮、锥形叶轮和等强度叶轮等，如图 2-21 所示。图 2-21（a）和图 2-21（b）为等厚度叶轮，这种叶轮加工方便，轴向尺寸小，但强度较低，多用于叶轮直径较小的高压部分。对于直径较大的叶轮，常采用将内径处适当加厚的方法来提高承载能力，如图 2-21（c）所示。图 2-21（d）为锥形叶轮，它加工方便，而且强度高，得到了广泛应用。等强度叶轮如图（e）所示，它强度最高，但对加工要求也高，多用于轮盘式焊接转子。

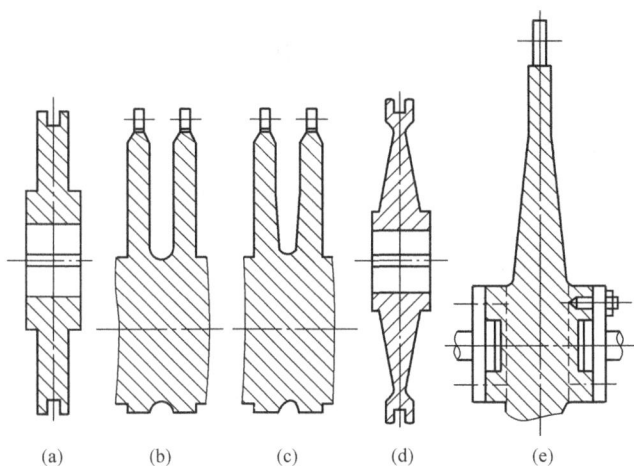

图 2-21 叶轮的结构形式
(a)、(b)、(c) 等厚度叶轮；(d) 锥形叶轮；(e) 等强度叶轮

三、转子的临界转速

在汽轮发电机组的启动升速过程中，当转速升高到某一值时，机组便发生强烈振动，而越过这一转速后，振动便迅速减弱；当转速升到另一更高转速时，又可能出现同样的现象。通常将这些机组发生强烈振动时的转速称为临界转速。

临界转速下的强烈振动是共振现象。在汽轮机转动时，由于制造、装配的误差及材质不均匀造成转子质量偏心所引起的离心力作用在转子上，相当于一个频率等于转子角速度的周期性激振力，转子在其作用下作强迫振动。当激振力频率即转子的角速度等于转子的自振频率时，便发生共振，振幅急剧增大，此时的转速就是临界转速。

临界转速值与转子的刚度、质量和跨距有关。刚度大、质量小、跨距小的转子，临界转速值高；反之，临界转速值就低。理论上讲，同一转子的临界转速有无穷多个，数值最小的称为一阶临界转速，随着转速升高依次称为二阶、三阶、……、临界转速。

在汽轮发电机组中，每一根转子两端都有轴承支承，称为单跨转子。各单跨转子用联轴器连接起来，就构成了多支点的转子系统，称为轴系。轴系的临界转速由组成该轴系的单跨转子的临界转速汇集而成，但又不是它们的简单集合。用联轴器连接后，各转子的刚度增大，使轴系的各阶临界转速比单跨转子相应的各阶临界转速有所提高，且联轴器刚性越好，临界转速提高得越多。此外，临界转速的大小还受到转子工作和支承刚度的影响。工作温度升高和支承刚度降低，将使临界转值降低。

按一阶临界转速与工作转速间的关系，转子可分为刚性转子和挠性转子。工作转速低于一阶临界转速的转子称为刚性转子，工作转速高于一阶临界转速的转子称为挠性（柔性）转子。为了保证安全，转子的工作转速应与其临近临界转速避开一定的范围。对于刚性转子，通常要求其一阶临界转速 n_{c1} 比工作转速 n_0 高 20%～25%，即 $n_{c1} > (20\% \sim 25\%) n_0$，但不允许在 $2n_0$ 附近。对于挠性转子，其工作转速在两阶临界转速之间，应比其中低的一个临界转速 n_{cn} 高出 40% 左右，比另一较高的临界转速 $n_{c(n+1)}$ 低 30% 左右，即 $1.4n_{cn} \leqslant n_0 \leqslant 0.7n_{c(n+1)}$。

对于做过高速动平衡的转子，平衡精度大大提高，质量偏心引起的离心力大为减小，因此临界转速与工作转速间的避开裕量可以减小很多。国外有的制造厂只采取了 5% 的避开裕量。

课题四　联轴器和盘车装置

教学目的

掌握联轴器和盘车装置的作用、形式，理解盘车装置的工作原理。

一、联轴器

联轴器又称靠背轮，用来连接汽轮机各转子和发电机转子，并传递转矩。按结构和性能，联轴器可分为刚性、半挠性和挠性三类，其中挠性联轴器由于结构复杂，传递转矩小，容易磨损，在大功率机组上已很少采用。现代大功率汽轮发电机组主要采用前两种。

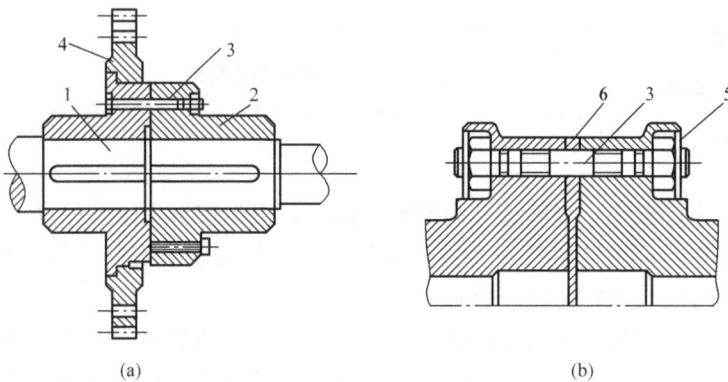

图 2-22　刚性联轴器
(a) 套装式刚性联轴器；(b) 整锻式刚性联轴器
1—主轴；2—对轮；3—螺栓；4—盘车齿轮；5—防鼓风盖板；6—垫片

(一) 刚性联轴器

刚性联轴器由两根轴端部的对轮组成，用螺栓将两个对轮紧紧地连接在一起，如图 2-22 所示。其中图 (a) 为套装式，对轮和主轴分别加工，然后用热套加键的方法将对轮固定在各自的轴端上。图 (b) 为整锻式，对轮与主轴做成一个整体，其强度和刚度均高于前者。联轴器的两对轮间装有垫片，两对轮端面的凸肩与垫片的凹面相配合，起到对中的作用，还可通过修刮垫片厚度调整对轮间的加工偏差。为了减少转动时的鼓风损失，将螺栓头埋入沉坑中，并装设遮盖板挡住气流。

刚性联轴器的优点是结构简单，尺寸小；连接刚性强，传递转矩大；采用刚性联轴器，两个转子可以只用三个轴承支承，简化了机组结构。因此广泛应用于大功率机组中，引进型 300、600MW 机组的汽轮机转子间就采用了这种联轴器。刚性联轴器的缺点是传递振动和轴向位移，对转子找中心要求很高。

（二）半挠性联轴器

半挠性联轴器的结构如图 2-23 所示，两对轮之间用一个波形套筒连接起来。波形套筒在扭转方向是刚性的，在弯曲方向是挠性的。由于波形套筒具有一定的弹性，故可吸收部分振动，允许两转子中心有少许偏差和两轴间有少许轴向位移。半挠性联轴器主要用于低压转子和发电机转子之间的连接。

二、盘车装置

在汽轮机冲转前和停机后，驱动转子以一定的转速连续转动的设备称为盘车装置。

在汽轮机启动过程中，为了迅速建立真空，需在冲动转子前向轴封供汽，由此进入汽缸的蒸汽滞留在汽缸上部，造成汽缸上、下部的温差。另外，汽轮机停机后，上、下部分之间也存在温差。在这些情况下，若转子静止不动，将会由于受热（冷却）不均而产生热弯曲，因此需要用盘车装置带动转子低速旋转。另外，启动前通过盘车装置盘动转子，可以检查动静部件间是否有摩擦，主轴弯曲是否过大，及润滑油系统工作是否正常等，用来检查汽轮机是否具备正常启动条件。

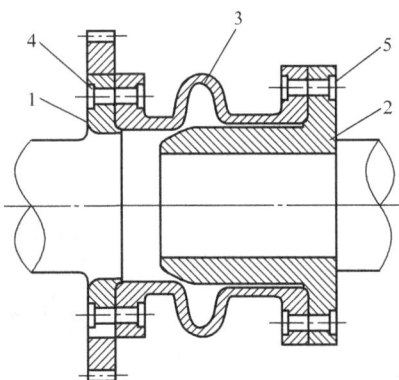

图 2-23　半挠性联轴器
1、2—对轮；3—波形套筒；4、5—螺栓

盘车装置按盘车转速高低可分为高速盘车（转速为 40～70r/min）和低速盘车（转速为 2～4r/min）两种。高速盘车有利于轴承油膜形成，及减小上、下汽缸温差；低速盘车启动力矩小，冲击载荷小，对延长零件使用寿命有利。

许多机组的盘车装置安装在轴承盖上，这种布置方式在吊轴承盖时比较麻烦。国产引进型 300MW 汽轮机的盘车装置安置在低压缸发电机端的轴承箱侧面，主要传动机构在汽轮机中心线以下，这种侧装式设计（见图 2-24）在安装或检修轴承时，揭开轴承盖时不需吊走盘车装置，并且仍可连续盘车。

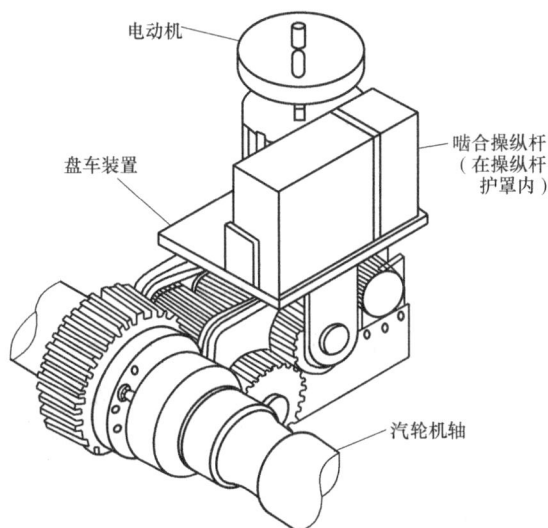

图 2-24　侧装式盘车装置

下面介绍几种在大机组上常用的盘车装置。

（一）具有螺旋轴的盘车装置

这种盘车装置如图 2-25 所示，电动机 5 通过小齿轮 1 和大齿轮 2、啮合齿轮 3 和盘车齿轮 4 两次减速后带动汽轮机主轴转动。啮合齿轮的内表面铣有螺旋齿与螺旋轴相啮合，并可沿螺旋轴左右移动。推动手柄可以改变啮合齿轮在螺旋轴上的位置，并同时控制盘车装置的润滑油门和电动机行程开关。

投入盘车装置时，首先拔出保险销，然后向左推动手柄，啮合齿轮便向右移动，靠向盘车齿轮，同时用手盘动联轴器，啮合齿轮即可与盘车齿轮全部啮合。此时，润滑油门自动打开向盘车装置供油,同时电动机行程开关闭合,盘车装置投入工作。依靠螺旋齿上的轴向分力,啮合齿轮被压紧在凸肩上,保持与盘车齿轮的完全啮合。

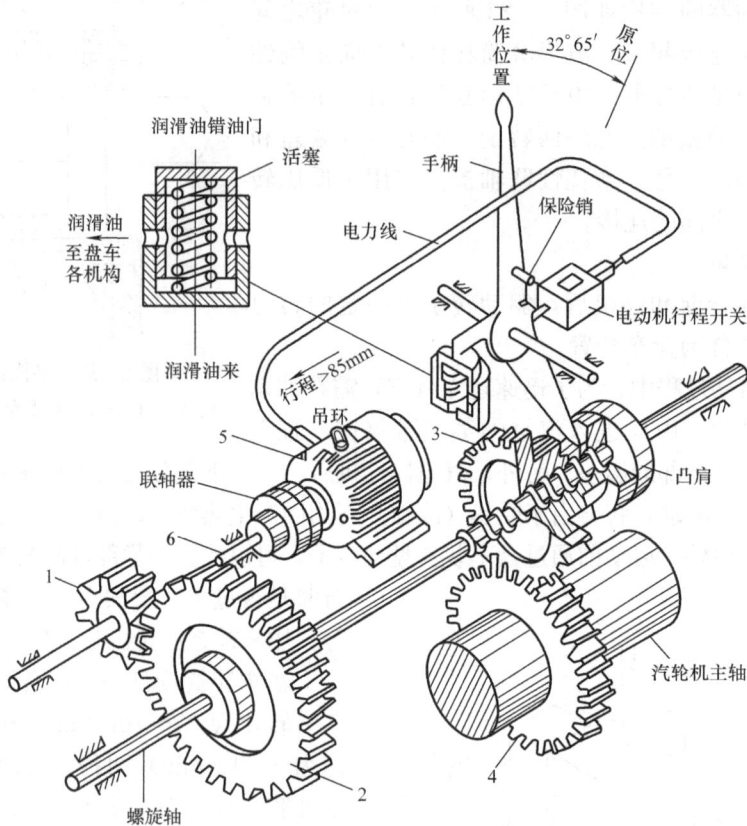

图 2-25　具有螺旋轴的电动盘车装置
1—小齿轮;2—大齿轮;3—啮合齿轮;4—盘车大齿轮;5—电动机;6—螺旋轴

　　汽轮机冲转后,当转子转速高于盘车转速时,啮合齿轮由主动轮变为从动轮,螺旋齿上的轴向分力改变了方向,将啮合齿轮向左推,直至退出啮合位置。在润滑油门油压和弹簧的作用下,手柄向左摆动回到原位,润滑油门和行程开关复位。此时,保险销自动落入销孔将手柄锁住,润滑油路切断,电动机电源断开,盘车装置停止工作。

　　手动停机按钮切断电源,也可使盘车装置停止工作。当电动机电源被切断后,盘车装置的转速迅速下降,而转子因惯性仍以盘车转速旋转,啮合齿轮变成从动轮被推向左边,此后各部件的动作与盘车装置自动退出时一样。

　　(二)具有摆动齿轮的盘车装置(具有键轮-蜗轮蜗杆的盘车装置)

　　该盘车装置由电动机、传动轮系、操作杆及连锁装置等组成,其传动轮系如图 2-26 所示。电动机通过链轮、链条、蜗杆、蜗轮及几级齿轮的减速后带动转子旋转。摆动齿轮支承在两块侧板 11 上,侧板可绕主齿轮轴 10 摆动,并通过连杆机构与操纵杆(图 2-27 中的 5)连接。当将操纵杆移到投入位置时,摆动齿轮与盘车齿轮啮合,则可由电动机带动转子旋转。若将操纵杆移到退出位置,摆动齿轮则与盘车齿轮退出啮合状态。

　　该盘车装置可自动投入运行和退出运行状态。在汽轮机停机时,将自动控制开关投到盘车装置自动运行的位置，开始自动投入程序。当汽轮机转速降到大约 600r/min 时，自动顺序电路接通，开始向盘车装置提供润滑油。当转速降到零时，压力开关自动闭合，按通供气阀电源，供气阀打开，压缩空气进入图 2-27（a）中气动啮合缸活塞 3 的上部，活塞下移，带动操纵杆 5 顺时针方向转动，两个侧板随之摆动，带动摆动齿轮摆向盘车齿轮，摆动齿轮与盘车齿轮啮合；活塞继续下移，触点 1 接通 [见图（d）]，使盘车电动机启动，盘车装置自动投入运行。若摆动齿轮与盘车齿轮的齿顶相碰而不能啮合时，气缸活塞不能再下移，在压缩空气的作用下，气缸向上运动 [见图（b）]，当触点 2 接通时，盘车电动机将瞬时转动，使摆动齿轮滑过一个齿后与盘车齿轮相啮合。活塞在压缩空气的作用下继续下移，直至触点 1 接通 [见图（c）]，盘车装置开始工作。转子转动后，压力开关自动打开，压缩空气供气阀关闭，气缸在弹簧力的作用下向下移动 [见图（d）]，盘车装置处于正常工作状态。

在汽轮机的启动过程中，冲转后当转子的转速超过盘车转速时，摆动齿轮变为从动轮，被盘车齿轮推开而退出了啮合状态，并带动操纵杆向"退出"位置转动。此时触点 1 断开，电动机停止转动；压力开关接通，压缩空气进入气缸下部 [见图（e）]，使摆动齿轮完全脱开。当操纵杆到达"退出"位置时，压缩空气被切断。汽轮机转速升到 600r/min 时，连续自动程序不再起作用，盘车装置的润滑油被切断，盘车工作结束。

除连续盘车外，有的机组还采用了定时盘车。汽轮机停机后，先连续盘车 4～8h，然后投入自动定时盘车。它利用与主轴相连的测速发电机回路

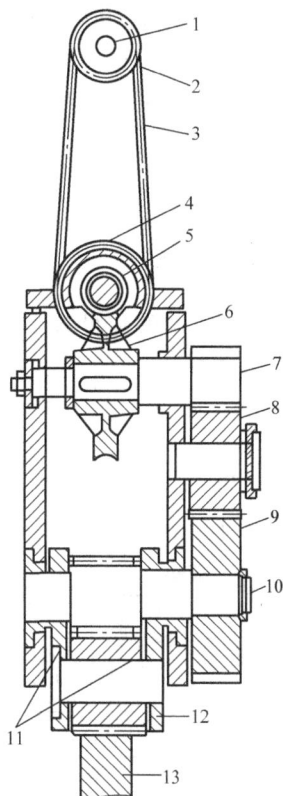

图 2-26　具有摆动齿轮的盘车装置
（具有链轮-蜗轮蜗杆的盘车装置）
1—电动机轴；2—主动链轮；3—链条；
4—链轮；5—蜗杆；6—蜗轮；7—蜗轮
轴；8—惰轮；9—减速齿轮；10—主
齿轮轴；11—侧板；12—摆动齿轮；
13—盘车齿轮

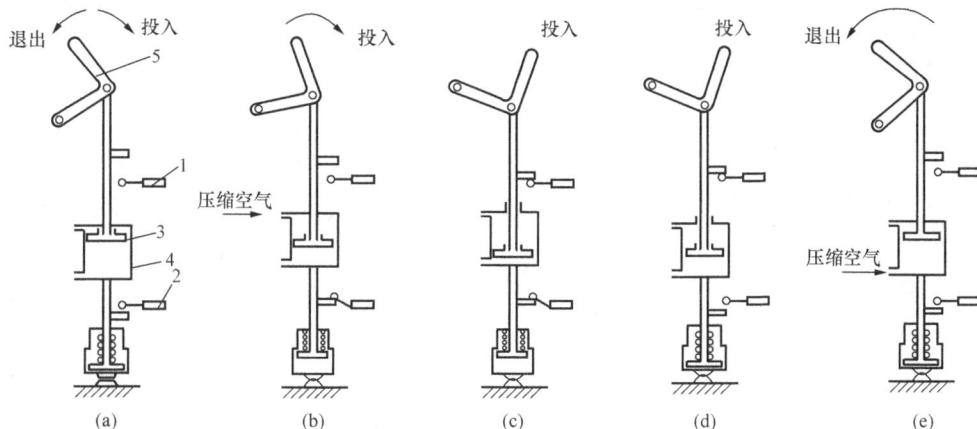

图 2-27　盘车装置自动啮合原理
1、2—触点；3—活塞；4—气缸；5—操纵杆

中产生的电流作为脉冲信号，通过该回路中的极化继电器使转子转动180°后停止盘车。再利用时间继电器，在 10min 后投入盘车，使转子转动 180°，然后再次停止。如此反复，以代替人工操作，可保证转子转动角度和时间的准确。

课题五　汽　　缸

教学目的

　　掌握汽缸的作用及结构特点，掌握汽缸法兰螺栓加热装置和滑销系统的作用，熟悉汽缸的支承方式。

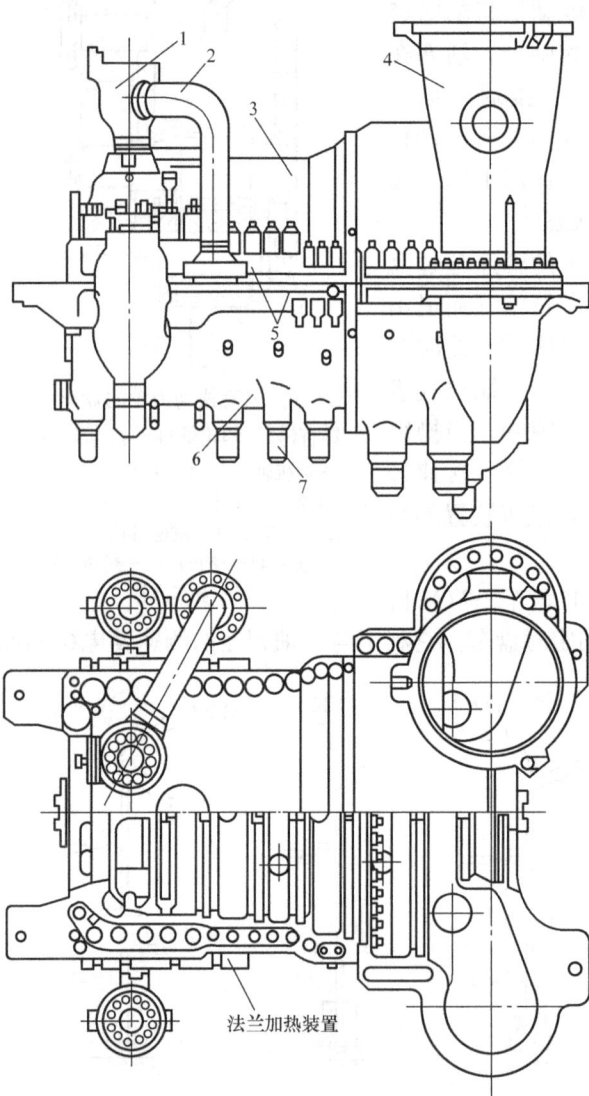

图 2-28　汽轮机高压缸外形
1—蒸汽室；2—导汽管；3—上汽缸；4—排汽管口；
5—法兰；6—下汽缸；7—抽汽管口

一、汽缸的作用

　　汽缸是汽轮机的外壳，其作用是将汽轮机通流部分与大气隔开，形成蒸汽能量转换的封闭汽室。汽缸内部安装着隔板、隔板套（反动式汽轮机中称静叶持环）、喷嘴室和汽封等部件，外部与进汽、排汽及抽汽等管道相连接。

　　汽缸的受力情况很复杂，工作时，它除了要承受本身和装在其内部的零部件的重量及内外压差产生的作用力外，还要承受由于沿汽缸轴向和径向温度分布不均而产生的热应力，对于高参数大功率汽轮机这个问题更为突出。此外，隔板前后压差产生的作用力、蒸汽通过喷嘴时的反作用力等也作用在汽缸上。因此，汽缸除了要保证有足够的强度和刚度、各部分受热时能自由膨胀以及通流部分有较好的流动性能外，还应尽量减小热应力。

二、汽缸的结构

　　为了安装、检修方便，汽缸一般做成水平对分形式，分为上、下汽缸，水平结合面通常通过法兰螺栓连接，如图2-28 所示。单缸汽轮机为合理利用金属材料及便于制造，汽缸还沿轴向分为高、中、低压等几段，各段之间也用法兰螺栓连接，一般垂直结合面在制造厂组装好后就不再拆卸了。

　　由于汽轮机的热力特性、功率、末

级叶片长度等因素不同，汽缸数目也各不相同。一般功率为 100MW 以下的汽轮机多采用单缸结构，功率 100MW 以上的中间再热式汽轮机采用多缸结构。如我国生产的 100MW、125MW 汽轮机为双缸，200MW 汽轮机为三缸，300MW 汽轮机有双缸和四缸两种，600MW 汽轮机为四缸或三缸。

（一）高、中压缸及进汽部分

1. 高、中压汽缸

高压缸承受着高温、高压蒸汽的作用（如国产 300MW 汽轮机的新蒸汽参数为 16.18MPa、535℃，调节级喷嘴出口参数为 12.5MPa），其结构设计的重要问题是在保证强度的条件下，避免厚重的汽缸壁和水平法兰，并力求形状简单、对称，以减小热应力和热变形。

通常蒸汽参数不超过 8.82MPa、535℃ 的汽轮机汽缸均采用单层缸结构。对于超高参数及以上汽轮机，由于高压缸内外压差大，汽缸壁及法兰都很厚，这样在汽轮机启停及工况变化时，将产生很大的热应力和热变形。因此近代高参数大容量汽轮机的高压缸多采用双层缸结构（有的机组甚至中压缸也采用双层缸）（见图 2 - 29、图 2 - 30），并在内、外缸的夹层中通以一定压力和温度的蒸汽。这样每层汽缸承受的压差和温差大为减少，汽缸壁和法兰的厚度大为减薄，从而减小了热应力，加快了启停速度，有利

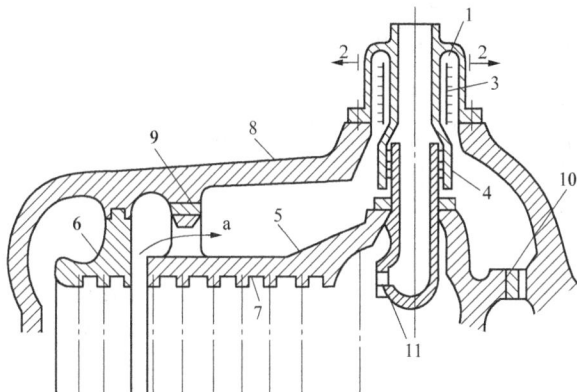

图 2 - 29 双层高压缸示意
1—进汽连接管；2—小管；3—螺旋圈；4—汽封环；5—高压内缸；6—隔板套；7—隔板槽；8—高压外缸；9—纵销；10—立销；11—调节级喷嘴组

于改善机组变工况运行的适应性。同时由于外缸受夹层蒸汽的冷却，温度较低，可采用较低等级的材料，节约了优质耐热合金钢。双层缸结构的缺点是增加了安装、检修工作量。

图 2 - 29 为高压缸示意。汽缸由内、外两层组成，机组正常运行时，高压内缸出口处有一股汽流 a（参数为 5.15MPa、370℃）通过内外缸夹层，然后从进汽短管上的螺旋圈 3 盘旋而上，经小管 2 流到高压缸排汽管，使外缸及进汽连接管外层得以冷却。在启动或停机过程中，来自夹层加热联箱中不同温度的蒸汽经小管、螺旋圈进入汽缸夹层，对内、外缸进行加热或冷却。内缸的温度较高，材料选用热强性能好的珠光体 ZG15Gr1Mo1V 合金钢，能在 570℃ 以下长期工作。外缸的温度较低，选用 ZG20CrMo 合金钢，能在 500℃ 以下长期工作。

引进型 300、600MW 汽轮机高、中压缸均为双层缸，并采用了内缸分开、外缸合并的合缸形式，如图 2 - 30 所示。高、中压力级反向布置，新蒸汽和再热蒸汽从汽缸中部进入，做完功后的蒸汽从汽缸两端排出。这种结构的优点是：高温部分集中在汽缸的中部，加上采用了双层缸，减小了汽缸热应力；汽缸两端分别是高、中压排汽，压力温度均较低，因此漏汽量较小，轴承受高温影响也较小；高、中压转子间少了一个支持轴承，减少了轴承个数，还缩短了机组长度。

该汽轮机高、中压内外缸夹层冷却系统如图 2 - 31 所示。调节级出口一部分蒸汽漏过高压平衡活塞汽封，进入汽缸夹层冷却高压内缸外壁，然后一部分汇入高压排汽，另一部分经

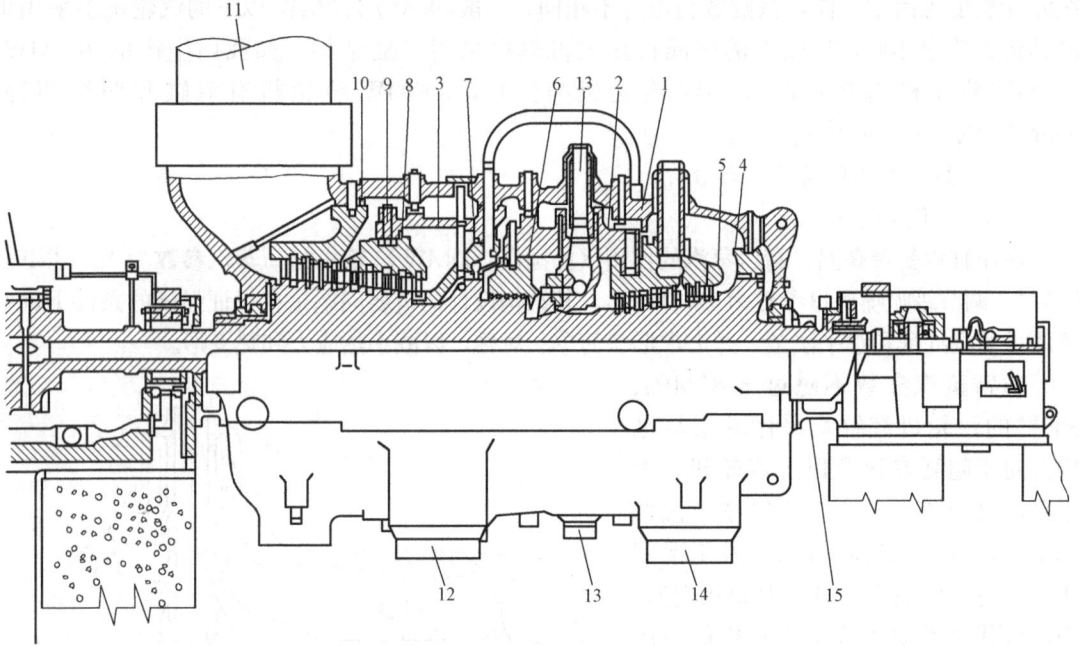

图 2-30　汽轮机高、中压缸纵剖面

1—外缸；2—高压内缸；3—中压内缸；4—低压平衡活塞持环；5—高压静叶持环；6—高压平衡活塞持环；
7—中压平衡活塞持环；8—中压一号静叶持环；9—定位销；10—中压二号静叶持环；11—中压排汽；
12—中压进汽；13—高压进汽；14—高压排汽；15—H形梁

过外缸上部的连通管进入中压平衡活塞汽封。调节级与高压压力级相反方向布置，调节级出口大部分蒸汽回流绕过喷嘴室，对喷嘴室和高压内缸内壁冷却后进入第一压力级继续做功。

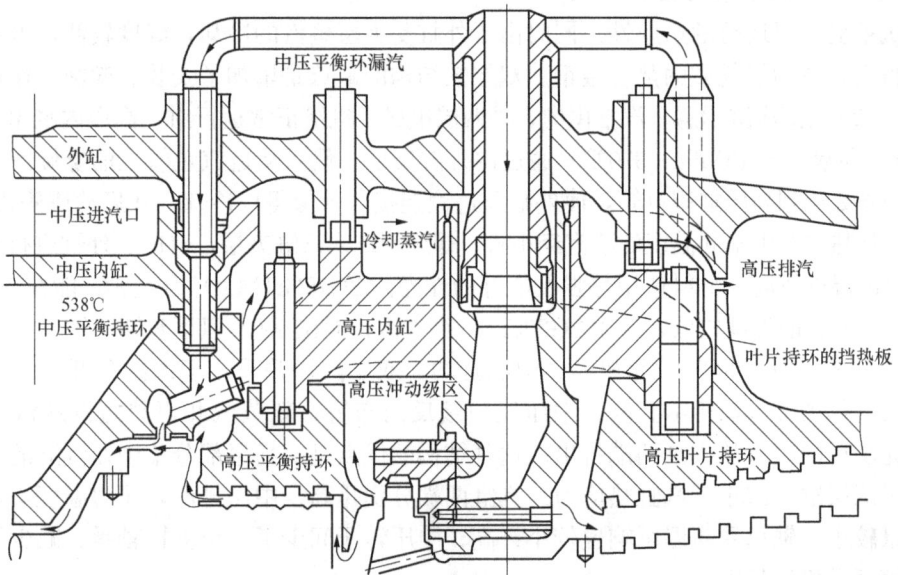

图 2-31　国产引进型 300MW 汽轮机
高、中压内外缸夹层冷却系统

功率 300MW 以上的汽轮机很少采用高、中压合缸形式。这是因为机组容量进一步增大后，若采用合缸，会使汽缸和转子过大过重，转子两端间轴承跨距太大，进、抽汽管道布置过于拥挤。如有的 600MW 汽轮机高、中压缸为分缸布置。

图 2-32 为瑞士 ABB 公司生产的超临界参数 600MW 汽轮机高压缸结构示意。该高压缸为双层、单流程结构，高压内缸上、下半中分面没有法兰，是用 7 只钢套环将内缸上、下两半紧箍成一个圆筒体，钢套环冷却收缩后能够保证内缸在稳定和不稳定工况下长期运行而不泄漏。这种结构形式的内缸形状简单、匀称、质量小；其相应的外缸直径小，外缸的法兰可以做得较窄、较薄。

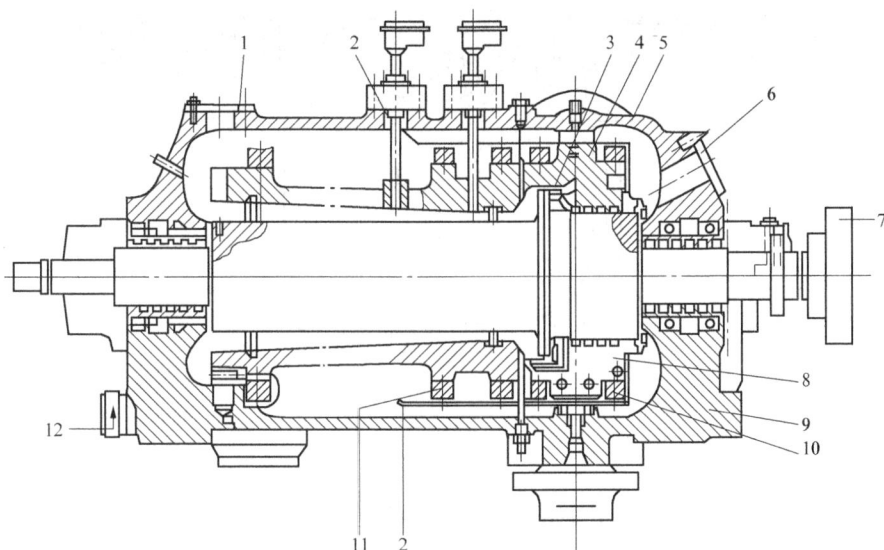

图 2-32 600MW 汽轮机高压缸示意
1—盖板；2—隔热罩；3—喷嘴环；4—内上缸；5—外上缸；6—盖板；7—高压转子；
8—内下缸；9—外下缸；10—导向销；11—钢套环；12—立销

随着机组容量不断增大，中压缸分流得到了一定的应用。为了平衡轴向推力，高压缸可采用回流布置方式，如图 2-33 所示。蒸汽从汽缸中部进入，依次流过布置在内缸的各级，然后通过内、外缸夹层回流入反向布置的各级。俄罗斯生产的超临界压力 300、500MW 和 800MW 汽轮机的高压缸均采用了这种结构形式。

2. 进汽部分

从调节阀到调节级喷嘴这段区域称为汽轮机的进汽部分，它包括蒸汽室和喷嘴室，是汽轮机中承受压力和温度最高的部分。大功率汽轮机一般将汽缸、蒸汽室、喷嘴室单独铸造，然后焊接或用螺栓连接在一起。喷嘴室径向对称布置在汽缸圆周上，调节阀与汽缸分离单独布置。这种结构不但使汽缸形状简化，而且汽缸受热均匀，热应力较小，还可更合理地利用材料。

引进型 300MW 汽轮机的喷嘴室有六个，喷嘴室进口与内缸焊接在一起，上、下内缸在中分面处设有定位键，喷嘴室通过键槽在定位键上定位。喷嘴室进汽管与垂直方向平行布置，机组拆装比较方便。

采用双层汽缸后，进入喷嘴室的蒸汽管要穿过外缸、内缸才能到达喷嘴室。运行中，内

图 2 - 33　回流式高压缸

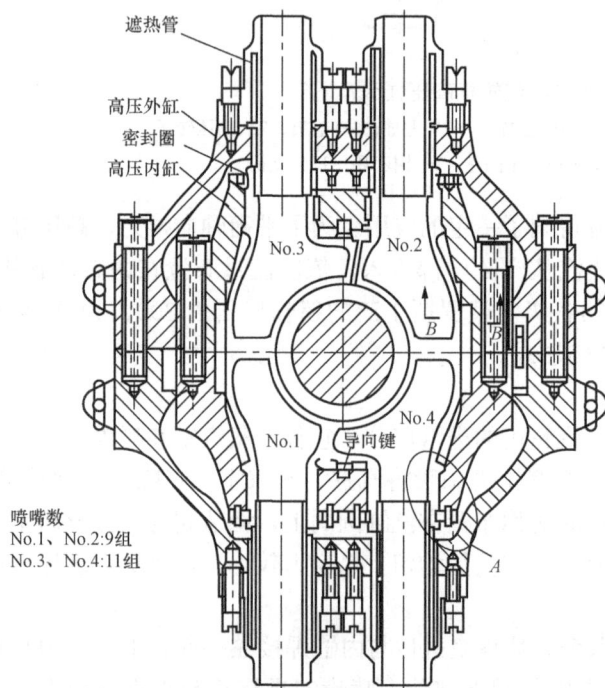

喷嘴数
No.1、No.2:9组
No.3、No.4:11组

图 2 - 34　600MW 汽轮机高压缸进汽部分示意

外缸之间由于存在温差将产生相对膨胀，这样进汽管就不能同时固定在内外缸上，又不允许大量高温高压蒸汽外漏，因此双层缸汽轮机上采用了滑动密封式的进汽连接管。国产引进型 300MW 汽轮机高压进汽套管见图 2 - 31，其外套管与外缸焊接在一起，内套管插入喷嘴室的进口管中，并用压力密封环密封。这种连接既保证了结合面处的密封，又允许它们之间的相对膨胀。

图 2 - 34 所示为北仑发电厂 600MW 汽轮机高压缸的进汽部分。高压导汽管采用双层套管式结构，内外层之间装有遮热管，以遮挡内套筒的辐射热量。导汽管的外层管通过法兰、螺栓与高压外缸相连接，内层管插入喷嘴室的进汽短管内，两者之间用活塞环式的密封圈密封，这样既能

达到密封的目的，又能保证内外汽缸的相对膨胀。四个喷嘴室上下、左右对称布置，通过固定环及搭子与内缸相连。3、4号喷嘴室外径处设有导向键，用于喷嘴室的膨胀导向。

双层结构的中压缸和低压缸，进汽连接管也多采用类似的双层套管。

（二）低压缸

大功率汽轮机由于低压排汽体积流量很大，低压缸尺寸很大，排汽口数目多，是汽轮机最庞大的部件。由于低压缸内蒸汽的压力和温度都比较低，缸体强度已不是主要问题，而保证足够的刚度和良好的流动特性（即排汽通道应有合理的导流形状，尽量减小排汽损失）成为其结构设计的重要问题。为减轻重量，增加刚度，大功率机组低压缸一般采用钢板焊接结构，并用加强筋加固。排汽缸一般采用径向扩压结构，以充分利用排汽余速动能，减小排汽损失。另外，低压缸进、排汽温差较大（如国产引进型300MW汽轮机，在额定工况下低压缸的进汽温度337℃，排汽温度32.5℃，两者温差304.5℃），为了使低压缸巨大的外壳温度分布均匀，不至产生变形而影响动静部分间隙，大机组的低压缸往往采用双层甚至三层结构（排汽室仍为单层）。

国产300MW汽轮机低压缸为双层缸结构，如图2-35所示。通流部分设置在内缸中，使体积较小的内缸承受温度变化，其单方向膨胀量约为1.5mm。而庞大的外缸和排汽缸处于排汽低温状态，膨胀变形较

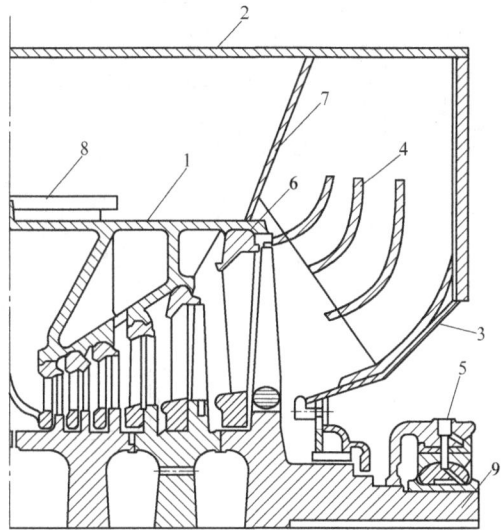

图2-35 低压缸的双层结构

1—内缸；2—外缸；3—排汽室；4—扩压器；5—汽轮机后轴承；6—隔板套；7—扩压管斜前壁；8—进汽口；9—低压转子

小，低压外缸的轴向膨胀量据计算不到1mm。外缸2和排汽室3由钢板焊接而成，内缸1因形状复杂、通道多，采用铸造结构。

图2-36所示为某600MW汽轮机采用的三层结构、对称分流布置的低压缸，蒸汽从汽缸的中部进入，分两路流经低压级，乏汽从两端排出。低压内缸上安装着位于流道中心的进汽导流板，使蒸汽均匀地进入低压缸的两个流道中。汽缸采用了三层缸结构：一个外缸和两个内缸（见图2-36），通流部分分段布置在两个内缸中，这样低压缸的较大温差在三层缸壁之间得到合理分配。低压进汽管与低压外缸及第二层内缸之间采用顶部密封环结构，如图2-37所示。这种结构有利于补偿低压三层缸间的相对膨胀。

（三）汽缸法兰、螺栓加热装置

高参数汽轮机高、中压缸承受的压力很高，要保证水平结合面的严密性，必须采用很厚的法兰和尺寸很大的螺栓进行连接。这样，在机组启停过程中，汽缸与法兰之间、法兰与螺栓之间将产生较大的温差，使法兰和螺栓中产生很大的热应力，严重时会引起法兰塑性变形、螺栓拉断及法兰结合面翘曲、汽缸裂纹等现象。为了减小汽缸、法兰及连接螺栓间的温差，缩短机组启停时间，国产大功率汽轮机高、中压缸一般设有法兰螺栓加热装置，在机组启停过程中对法兰和螺栓进行补充加热或冷却。

图 2-36　三层结构、对称分流布置的低压缸纵剖面
1—外缸；2—次内缸；3—内缸；4—静叶持环；5—隔板；6—动叶

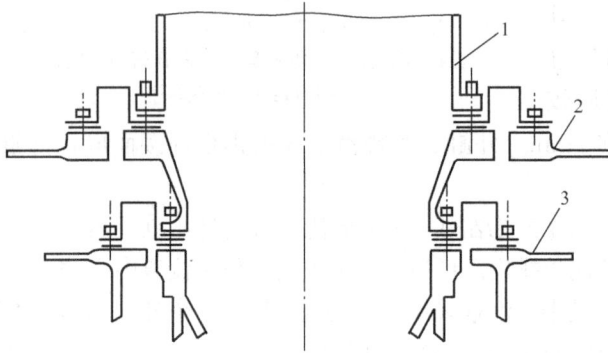

图 2-37　低压缸顶部密封板
1—低压进汽管；2—外缸；3—次内缸

图 2-38 所示为国产 300MW 汽轮机高压外缸法兰螺栓加热装置示意，高压外缸采用对穿螺栓，在每个螺孔对应的上下法兰侧开有与螺孔相通的蒸汽连接管口 1 和 2，法兰外面有许多小弯管将相邻两个螺孔连通。来自"法兰螺栓调温加热联箱"的加热（冷却）蒸汽从下法兰第 10、11 号螺孔进入后，分别依次经过 10～1 号螺孔及 11～22 号螺孔，然后排入"法兰螺栓加热集汽联箱"。蒸汽在螺孔周围流动时，对螺栓及法兰进行了加热（或冷却）。

为了减小法兰内外壁之间和上下法兰之间的温差，有的机组还在高中压外缸上下法兰外侧加装法兰加热汽柜。图 2-39 所示为国产 300MW 汽轮机高压外缸法兰加热柜示意图，为了提高加热效果，法兰加热箱内焊有挡汽板。

法兰螺栓加热装置的采用使汽轮机结构复杂，增加了启停时的操作，因此有的机组不设法兰螺栓加热装置。如国产引进型 300MW 汽轮机就没有设置该装置，主要因为：①该汽轮

机设计成内缸两侧温差小而压差大，主要承受压应力，而沿壁厚的温度梯度减至最小，热应力很小；外缸两侧温差大而压差小，可采用较薄的缸壁和较窄的法兰。②该汽轮机的法兰螺栓直径较小，节距较密，且尽可能靠近汽缸内壁。这样就使得汽缸法兰和螺栓都比较容易加热。③该机组动静部分间隙较大，可增大胀差的限制值。国产300MW汽轮机从第十三台起也采用了高窄法兰及小而密的螺栓，以解决汽缸与法兰、法兰与螺栓的温差问题，取消高压外缸上的加热汽柜。引进的法国 CEM300MW 汽轮机、意大利 ASD320MW 汽轮机也没设法兰螺栓加热装置。

三、汽缸的支承

在汽轮发电机组的基础上用螺栓固定着若干块基础台板，汽缸通过轴承座或其外伸的搭脚支承在基础台板上。

（一）高、中压缸的支承

汽轮机高、中压缸一般通过其水平法兰两端伸出的猫爪支承在轴承座上，称为猫爪支承。猫爪支承又有上缸猫爪支承和下缸猫爪支承两种方式。

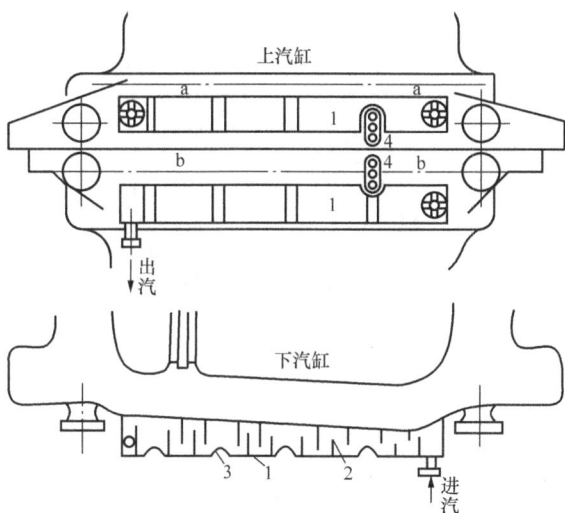

图 2-38 法兰螺栓加热装置示意

（a）高压外缸法兰；（b）、(c) 法兰螺栓加热流程
1、2—蒸汽连接口；3—平面槽

下缸猫爪支承是利用下缸伸出的猫爪作为承力面搭在轴承座的支承块上，如图 2-40 所示。这种支承方式比较简单，安装、检修方便，但因承力面低于汽缸中心线，当汽缸受热后，猫爪温度升高产生膨胀，汽缸中心线向上抬起，而支承在轴承上的转子中心线未变，造成动静部分径向间隙变化。对于高参数、大功率汽轮机，由于法兰很厚，猫爪膨胀的影响是不能忽视的。这种支承方式主要用于高压以下的汽轮机。

上缸猫爪支承如图 2-41 所示，这种支承方式以上缸猫爪作为工作猫爪，下猫爪作为安装猫爪，安装垫铁用于安

图 2-39 法兰加热汽柜

1—加热汽柜；2—挡汽板；3—膨胀补偿曲面；4—法兰壁测温孔

装时调整汽缸洼窝中心。水冷垫铁固定在轴承座上并通有冷却水,以不断带走猫爪传来的热量,防止支承面高度因受热而改变,也使轴承温度不致过高。这种支承方式使支承面与汽缸中分面在同一水平面上,猫爪受热膨胀时不会影响汽缸的中心线,能较好地保持汽缸与转子中心一致。但安装检修比较麻烦,而且增加了法兰螺栓受力,法兰结合面易产生张口。

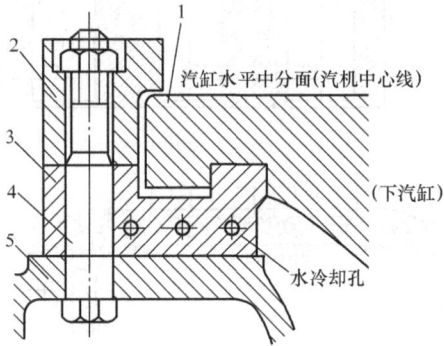

图 2-40　下缸猫爪支承
1—下缸猫爪;2—压块;3—支承块;
4—紧固螺栓;5—轴承座

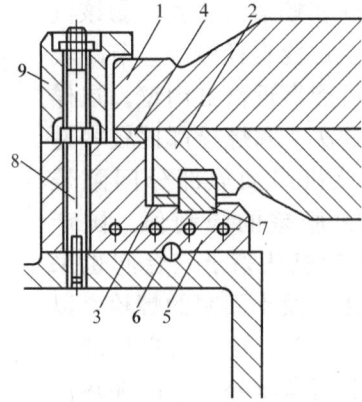

图 2-41　上缸猫爪支承
1—上缸猫爪;2—下缸猫爪;3—安装垫铁;
4—工作垫铁;5—水冷垫铁;6—定位销;
7—定位键;8—紧固螺栓;9—压块

为了同时利用上述两种支承方式的优点,大容量汽轮机上采用了下缸猫爪中分面支承方式。它是将下缸猫爪位置提高(呈 Z 形),使支承面与汽缸水平中分面在同一平面上,如图 2-42 所示。猫爪与下缸整体铸出,位于下缸水平法兰上部,分别支承在前后轴承座上。猫爪与轴承座之间用螺栓连接,以防止汽缸与轴承座之间产生脱空。螺母与猫爪之间留有适当的膨胀间隙(猫爪与螺栓的间隙为 0.95mm,螺栓与横销的间隙为 0.4mm),猫爪下部有垫块,垫块上部平面可由油槽打入润滑油,以保证猫爪可自由膨胀。

与一个低压缸合缸的中压缸(如国产 200MW 汽轮机的中压缸),通常高压端为猫爪支承,低压端采用台板支承(同低压缸支承)。

图 2-42　下缸猫爪中分面支承
1—下缸猫爪;2—螺栓;3—平面键;
4—垫圈;5—轴承座

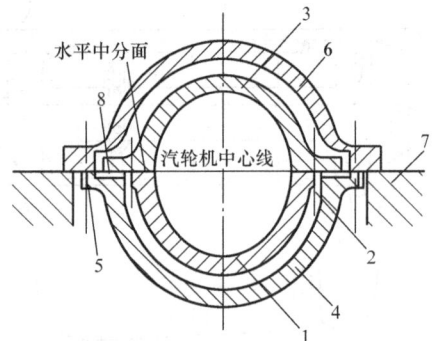

图 2-43　内缸的中分面支承
1—内下缸;2—内缸连接螺栓;3—内上缸;
4—外下缸;5—外缸连接螺栓;6—外上
缸;7—轴承座;8—支承垫片

双层汽缸中，内缸一般是通过其水平法兰伸出的支持搭耳支承在外缸上，也有内下缸支承和内上缸支承（见图2-43）两种方式。图2-44所示为国产引进型300、600MW汽轮机高中压内缸支承，它是通过内下缸左右两侧的支承键支承在外下缸上。内缸顶部和底部设有定位销，以保持其正确位置，并允许汽缸随温度变化自由膨胀和收缩。

（二）低压缸支承

低压外缸由于外形尺寸较大，通常利用下缸伸出的搭脚直接支承在台板上（台板支承），其支承面比汽缸中分面低，但因工作温度低，正常运行时膨胀不明显，所以影响不大。但汽轮机在空、低负荷运行时，排汽温度不能过高，否则将使排汽缸过热，影响转子和汽缸的同心性。

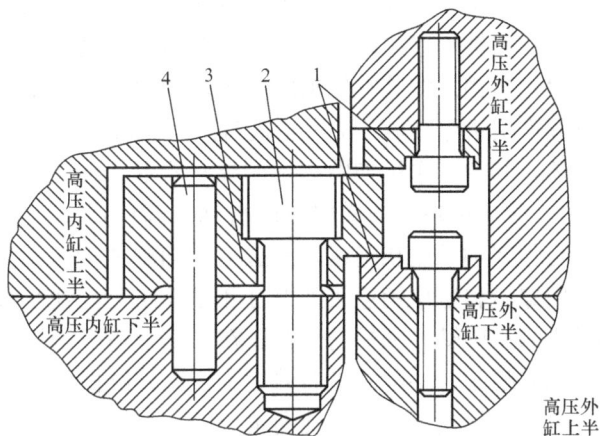

图2-44 国产引进型300、600MW汽轮机高中压内缸支承
1—垫片；2—螺钉；3—支承键；4—销子

四、滑销系统

汽轮机在启停和工况变化时，温度变化很大，将产生膨胀或收缩。为了保证汽缸按一定方向膨胀或收缩，并保持汽缸与转子中心一致，设置了一套滑销系统。滑销系统通常由横销、纵销、立销等组成，各滑销的结构如图2-45所示，它们的作用分别叙述如下：

图2-45 汽轮机各部位滑销
（a）立销；（b）猫爪横销；（c）横销；纵销；（d）角销

（1）横销。引导汽缸沿横向滑动，并在轴向起定位作用。一般安装在低压缸的搭脚与台板之间，左右各装一个。高、中压缸猫爪与轴承座之间也设有横销，称为猫爪横销，见图2-41中的定位键。

（2）纵销。引导轴承座和汽缸沿轴向滑动，并限制轴向中心线横向移动。纵销与横销中心线的交点为膨胀的固定点，称为"死点"。凝汽式汽轮机的死点多布置在低压排汽口的中心附近，这样汽轮机膨胀时，对庞大的凝汽器影响较小。纵销一般安装在轴承座底部与台板之间及低压缸与台板之间，处于汽轮机的轴向中心线上。

（3）立销。引导汽缸沿垂直方向膨胀，并与纵销共同保持机组的轴向中心不变。立销安装在汽缸与轴承座之间及低压缸尾部与台板之间，也处于机组的纵向中心线上。

（4）角销。安装在轴承座底部左右两侧，作用是防止轴承座与基础台板脱离。

国产引进型 300MW 汽轮机有两个汽缸、三个轴承座，中、后两轴座与低压外下缸焊接为一体，其滑销系统如图 2-46（a）所示。高、中压缸猫爪与轴承座之间有一平面键（猫爪横销），猫爪可在上面横向自由滑动。高中压下缸前后两端分别通过一 H 形梁（又称工字梁）与相邻轴承座相连接，汽缸沿轴向膨胀时，通过 H 形梁推动轴承座在台板上滑动。H 形梁用螺栓和定位销连接到汽缸和轴承座上，处在机组的轴向中心线上，保证了汽缸相对于轴承座的正确轴向和横向位置。在前轴承座下沿机组轴向中心线上设有一纵销，引导前轴承座的轴向膨胀，并限制横向移动。低压外缸撑脚与台板之间有四个滑销：两侧的横向中心线上各有一个横销（又称为轴向定位键），前后两端的轴向中心线上各有一个纵销（横向定位键），它们中心线的交点形成了外缸的膨胀死点，死点位于低压缸的中心。

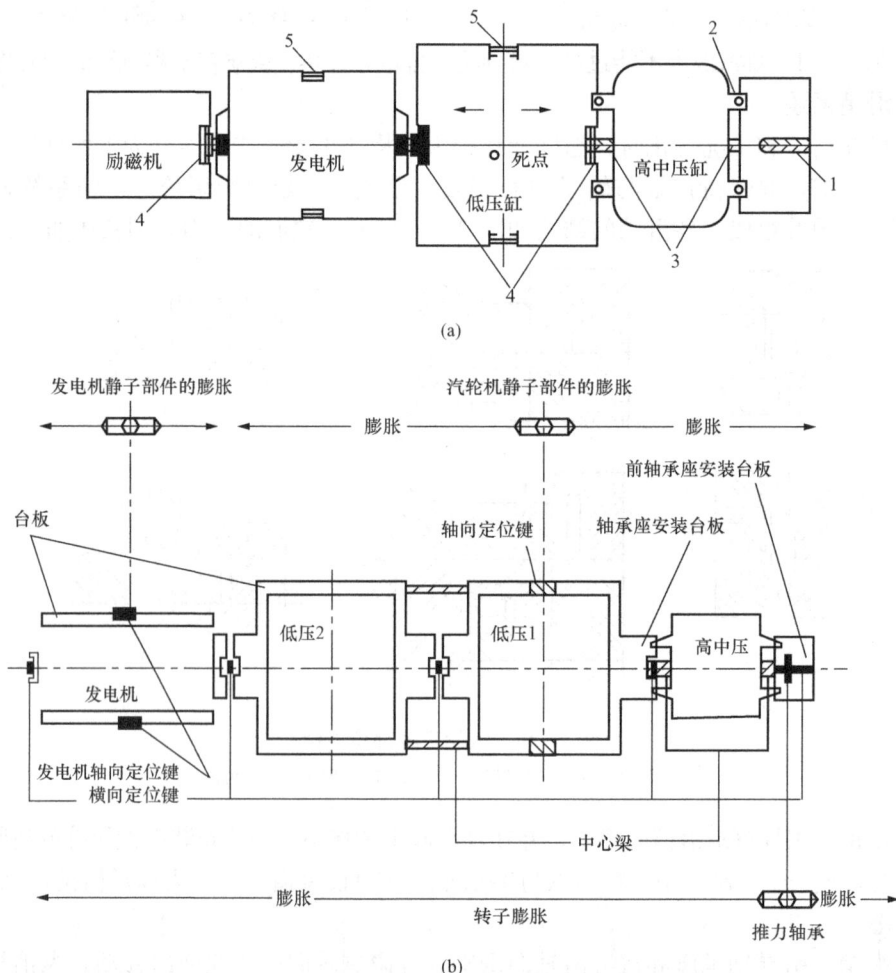

(a)

(b)

图 2-46 汽轮机滑销系统

（a）300MW 汽轮机滑销系统；（b）600MW 汽轮机滑销系统

1—纵销；2—猫爪横销；3—定中心梁；4—立销；5—横销

图 2-46（b）所示为某 600MW 汽轮机的滑销系统。该汽轮机高中压外缸通过下缸的猫爪支承在前、中轴承座上，猫爪与轴承座之间有一平面键作为猫爪横销。在前、中轴承座与台板之间沿机组轴向中心线下设有纵销，1 号低压缸与基础台板之间有两个横向定位键（纵销）和两个轴向定位键（横销），2 号低压缸与基础台板之间只有两个横向定位键，发电机与基础台板之间有两个横向定位键和两个轴向定位键。高中压汽缸与轴承座之间、1 号低压缸与 2 号低压缸之间在水平中分面以下用定位中心梁连接。汽轮机静止部件的膨胀死点在 1 号低压缸的中心，发电机静子部件的膨胀死点在发电机的中心。汽轮机膨胀时，1 号低压缸的中心不动，它的后部通过定中心梁推动 2 号低压缸沿机组轴向向发电机端膨胀，它的前部通过定中心梁推动中轴承座、高中压汽缸及前轴承座沿机组轴向向调速器端膨胀。

对双层结构汽缸，为了保证内缸受热后能自由膨胀并保持与外缸中心一致，内缸与外缸之间也设有滑销系统。由于进汽管是通过外缸和内缸进入喷嘴室的，内外缸在进汽管处不能有相对位移，因此，内缸的死点一般设在进汽管中心线所处的垂直平面上。

课题六　喷嘴组、隔板及汽封

教学目的

掌握喷嘴组、隔板及汽封的作用、型式，理解汽封的工作原理。

一、喷嘴组

高参数大功率汽轮机大多采用喷嘴配汽方式，其第一级喷嘴通常根据调节阀的个数成组固定在喷嘴室上，安装在每个喷嘴室的若干个喷嘴即为一个喷嘴组（或称喷嘴弧段）。

大功率汽轮机常用的喷嘴组主要有两种：一种是整体铣制焊接而成，另一种是精密铸造而成。

图 2-47 所示为整体铣制焊接而成的喷嘴组。在一圆弧形锻件上（作为内环）直接将喷嘴叶片铣出［见图 2-47（a）］，然后在叶片顶端焊上圆弧形的隔叶件，隔叶件的外圆上再焊上外环。喷嘴叶片与内环、隔叶件一起构成了喷嘴流道。喷嘴组通过凸肩装在喷嘴室的环形槽道中，靠近汽缸垂直中分面的一端，用一只密封销和两只定位销将喷嘴组固定在喷嘴室中；在另一端，喷嘴组与喷嘴室通过 Ⅱ 形密封键密封配合。这样，热膨胀时，喷嘴组以定位销一端为死点向密封键一端自由膨胀。这种喷嘴组密封性能和热膨胀性能比较好，广泛应用于高参数汽轮机上。

铸造型喷嘴组采用精密铸造的方法将喷嘴组整体铸出，它在喷嘴室中的固定方法与上述喷嘴组基本相同。与整体铣制焊接喷嘴组相比，这种喷嘴组的制造成本低，而且可以得到足够的表面粗糙度及精确的尺寸，使喷嘴流道型线有可能更好地满足蒸汽流动的要求，因此得到越来越广泛的应用。

国产引进型 300MW 汽轮机调节级有六个喷嘴组，通过进汽侧的凸肩装在喷嘴室出口的环形槽道内，并用螺钉固定，如图 2-48 所示。

喷嘴组是汽轮机承受温度最高的部件之一，目前高参数汽轮机的喷嘴组多采用15Cr1Mo1V、20CrMoV、Cr12WMoVNb 等热强性能好的铬钼钒合金钢。

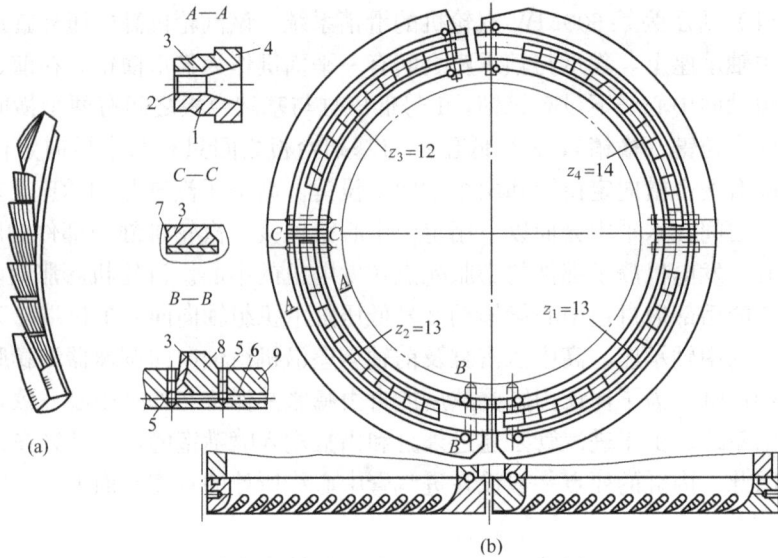

图 2-47　整体铣制焊接喷嘴组

(a) 铣制喷嘴组件；(b) 整体喷嘴组

1—内环；2—喷嘴叶片；3—隔叶件；4—外环；5—定位销；6—密封销；

7—Ⅱ型密封键；8—喷嘴组首块；9—喷嘴室

二、隔板的结构

隔板的作用是固定喷嘴叶片，并将汽缸内间隔成若干个汽室。高压部分的隔板承受的温度高，压差大；低压部分的隔板虽然承受的温度低，但承压面积大，并且承受着湿蒸汽的作用。为了保证安全经济运行，隔板必须要有足够的强度和刚度、合理的支承与定位（在任何工况下均能与转子同心）及良好的密封性和加工性。

为了安装与拆卸方便，隔板通常做成水平对分形式。隔板内圆孔处开有汽封安装槽，用来安装隔板汽封，减小隔板漏汽损失。

（一）冲动级隔板

冲动式汽轮机的隔板主要由隔板体、隔板外缘和喷嘴叶片组成，其主要形式有焊接式和铸造式两种。

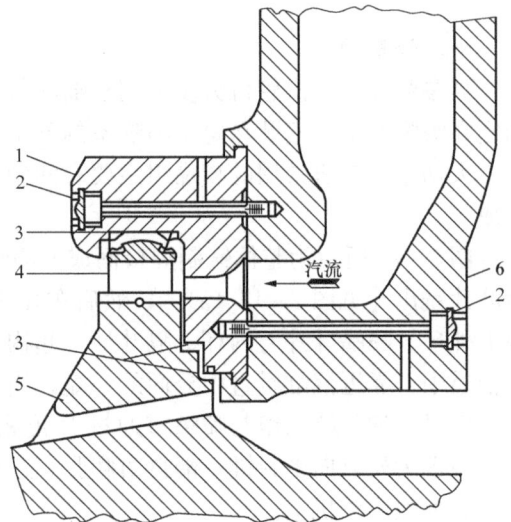

图 2-48　国产引进型 300MW 汽轮机调节级

1—喷嘴组；2—螺钉；3—径向汽封；

4—动叶片；5—转子；6—喷嘴室

1. 焊接隔板

图 2-49（a）所示为焊接隔板结构图，它是先将铣制或冷拉、模压、精密铸造的喷嘴叶片焊接在内、外围带之间，组成喷嘴弧，然后再焊上隔板外缘和隔板体。在隔板外缘的出汽边焊有汽封安装环，用来安装动叶顶部的径向汽封，减小叶顶的漏汽。焊接隔板具有较高的强度和刚度、较好的汽密性，加工较方便。因此广泛应用于中、高参数汽轮机的高、中压部分。

高参数大功率汽轮机中，高压部分隔板前后压差较大，隔板必须做得很厚（如国产

300MW 汽轮机第三级隔板体厚100mm），而喷嘴高度却很短。若喷嘴宽度与隔板体厚度相同，就会使喷嘴损失增加，效率降低，因此采用宽度较小的窄喷嘴叶片。为保证隔板的刚度，在隔板体和隔板外缘之间有若干个具有流线型的加强筋相连，如图2-49（b）所示。窄喷嘴焊接隔板喷嘴损失小，但由于有相当数量的导流筋，将增加汽流的阻力。

图 2-49 焊接隔板

（a）焊接隔板结构；（b）窄喷嘴焊接隔板

1—隔板外缘；2、4—外、内围带；3—静叶片；5—隔板体；
6—径向汽封安装环；7—汽封槽；8—导流筋

2. 铸造隔板

铸造隔板是在浇铸隔板体时将已成形的喷嘴叶片放入其中一体铸出。为避免上下两半隔板分界面处将喷嘴叶片截断，这种隔板的中分面常做成倾斜形，如图 2-50 所示。

铸造隔板制造比较容易，成本低，但表面粗糙度较差，使用温度也不能太高，一般小于300℃。因此铸造隔板用于汽轮机的低压部分。

（二）反动级隔板

反动式汽轮机采用鼓式转子，动叶片直接装在转鼓上。这样与冲动式汽轮机相比，其隔板内径增加了，没有隔板体这部分，隔板承受压力的面积大大减小。

国产引进型 300MW 汽轮机的压力级均为反动级，图 2-51 所示为该机组高压部分隔板示意图。静叶由带有整体围带和叶根的型钢加工而成，将叶根和围带沿圆周焊接在一起，即构成隔板。

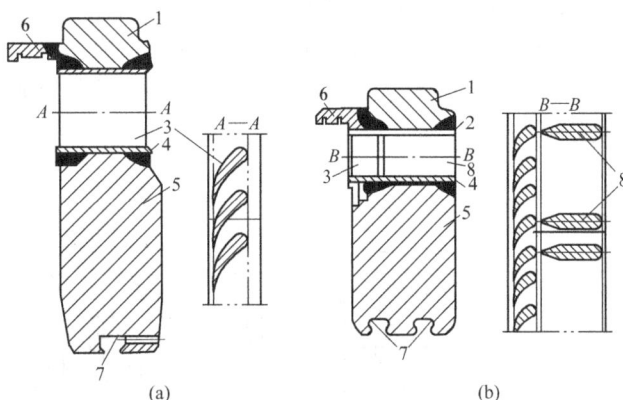

图 2-50 铸造隔板

1—外缘；2—静叶片；3—隔板体

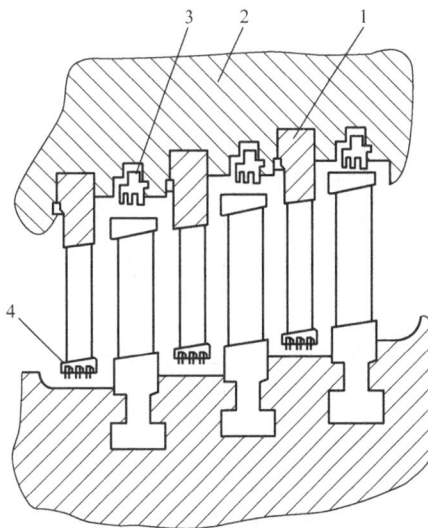

图 2-51 反动式汽轮机高压通流部分示意

1—隔板；2—静叶持环；3—动叶
顶部径向汽封；4—隔板汽封

三、隔板套（静叶持环）

汽轮机通常将部分级的隔板固定在隔板套（静叶持环）上，隔板套再装到汽缸上，如图 2-52 所示。为了安装检修方便，隔板套也分成上、下两部分，上、下两半通过法兰螺栓连接。

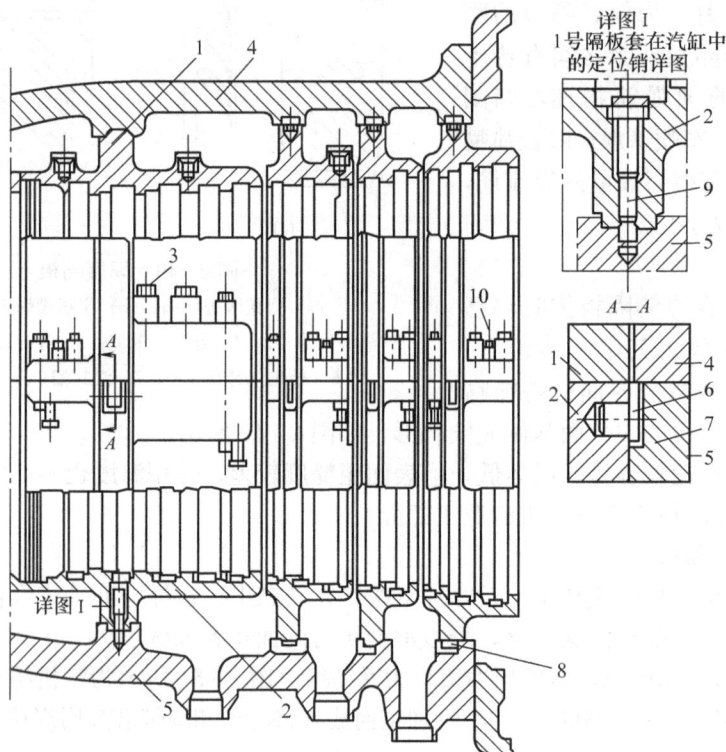

图 2-52 隔板套

1—上隔板套；2—下隔板套；3—螺栓；4—上汽缸；5—下汽缸；
6—悬挂销；7—垫片；8—平键；9—定位销；10—顶开螺钉

图 2-53 和图 2-54 所示为国产引进型 300MW 汽轮机的高中压缸和低压缸内静叶持环的布置图。该机组的高压压力级的静叶环均固定在高压静叶持环上，中压压力级前 5 级和后 4 级分别安装在两个静叶持环上。静叶持环为水平对分式，内圆面有装静叶环的直槽，直槽侧面有安装锁紧静叶的 L 形锁紧片的凹槽。低压缸内有 2 个静叶持环，固定在低压 1 号内缸上。

采用隔板套可以简化汽缸结构，有利于汽缸的通用，使汽轮机轴向尺寸减小，也便于抽汽口的布置。但隔板套的采用会增加汽缸的径向尺寸，使水平法兰厚度相应增加，延长了汽轮机启动时间。

四、隔板及隔板套的支承和定位

隔板在汽缸或隔板套中的固定及隔板套在汽缸中的固定，应保证受热时能自由膨胀及满足对中要求。因此隔板及隔板套与安装槽内应留有适当的间隙（径向间隙一般为 1～2mm），并具有合理的支承定位方式。

隔板及隔板套的支承方式有中分面支承和非中分面支承两种。

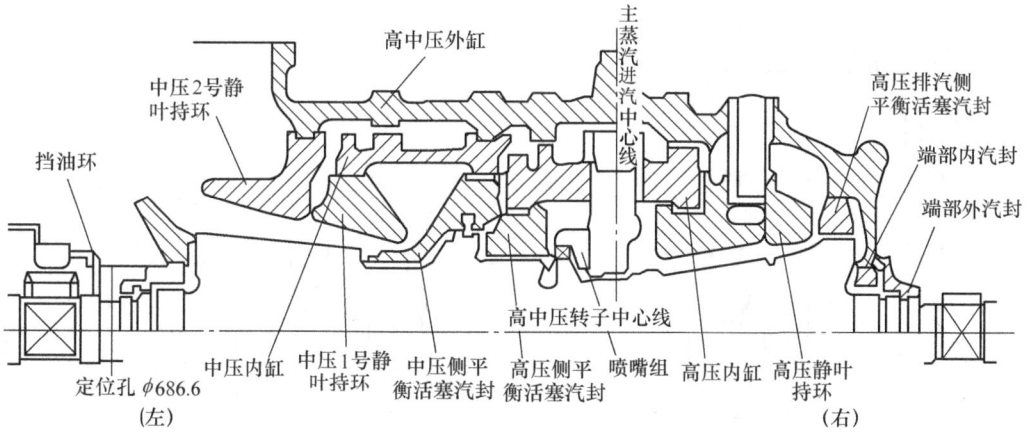

图 2-53 汽轮机高中压缸静叶持环布置

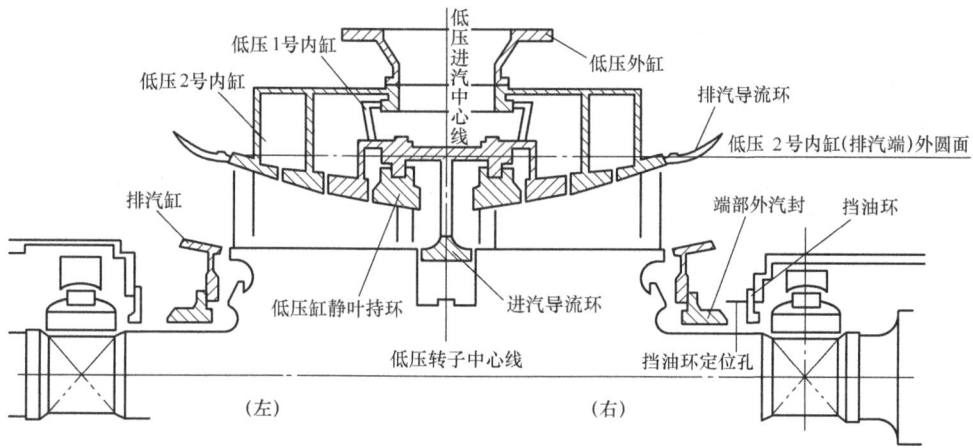

图 2-54 汽轮机低压缸静叶持环布置

图 2-55 所示为悬挂销非中分面支承。下半隔板支承在靠近中分面的两个悬挂销上，通过修整悬挂销的厚度保证隔板的上下位置，左右位置则靠修整下隔板底部的平键来保证。悬挂销下的调整垫片供找中时用，压板用来压住上半悬挂销，以防吊装时上半隔板脱落。这种支承方法使隔板的支承面靠近水平中分面，隔板受热膨胀后中心变化较小，广为汽轮机高压部分所采用。

超高参数汽轮机对隔板对中的要求更高，因此采用中分面支承，如图 2-56 所示。下隔板和下隔板套两侧的 Z 形悬挂销分别支承在下隔板套和下汽缸的水平中分面上，通过改变悬挂销下面垫块的厚度及调整隔板和隔板套底部的平键来调整它们的中心位置。这种支承方式可以保证隔板受热后中心仍与汽缸中心一致，因此在高参数汽轮机上广泛应用，如国产 300MW 汽轮机隔板就是采用这种支承方式。

上隔板及上隔板套本身一般没有定位机构，上隔板通过上、下隔板水平结合面上的定位键或圆柱销定位，上隔板套通过下隔板套水平法兰上的定位螺栓定位。大多数隔板还在下半隔板的中分面上装设突出的平键，与上半隔板的中分面上相应的凹槽配合。该平键除了确定上半隔板的位置外，还可增加隔板的刚性和严密性。

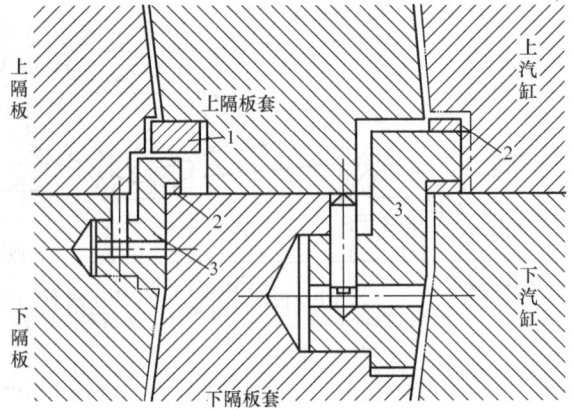

图 2-55　隔板的悬挂销非中分面支承
1—悬挂销；2—调整垫片；3—止动销；4—止动压板

图 2-56　隔板的 Z 形悬挂销支承
1—压块；2—垫块；3—悬挂销

五、汽封

汽轮机工作时，转子高速旋转而静止部分不动，动、静部分之间必须留有一定的间隙，避免相互碰撞或摩擦。而间隙两侧一般都存在压差，这样就会有漏汽，造成能量损失，使汽轮机效率降低。为了减小漏汽损失，在汽轮机的相应部分设置了汽封装置。

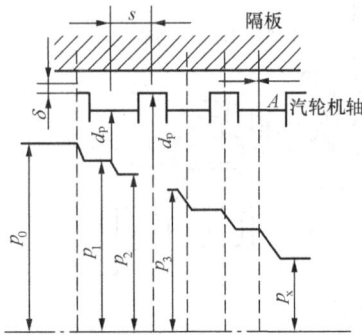

图 2-57　曲径式汽封

（一）汽封的工作原理

汽轮机中常采用曲径式汽封，如图 2-57 所示。汽封齿与相对应部件间形成若干个缩孔，当蒸汽经过第一个缩孔时，由于通流面积突然减小，蒸汽压力由 p_0 降至 p_1，汽流速度增加。高速汽流进入缩孔后的汽室后，由于摩擦、涡流等原因，速度降低，动能转换成热能，比焓值恢复到原来的值。然后蒸汽再依次经过以后各缩孔，重复上述过程。蒸汽每经过一个缩孔产生一次节流，压力降低一次，各汽封片前后的压差之和等于汽封前后的总压差。

采用汽封后，由于汽封齿尖可以做得很薄，动静间隙可以很小，减小了漏汽面积；另一方面，由于漏汽总压差被各汽封片分担，每一个汽封片前后压差较小，蒸汽速度减小，从而减小了漏汽量。漏汽面积和汽封前后总压差一定的情况下，汽封片数越多，每个汽封片两侧压差越小，漏汽量越小。

（二）汽封的结构

汽轮机汽封根据其装设部位可分为轴端汽封、隔板汽封和通流部分汽封。转子穿出汽缸两端处的汽封叫轴端汽封，简称轴封。高压轴封用来防止蒸汽漏出汽缸，造成能量损失及恶化运行环境；低压轴封用来防止空气漏入汽缸，破坏凝汽器的真空。隔板内圆孔与转子之间的汽封称为隔板汽封（见图 2-58），用来阻止蒸汽经隔板内圆绕过喷嘴流到隔板后，造成能量损失并使叶轮前后压差增大，轴向推力增加。通流部分汽封包括动叶顶部和根部的汽封，用来阻止叶顶及叶根处的漏汽,如图 2-58 所示。

汽轮机中通常采用曲径式汽封,其主要形式有梳齿形、J 形和枞树形。枞树形汽封因结构复杂,应用较少,此处不作介绍。

1. 梳齿形汽封

梳齿形汽封结构如图 2-59 所示,图中(a)为高低齿梳齿形汽封,在汽封环上直接车出或镶嵌上汽封齿,汽封齿高低相间。汽轮机主轴上车有环形凸环的汽封套,汽封低齿接近凸环顶部,高齿对着凹槽,这样便构成了有许多狭缝的多次曲折通道,对漏汽形成很大的阻力。汽封环一般分成 4～6 段,装在汽封体的槽中,并用弹簧片压向中心。梳齿片尖端很薄,若转子与汽封环发生碰磨,产生的热量不会过大,而且汽封环被弹簧片支承可作径向退让,这样对转子的损伤较小。图(b)为平齿梳齿形汽封,其结构比高低齿汽封简单,但阻汽效果差些。

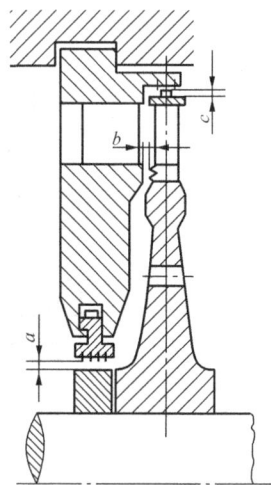

图 2-58 隔板汽封和
通流部分汽封

通常汽轮机高压轴封及高压隔板汽封采用高低齿汽封,材料多采用 Cr11MoV、1Cr1Ni9Ti 合金钢;低压轴封及低压隔板汽封采用平齿汽封,材料一般为锡青铜。

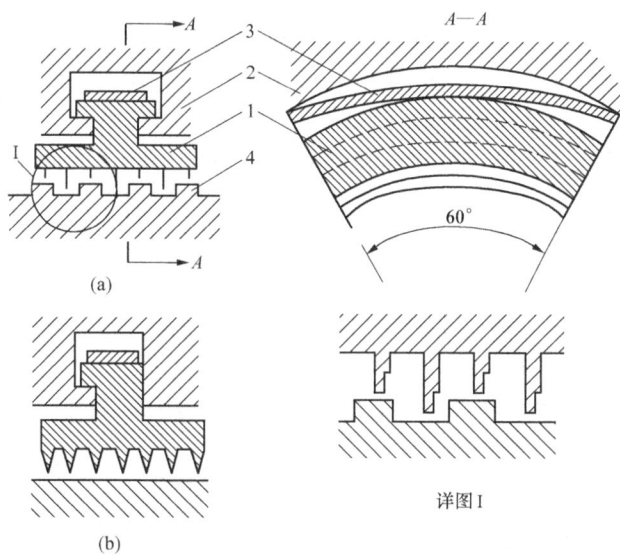

图 2-59 梳齿形汽封
(a) 高低齿梳齿形汽封;(b) 平齿梳齿形汽封
1—汽封环;2—汽封体;3—弹簧片;4—汽封套

梳齿形汽封是汽轮机中应用最为广泛的一种汽封,如国产引进型 300MW 汽轮机汽封全部采用梳齿形汽封(平衡活塞汽封及高中压缸轴封采用一高两低齿交错的高低齿汽封),汽封环分成八个弧段,分别装配到相应部件的汽封槽中,并用四根带状弹簧片将汽封环压向中心。弹簧片用螺钉固定,为使弹簧片能自由变形,螺钉头部与弹簧片间留有足够的间隙,允许弹簧移动。大功率汽轮机由于轴封较长,通常沿轴向分成若干段,相邻两段之间有一环形腔室,装置引出或导入蒸汽的管道。该机组轴封均由四个汽封环组成三段,构成两个腔室。如图 2-60 所示。

2. J 形汽封

图 2-61 所示为国产 200MW 汽轮机采用的 J 形汽封,它的汽封齿由不锈钢或镍铬合金薄片制成(厚度一般为 0.2～0.5mm),用不锈钢丝嵌压在转子的凹槽中。这种汽封的特点是结构简单、紧凑;汽封片薄而且软,即使动静部分发生摩擦,产生的热量也不多,因此安全性比较好。其主要缺点是汽封片薄,每一片汽封片能承受的压差较小,因此需要的片数较多,而且汽封容易损坏。

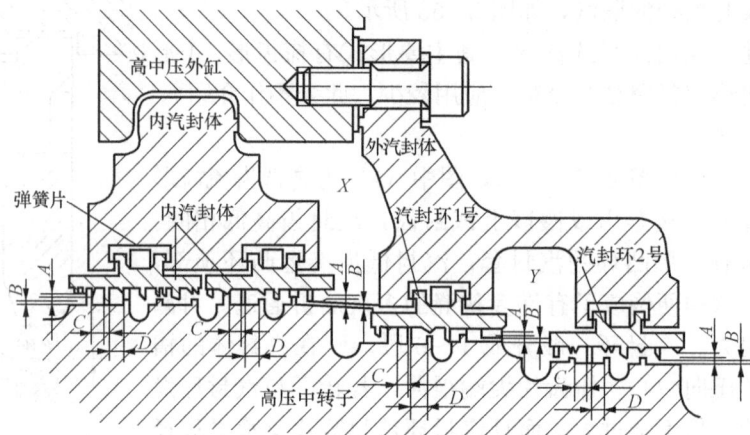

图 2-60　汽轮机高中压缸轴封

3. 其他汽封

在有的汽轮机上，还采用了其他新型汽封，如布莱登（Brandon）活动汽封、护卫式汽封、接触式汽封、蜂窝汽封等。

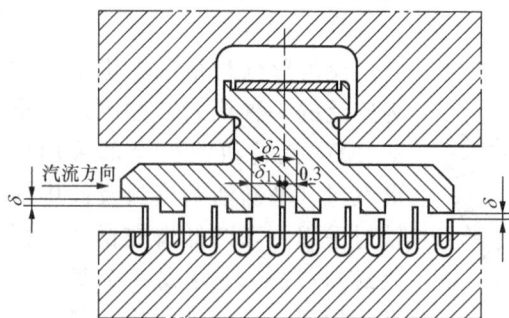

图 2-61　J 形汽封

布莱登活动汽封取消了传统汽封后背弧的弹簧压片，在汽封块端部加装了弹簧，如图 2-62 所示。汽轮机正常工作时，经过汽封进汽侧槽道进入后背弧汽室的蒸汽将汽封压向转子，使两者间保持较小的径向间隙运行，减小了漏汽损失。在机组启、停及转子振动过大跳闸时，汽封背弧后蒸汽压力较低，在端部弹簧的作用下，汽封张开，从而避免了汽封与转子之间的摩擦。运行实践证明，这种汽封不仅具有较高的经济性，还具有较高的安全性。

护卫式汽封由普通梳齿形汽封和挡环组成，挡环旋入梳齿汽封，两者成为一个整体。挡环与转子之间的间隙小于普通梳齿形汽封的间隙。当转子发生较大振动时，挡环将首先与转子接触，压迫汽封背面的弹簧，使汽封整体向后退让，避免了梳齿汽封与主轴的碰磨。这样，既保护了汽封和主轴，还可以使汽封齿与主轴间保持较小的间隙。挡环材料的摩擦系数很小，与转子瞬间碰磨时不会划伤转子。

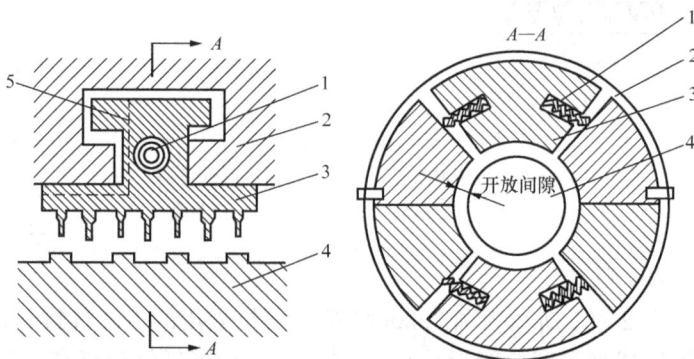

图 2-62　布莱登活动汽封
1—弹簧；2—汽封体；3—汽封环；4—汽封套；
5—用于汽封环背面加压的切口

　　接触式汽封密封圈与转轴表面无间隙，且密封圈能自动跟踪转轴的偏摆及晃动。这种汽封采用非金属、高分子材料，具有耐磨、耐高温、耐腐蚀、自润滑等特性，并且在运行中不会磨伤轴面，不引起轴面发热。

　　与传统的梳齿形汽封相比，蜂窝汽封没有低齿部分，在两个相邻高齿之间用真空钎焊技术焊接上正六边形蜂窝，蜂窝由 $0.05 \sim 0.1\text{mm}$ 的不锈钢加工而成。传统梳齿形汽封的低齿以齿尖密封，蜂窝密封以对应的凸台宽密封，因此漏汽量减少。

课题七　轴　　　承

📖 教学目的

　　掌握轴承的作用、型式，理解轴承的工作原理及油膜振荡现象。

　　汽轮机的轴承有推力轴承和支持轴承两种。支持轴承用来承担转子的重量及转子不平衡质量产生的离心力，并确定转子的径向位置，保证转子中心与汽缸中心一致以保持转子与静止部分间正确的径向间隙。推力轴承承受转子上的轴向推力，并确定转子的轴向位置，以保证动、静部分间正确的轴向间隙。

　　由于汽轮机转子重量及轴向推力很大，且转子的转速很高，轴承在高速重载条件下工作。为了保证机组安全平稳地工作，汽轮机轴承都采用液体摩擦的滑动轴承，工作时，在轴颈和轴瓦之间形成油膜，建立液体摩擦。

一、滑动轴承的工作原理

　　支持轴承中，轴瓦内圆直径略大于轴颈直径，转子在静止状态时，轴颈处在轴瓦底部，轴颈与轴瓦之间形成楔形间隙，如图 2 - 63 （a）所示（以圆筒形轴承为例）。当连续向轴承供给具有一定压力和黏度的润滑油后，转子旋转时，将润滑油从楔形间隙的宽口带向窄口（图中右侧间隙）。由于间隙进口油量大于出口油量，润滑油便聚积在狭窄的楔形间隙中而产生油压。当间隙中的油压超过轴颈上的载荷时，就把轴颈抬起。轴颈被抬起后，间隙增大，油压又有所降低，轴颈又下落一些，直到间隙中的油压与载荷平衡时，轴颈便稳定在一定的位置旋

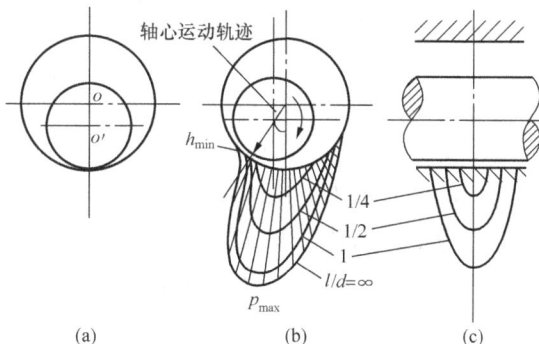

图 2 - 63　轴承中液体摩擦的建立
（a）轴在轴承中构成楔形间隙；（b）轴心运动轨迹及油楔中的周向压力分布；（c）油楔中的轴向压力分布

转。此时，轴颈与轴瓦完全被油膜隔开，建立了液体摩擦。显然，润滑油黏性越大，轴颈转速越高、则楔形间隙内的油压越高、轴颈被抬得越高，轴颈中心处在较高的偏心位置。当转速为无穷大时，理论上轴颈中心便与轴瓦中心重合。因此，随着转速的不同，轴颈中心的位置也不同，其轨迹近似为一半圆曲线，如图 2 - 63 （b）所示。

　　由以上分析可知，要在有载荷作用的两表面间建立稳定的油膜，必须具备以下条件：两表面间构成楔形间隙；两表面间要有相对运动，且其运动方向是使润滑油从楔形间隙的宽口

流向窄口；两表面之间充满具有合适黏度的润滑油。

油楔中的压力分布如图 2-63 (b)、(c) 所示。在径向，楔形间隙进口处油压最低，然后逐渐增大，经过最大值后逐渐减少，在油楔间隙出口处又降至最低。在轴向，即沿轴承的宽度（也称为长度）方向，润滑油从轴承的两端流出，所以中间的油压最高，往两端逐渐降低。也由此可见，在其他条件相同的情况下，轴承越宽，产生的油压就越大，承载能力就越大，但是轴承太宽将影响其工作的稳定性，且不利于轴承的冷却，同时还会增加机组的轴向长度。因此，必须合理选择轴承尺寸。

二、轴承的油膜振荡

随着机组容量的增加，轴颈直径增大、轴系临界转速下降，直接影响轴承的正常工作。轴颈直径增大后，其表面线速度增加，摩擦损失增大；轴系临界转速下降，将影响轴承工作的稳定性，即可能发生油膜振荡。

（一）油膜振荡现象

图 2-64 所示为受有一定载荷的轴承（以柔性大、轻载转子的轴承为例），当转速从零逐渐增加时，轴颈中心的运动情况。当转速由零逐渐升高时，在开始段没有振动，轴颈中心随着不同的转速处于不同的偏心位置。当转速升高到 A 点时，轴颈开始出现振动，但振幅较小，振动频率约为 A 点转速的一半。转速继续升高时，振幅基本不变，振动频率随之增加，总是约等于当时转速的一半。当转速升高到转子第一临界转速 ω_{c1} 时（图中 A_1 点），振动加剧，振幅突然增加，频率等于 ω_{c1}。超过第一临界转速后，振幅重又降低，频率也恢复为当时转速的一半。当转速升高到两倍第一临界转速时（图中 A_2 点），振动又加

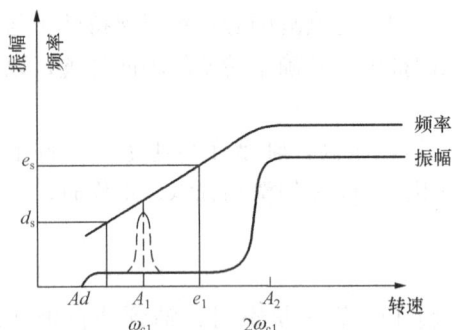

图 2-64 轴颈中心涡动频率、振幅与转速的关系

剧，振幅增大，频率等于此时转速的一半，即等于 ω_{c1}。此后转速继续升高，振幅不再减少，频率保持等于第一临界转速不变。由于转速升高到 A 点后，轴颈开始失去稳定，因此 A 点对应的转速称为失稳转速。A 点至 A_2 点间，轴颈中心发生频率等于当时转速一半的小振动，称为半速涡动。A_2 点以后，轴颈中心发生频率等于转子第一临界转速的大振动，称为油膜振荡。当油膜振荡发生后，在较大的转速范围内，涡动频率将保持等于第一临界转速，振幅也始终保持在共振状态下的大振幅，这种现象称为油膜振荡的惯性效应。因此，油膜振荡不能用提高转速的方法来消除。

（二）油膜振荡的产生

由轴承的工作原理可知，在一定载荷和转速下，轴颈中心处于某一偏心位置 o' 而达到平衡状态，如图 2-65 所示。此时油膜对轴颈的作用力 p_g 与轴颈上的载荷 p 相平衡。如果轴颈受到一个干扰，中心从 o' 移到 o''，油楔随之发生改变，油膜作用力的大小和方向

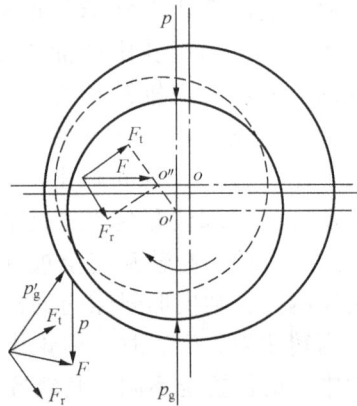

图 2-65 油膜振荡的产生

也将发生改变，p_g 变为 p'_g，p'_g 与 p 不平衡，它们的合力为 F。F 可分解为沿油膜变形方向的弹性恢复力 F_r 和垂直于油膜变形方向的切向分力 F_t，弹性恢复力推动轴颈返回平衡点 o'，而切向分力将破坏轴颈的稳定运转，引起轴颈中心在轴承内涡动，称为失稳分力。此时，轴颈不仅围绕其中心高速旋转，而且轴颈中心还围绕动态平衡点 o' 涡动。若失稳分力小于轴承阻尼力，则涡动是收敛的，轴颈中心受到扰动而偏移后将自动回到平衡位置，此时轴承的运行是稳定的。若失稳分力大于阻尼力，则涡动是发散的，属于不稳定工作状态。当失稳分力等于阻尼力时，轴颈产生小振幅涡动，理论和实践证明，此时涡动频率接近当时转速的一半，称为半速涡动。如果半速涡动的角速度正好达到转子的第一临界转速，则涡动被共振放大，使轴颈强烈振动，产生了油膜振荡。

（三）油膜振荡的防止和消除

发生油膜振荡时轴颈振幅很大，会引起轴承油膜破裂、轴颈与轴瓦碰撞甚至损坏。另外，因其振动频率刚好等于转子的第一临界转速，成为转子的共振激发力，使转子发生共振，可能导致转轴损坏。半速涡动虽然振幅不大，不会破坏油膜，但由于振动产生动载荷，长期工作，会引起零件的松动和疲劳损坏。因此应设法消除半速涡动和油膜振荡。

由前面的分析可知，只有当转子的转速高于失稳转速及第一临界转速的两倍时，才有可能发生油膜振荡。因此，防止和消除油膜振荡的基本方法是提高转子的失稳转速和第一临界转速。

刚性转子和第一临界转速高于额定转速一半的挠性转子，在其工作转速范围内，只可能发生半速涡动，而不会发生油膜振荡。但对于大功率机组，转子第一临界转速较低，可能低于工作转速的一半，此时只能通过提高失稳转速，将失稳转速提高到工作转速之上，避免油膜振荡的发生。

由油膜振荡产生原因分析可知，轴颈在轴承中运行不稳定的根本原因是轴颈受到扰动后产生了失稳分力。扰动越大，轴颈偏离其平衡位置的距离就越大，失稳分力也越大，就越容易产生涡动和油膜振荡。在同一扰动强度下，轴颈稳定运行时的偏心距越大，其相对偏移就越小，失稳分力也越小，就越不容易产生半速涡动和油膜振荡。也就是说，轴颈在轴瓦中平衡位置的偏心距越大，失稳转速越高，转子工作越稳定。而偏心距的大小总是在相对的观点上才有意义，因此，上述结论是指轴颈在轴瓦中的相对偏心率而言的。相对偏心率即轴颈与轴瓦的绝对偏心距 oo' 与它们的半径差 $(R-r)$ 的比值，以 K 表示，即 $K=\dfrac{oo'}{R-r}$。K 越大，失稳转速就越高，越不容易产生半速涡动和油膜振荡；反之，K 越小，转轴工作就越不稳定。通常认为 K 大于 0.8 时，轴颈在任何情况下都不会发生油膜振荡。因此，可通过降低轴心位置以增大轴颈相对偏心率来提高轴承工作稳定性，防止和消除油膜振荡。主要可采取如下措施。

（1）增大轴承比压。轴承载荷与轴承垂直投影面积（轴承长度×直径）之比称为比压。比压越大，轴颈浮得就越低，相对偏心率就越大，轴承稳定性也就越好。增大比压的方法，一是缩短轴瓦长度，减少轴瓦的投影面积，另外是调整轴瓦中心。

某国产 300MW 汽轮发电机组，所有的轴承均为三油楔轴承。汽轮机高、中、低压转子及发电机转子的一阶临界转速分别为：3150～3300、2450～2600、3300～3400、880～915r/min，发电机转子二阶临界转速为 2400～2600r/min，各转子之间采用刚性连接。运行中当转速达到 2800r/min 时，发电机转子出现油膜振荡。该轴承尺寸为：直径 $D=450$mm，工作长度 $L=430$mm，实测失稳转速为 2500r/min。后将发电机轴承的长度缩短到 320mm，油膜振荡消失。

（2）降低润滑油黏度。润滑油黏度越大，轴颈旋转时带入油楔油量就越多，油膜就越厚，轴颈在轴瓦中浮得就越高，相对偏心率就越小，轴颈就越容易失去稳定。因此降低润滑油黏度有利于轴承的稳定工作。其方法是提高油温或更换黏度较小的润滑油。

（3）调整轴承间隙。对于圆筒形或椭圆形轴承，一般认为减少轴瓦顶部间隙，可以增加油膜阻尼，产生（圆筒形轴承）或加大（椭圆形轴承）向下的油膜作用力，减少了轴颈的浮起程度，从而增大相对偏心率，使轴颈在轴承中的稳定性提高。同时加大轴瓦两侧间隙（相当于增大椭圆度，即增大了相对偏心率）效果更为显著。

另外，从设计制造上，应尽量提高转子的第一临界转速，选择稳定性好的轴承，防止和消除油膜振荡的发生。另外，还应尽量做好转子的动、静平衡，减少其不平衡质量，以降低转子在第一临界转速下的共振放大能力，减少振动的振幅。

三、轴承的结构

（一）支持轴承

支持轴承又称为径向轴承或主轴承，常用形式有圆筒形轴承、椭圆形轴承、三油楔轴承和可倾瓦轴承等。

1. 圆筒形轴承

圆筒形轴承轴瓦内孔呈圆柱形，静止状态下，轴承顶部间隙约为侧面间隙的两倍，工作时，轴颈下形成一个油膜。

圆筒形轴承结构如图 2-66 所示，轴承体由上、下两半组成，装配时用两只定位销 6 确保两半准确对中。轴承体外形呈球面形，由三块钢制轴承垫块支承在轴承座的球面内孔中。下瓦块的垫块的中分线与轴瓦水平结合面成 45°，各垫块与轴承体之间有垫片，改变垫片厚度，可调整轴承中心的径向位置。上瓦顶部的垫块和垫片则用来调整轴瓦与轴承盖之间的紧力。装配在轴承体内的限位销伸到轴承座的一条槽内，防止轴承转动。

轴承体由铸钢铸造而成，在轴承体内部浇铸有一层锡基轴承合金（俗称乌金或巴

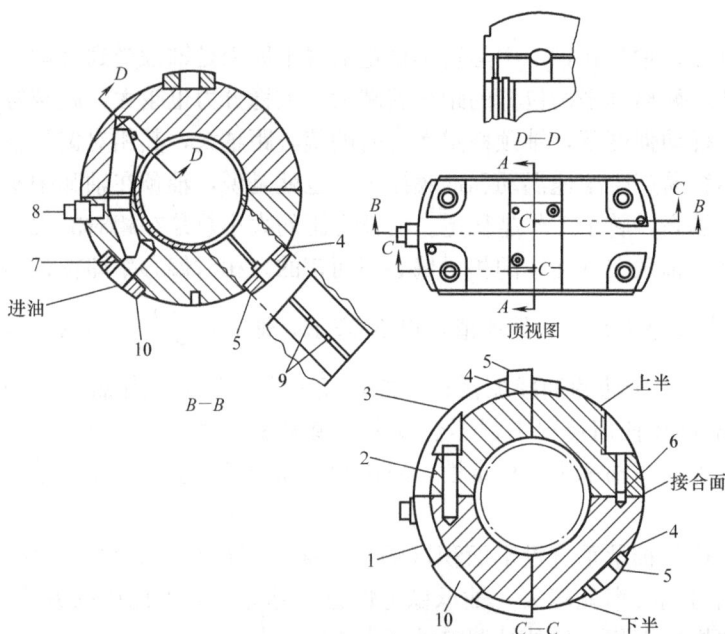

图 2-66　圆筒形轴承结构

1、3—轴瓦；2—螺钉；4、7—垫片；5、10—轴承垫块；
6—定位销；8—轴承限位销；9—热电偶

氏合金)。这种合金质软,熔点低,具有良好的耐磨性能。一旦油膜没建立起来或油膜破裂,导致轴颈与轴瓦发生摩擦时,乌金被烧熔,保护轴颈不被磨损。

润滑油从轴承体下侧轴承垫块 10 的中心孔引入,经过下轴承体内的油路,从上半部流入。油先经过轴颈与上轴承体之间的间隙,再经过轴颈与下轴承体之间的间隙,然后从轴承两端流出。轴承两端开有环形槽,在槽的下部开有几个排油孔口,润滑油由此排向轴承座,最后返回油箱。

这种轴承由于轴承体呈球面形,当转子中心变化引起轴颈倾斜时轴承可随之转动,自动调位(称为自位式轴承),使轴颈与轴瓦保持平行,使油膜均匀稳定。

2. 椭圆形轴承

椭圆形轴承的结构与圆筒形轴承基本相同,只是轴瓦内孔呈椭圆形,如图 2-67 所示。轴瓦内顶部间隙 a 为轴颈直径的 $1/1000\sim1.5/1000$,轴瓦侧面间隙 b 约为顶部间隙的两倍。工作时轴瓦上、下部均可形成油膜,因此又称为双油楔轴承。由于上瓦油膜作用力降低了轴心位置,增大了相对偏心率,因此稳定性较好。又由于轴瓦侧面间隙加大,油楔收缩比圆筒形轴承更为急剧,有利于形成液体摩擦,提高油膜压力,因而增大了轴承的承载能力,其比压可达 2.5MPa。这种轴承在大、中型机组

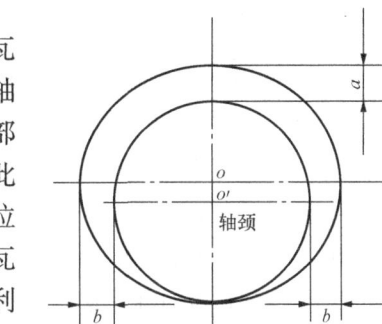

图 2-67 椭圆形轴承示意

上得到了广泛应用。如某国产 300MW 机组、日本 250MW 机组、意大利 320MW 机组就采用了这种轴承。

3. 三油楔轴承

国产大功率机组采用三油楔轴承,其结构如图 2-68 所示。轴瓦上有三个固定油楔:上瓦两个,下瓦一个,每个油楔入口的最大深度为 0.27mm。工作时,三个油楔中均形成油膜,分别作用在轴颈的三个方向上。下部大油楔产生的压力起承受载荷的作用,上部两个小油楔产生的压力将轴瓦往下压,使转轴运行平稳,并具有良好的抗振性能。三油楔轴承的承载能力也较高,其比压可达 3MPa。润滑油从轴承的进油口进入轴瓦的环形油室,然后分别经过三个油楔的进油口进入各油楔中。轴瓦底部开有高压油顶轴装置的进油口及油池,机组启动时,利用从顶轴油泵打来的高压油将轴顶起。

为了使油楔分布合理,又不使结合面通过油楔区,上、下瓦结合面与水平面倾斜 35°。这样安装时要将轴瓦反转 35°,给安装和检修带来不便。因此,有的厂家将三油楔轴承的 35°安装角

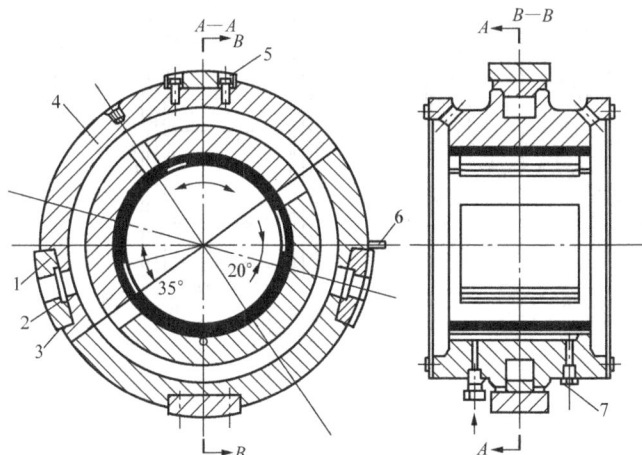

图 2-68 三油楔轴承

1—调整垫片;2—节流孔;3—带孔调整垫铁;4—轴瓦体;
5—内六角螺钉;6—止动垫圈;7—高压油顶轴进油

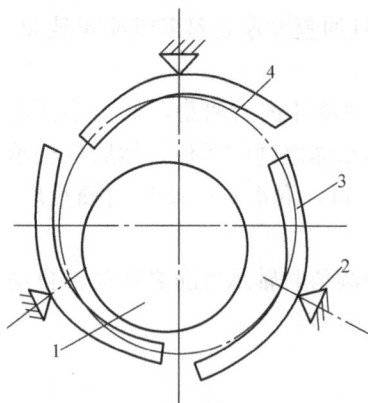

图 2-69　可倾瓦轴承原理
1—轴颈；2—支座；3—瓦块；
4—支承间隙圆

改成水平中分面，改成水平中分面后有两个油楔有接缝，试验证明，这条接缝对轴承性能影响不大。

4. 可倾瓦轴承

可倾瓦轴承又称活支多瓦轴承，通常由 3～5 块或更多块能在支点上自由倾斜的弧形瓦块组成，如图 2-69 所示。瓦块在工作时可以随转速、载荷及轴承温度的不同而自由摆动，自动调整到形成油膜的最佳位置。油膜对轴颈作用力与轴颈上的载荷在任何情况下都在同一直线上，所以，这种轴承具有较高的稳定性。由于瓦块可以自由摆动，增加了支承柔性，具有吸收转轴振动能量的能力，因此具有较好的减振性。另外，可倾瓦轴承还具有承载能力大（比压可达到 4MPa）、摩擦功耗小等优点，越来越多地为大功率汽轮机所采用。它的不足之处是结构复杂，安装、检修比较困难。

图 2-70 所示为国产引进型 300MW 汽轮机高压部分采用的可倾瓦轴承，该轴承有四块浇有巴氏合金的钢制瓦块，两下瓦块承受轴颈的载荷，两上瓦块保持轴承运行的稳定。各瓦块通过其背部的球面自位垫块 6 支承在轴承体 2 内，并通过垫块定位。自位垫块球形表面与各瓦块中心的内垫片 7 接触，这样可允许瓦块自由摆动，使瓦块与轴颈自动对中。自位垫块的平面端与被研磨成所要求厚度的外垫片 5 紧贴，以保持适当的轴承间隙。为了防止轴承两上瓦块的进油边与轴颈发生摩擦，该处巴氏合金被修去，并在这两块瓦块上装有弹簧 11，该弹簧还可起到减振的作用。

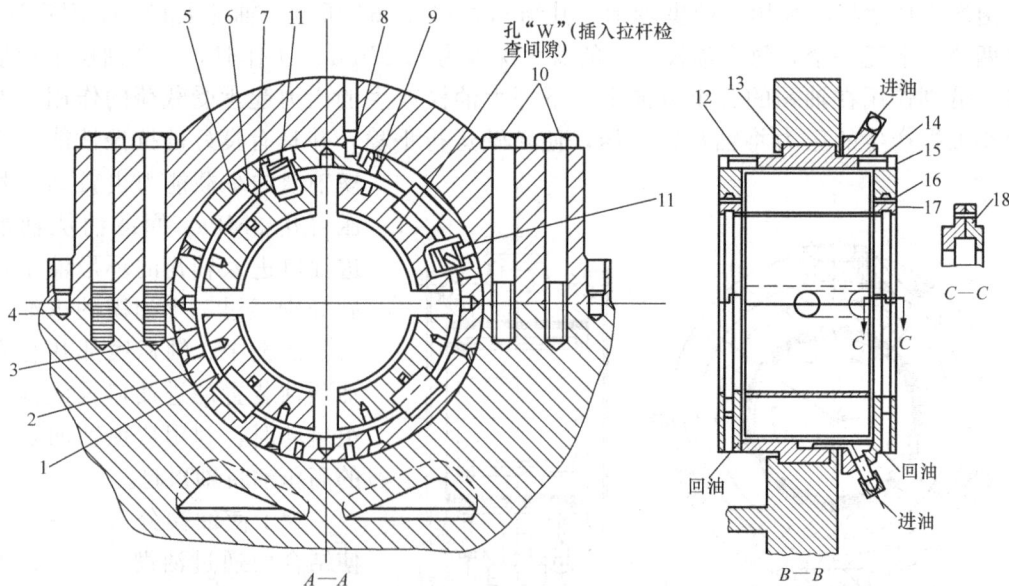

图 2-70　可倾瓦轴承
1—轴瓦；2—轴承体；3—轴承体定位销；4—定位销；5—外垫片；6—自位垫块；7—内垫片；
8—轴承体定位销；9—螺塞；10—轴承盖螺栓；11—弹簧；12、14—挡油板；13—轴承盖；
15—螺栓；16—挡油环限位销；17—油封环；18—油封环销

润滑油经软管引入轴承体后，通过位于垂直和水平中心线的 4 个油孔进入轴瓦内，然后从轴向两端排出。油封环和挡油板用来防止轴承两端过量泄油。油通过挡油环上的小孔和挡油板上的通道返回轴承座内。

（二）推力轴承

汽轮机的推力轴承在高速重载的条件下工作，为了安全、稳定地运行，推力轴承也采用液体摩擦原理工作的轴承。

图 2 - 71 所示为 300MW 汽轮机采用的推力轴承，推力盘的两侧分别安装着 12 块工作瓦块和非工作瓦块，分别承受转子的正向和反向推力。瓦块通过销钉支承在安装环上，安装环装在球面座内。当轴的挠度变化时，安装环能在球面座内自动调整，以保证各推力瓦块受力均匀。推力瓦块的工作面上浇铸有一层乌金（厚度约为 1.5mm），背面在偏向润滑油出油侧有一条凸棱（离中心 7.54mm），安装环上的销钉宽松地插在凸棱上的销孔内。工作时瓦块可以绕凸棱略为摆动，与推力盘之间构成楔形间隙，形成油膜。瓦块上都装有测温元件，以便运行时监视各瓦块的温度及推力轴承的工作情况。一般要求瓦块温度不得超过 90℃。

润滑油分两路经球面座上 10 个进油孔进入主轴周围的环形油室，然后进入瓦块与推力盘间的间隙，回油从上部的回油孔排出。回油孔上装有两只调节套筒，分别用来调节回油量和控制回油温度。出油挡油环将回油与推力盘外圆隔开，以减少推力盘在油中的摩擦损失。进油挡油圈通过拉弹簧箍在轴的圆周上，防止润滑油外向外泄漏。

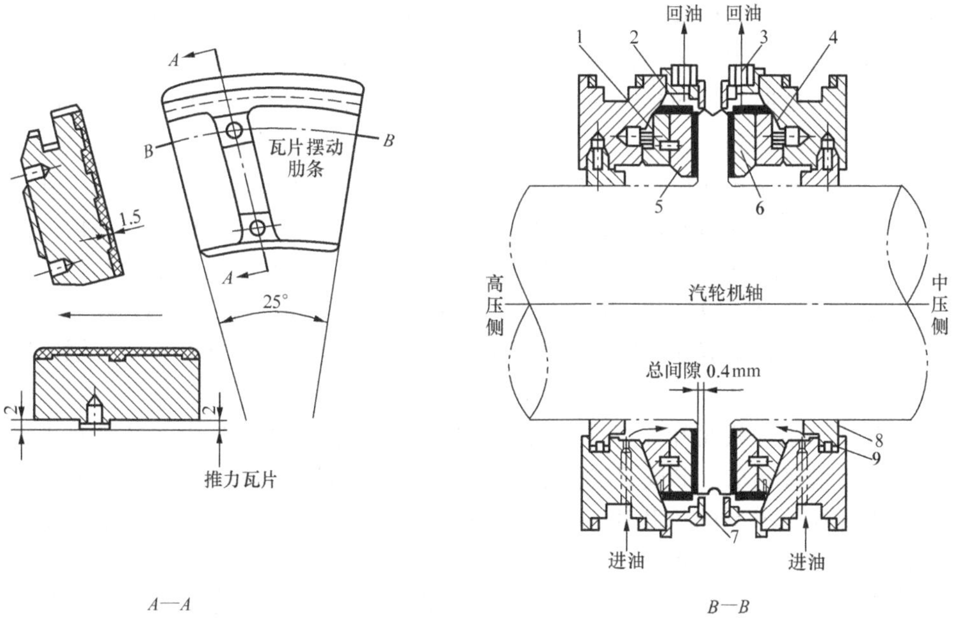

图 2 - 71 推力轴承

1—球面座；2—挡油环；3—调节套筒；4—推力轴承瓦块安装环；

5—反向推力瓦；6—正向推力瓦；7—出油挡油环；

8—进油挡油环；9—拉弹簧

课题八 典型汽轮机的结构

教学目的

了解典型汽轮机的结构特点。

1. 上海汽轮机厂生产 N300-16.7/538/538 型汽轮机

本汽轮机是按照引进的美国西屋公司技术制造的亚临界、一次中间再热、单轴、双缸双排汽、高中压合缸、反动式凝汽式汽轮机。

该机组的额定功率为 300MW，最大功率为 326MW。新蒸汽压力 16.7MPa、温度 538℃，再热蒸汽压力 3.29MPa、温度 538℃，冷却水温 20℃时设计背压 0.0049MPa，额定新蒸汽流量 907t/h，最大新蒸汽流量 1021t/h，保证净热耗率 7921kJ/（kW·h）。

该汽轮机通流部分由高、中、低三部分组成，全机共 35 级。高压部分有 1 个冲动式调节级和 11 个反动式压力级，中压部分有 9 个反动式压力级，低压部分为双分流式，每一分流有 7 个反动式压力级。

高中压部分合缸（见图 2-30），采用双层缸结构，有一层外缸和一层内缸，内缸由外缸水平中分面支承，内缸顶部和底部用定位销导向，以保持对汽轮机轴线的正确位置，同时允许其随温度变化自由地膨胀和收缩。在高中压内缸里支承着高压静叶持环、高压平衡活塞持环及中压一号静叶持环、中压平衡活塞持环，这些持环做成上、下对分的两半，支承在内缸的水平中分面处。中压二号静叶持环和高压排汽侧平衡活塞持环支承在外缸上。

高、中压压力级采用反向布置。高压通流部分为回流布置方式，新蒸汽通过调节级后，改变方向返回流入反向布置的高压压力级，这样就可以利用调节级出口温度较低的蒸汽来冷却汽缸和转子的高温部分。

低压缸为对称分流式（见图 2-36），由一层外缸和两层内缸组成。低压内、外缸均由钢板焊接而成，以水平中分面分成上、下两半。第一层内缸中采用了静叶持环结构，持环的背部凹槽与内缸上的凸缘部分相配合，并用固定销使持环定位，在发电机端静叶持环上装有四级静叶，调节阀端装有三级静叶。第一层内缸的低压部分，在汽缸凸缘部分开有静叶槽，发电机端装有一级静叶，调节阀端装有三级静叶。另外各两级静叶直接装在第二层内缸的静叶槽中。

调节级叶片采用等截面叶片，为不调频叶片，叶片采用整体围带，围带上部还嵌入钢带，将叶片分组铆接起来，形成双层围带结构。高、中压部分的静叶片均为扭曲叶片，动叶片为等截面直叶片，为不调频叶片，叶顶用斜围带分组连接。低压部分的静叶片为扭曲叶片，每侧前 4 级动叶片为等截面直叶片，后 3 级为扭曲叶片，低压两端的 1~5 级动叶用斜围带分段成组连接，第 6 级为自由叶片，第 7 级由两根拉金将叶片成组连接，末级叶片长度 869mm。

高中压转子和低压转子均为整锻结构，转子间采用刚性连接。高中压转子上加工有平衡活塞，汽轮机运行时平衡活塞上的轴向推力与通流部分的轴向推力部分抵消。转子由 4 个支持轴承和 1 个推力轴承支承和定位，其中 1、2 号支持轴承为四瓦可倾瓦结构，3、4 号支持轴承为圆筒形轴承。

新蒸汽经过 2 个高压自动主汽阀后再经 6 个高压调节阀进入汽轮机高压部分。6 根高压导管分别通过上、下汽缸上的三个进汽套管连接到汽缸上,每根套管和喷嘴室之间采用滑动连接。蒸汽经高压部分做功后从外缸的排汽口排出,经锅炉再热后,再经过 2 个中压联合汽门进入中压缸继续做功,中压缸排汽经中低压连通管进入低压缸的中部,然后向两边分流,经低压级做功后从两端的排汽口排入凝汽器。

2. 东方汽轮机厂生产 N300 - 16.7/537/537 型汽轮机

该机为东方汽轮机厂引进和吸收国内外技术设计制造的亚临界压力、一次中间再热、单轴、双缸双排汽、冲动式凝汽式汽轮机。

机组的额定功率 300MW,最大功率为 330MW。新蒸汽压力 16.7MPa、温度 537℃,再热蒸汽压力 3.3MPa、温度 537℃,冷却水温 20℃ 时设计背压 0.0052MPa。额定新蒸汽流量 935t/h,最大新蒸汽流量 1025t/h,保证净热耗率 8005kJ/(kW·h)。

该汽轮机的纵剖面如图 2-72 所示。全机共 28 级,其中高压部分有 1 个单列调节级和 9 个冲动压力级,中压部分有 6 个冲动压力级,低压部分有 2×6 个冲动压力级。末级动叶片高度 851mm,环形排汽面积 2m×6.69m。汽轮机本体外形尺寸(长×宽×高)为 18055mm×7464mm×6434mm(高度为从连通管吊环最高点到运行平台的距离)。

该机组高中压部分采用合缸结构,采用双层缸;低压缸为对称分流式,也为双层缸结构。高压通流部分与中压通流部分

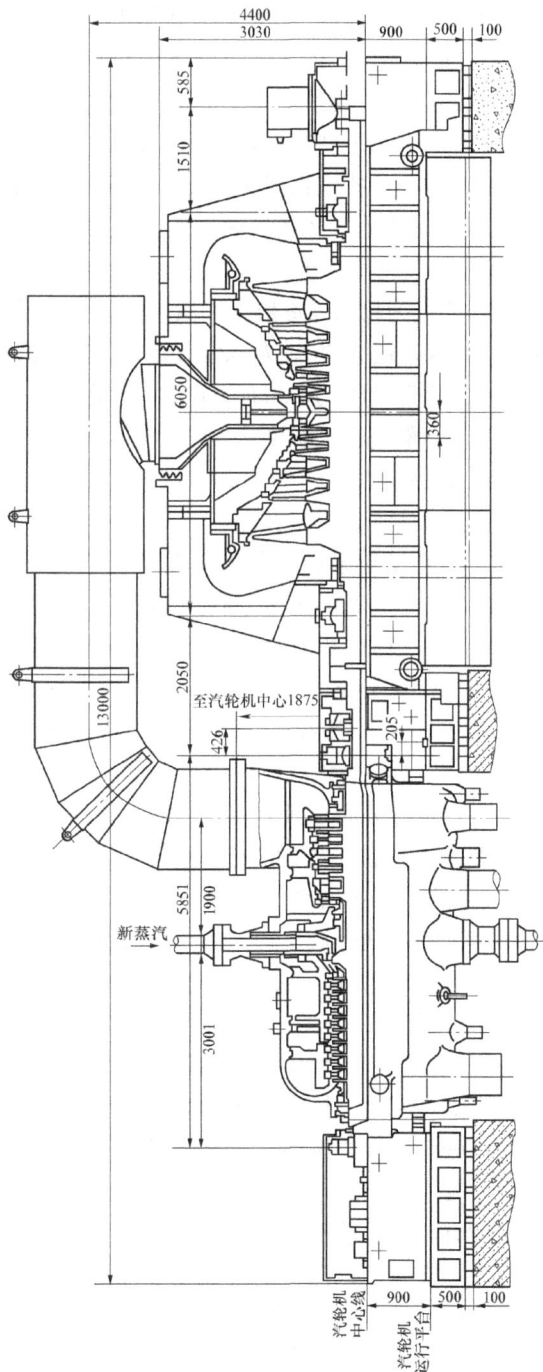

图 2-72 东方汽轮机厂生产 N300-16.7/537/537 型汽轮机纵剖面

为反向流动布置,高、中压进口都布置高中压缸中部,是整个汽轮机工作温度最高的部位。

高、中、低压转子均为整锻结构,转子采用刚性连接。转子通过 4 个椭圆形支持轴承和 1 个自位式推力轴承支承和定位。

来自锅炉的新蒸汽通过高压主汽阀和调节阀后经 4 根 φ273mm×40mm 的高压主汽管,

再经装在高中压外缸中部的 4 个高压进汽管分别从上、下方进入高压内缸中的蒸汽室,然后进入高压通流部分,依次经过高压各级后,从 2 个高压排汽口排出,经 2 根冷段再热蒸汽管道去锅炉再热器,再热后的蒸汽通过 2 根热段再热蒸汽管道进入中压联合汽门,经过 2 根 $\phi 582mm \times 65mm$ 的中压主汽管,进入中压通流部分,经中压通流部分做功后由 1 个 $\phi 1400mm$ 的中压排汽口进入连通管流向低压缸。蒸汽由低压缸中部进入通流部分,分别向前后两个方向流动,经各级做功后排入凝汽器。

3. 上海汽轮机厂生产 N600 - 24.2/566/566 型汽轮机

该汽轮机为超临界参数、一次中间再热、单轴、三缸、四排汽、反动式汽轮机。机组额定功率 600MW,最大功率为 638.5MW。新蒸汽压力 24.2MPa、温度 566℃,再热蒸汽温度 566℃,额定排汽压力 0.0049MPa。额定主蒸汽进汽量为 1662.63t/h,额定再蒸汽进汽量 1415.73t/h,额定给水温度 284℃,热耗率 7522kJ/(kW·h),通流级数 44 级(1+9/6/4× 7),低压末级叶片长 1000mm。汽轮机总效率为 91.07%,高、中、低压部分效率分别为 87.56%、93.97%、91.48%。

高中压转子轴系和轴段的一阶临界转速分别为 1630r/min、1610r/min,二阶临界转速为 3920r/min、3830r/min,低压转子Ⅰ轴系和轴段的一阶临界转速分别为 1637r/min、1618r/min,二阶临界转速为 3618r/min、3550r/min,低压转子Ⅱ轴系和轴段的一阶临界转速分别为 1658r/min、1616r/min,二阶临界转速为 3864r/min、3544r/min,发电机转子轴系一阶临界转速为 792r/min,二阶临界转速为 2249r/min。

图 2 - 73 所示为该汽轮机的纵剖面。高中压汽缸采用双层反向布置,由合金钢铸造而成,汽缸通过水平中分面分成上、下两部分。内缸支承在外缸水平中分面处,由定位销导向,使汽缸在温度变化时能自由地收缩和膨胀,并保持与汽轮机轴线的正确位置。高压隔板套和高中压进汽平衡环支承在内缸的水平中分面上,中压 1、2 号隔板套和排汽平衡环支承在外缸上。

该汽轮机有两个低压缸,都为三层结构。汽缸轴向分成三部分:调端、电端排汽部分及中部,各部分之间通过法兰由螺栓永久连接成为一个整体。调速器端,1 号内缸上安装有隔板套和第 3~5 级隔板,第 1、2 级隔板安装在隔板套内,2 号内缸上安装有第 6、7 级隔板;发电机端,1 号内缸上安装着隔板套和第 5 级隔板,2 号内缸上安装着第 6、7 级隔板,第 1~4 级隔板安装在隔板套内。排汽缸内有良好的排汽通道,由钢板压制而成。为了减小流动损失,在进、排汽处均装有导流环。每个低压缸两端的汽缸盖上装有两个大气阀,当低压缸内的压力超过其最大安全压力时,自动进行危急排汽。低压缸排汽区装有喷水装置,空负荷、低负荷及排汽缸温度升高时自动投入。

高中压转子、低压转子均是无中心孔合金钢整锻转子,在转子的前、后部及中部设有动平衡面,可以实现制造厂内高速动平衡和电厂不揭缸动平衡。各转子之间采用刚性联轴器连接。

转子系统有八个支持轴承,都是四瓦可倾瓦轴承。推力轴承安装在前轴承箱内,工作瓦块和定位瓦块各 8 块。

新蒸汽通过高压主汽阀和高压调节阀后经 4 根导汽管进入汽轮机的高压部分,通过 1 个冲动式调节级和 9 个反动式压力级后,由外缸下部两侧排出,然后进入再热器。再热后的蒸汽经中压主汽阀和调节阀后通过 4 根导汽管进入汽轮机的中压部分,经 6 个反动式压力级后从汽缸上部排汽口排出,再经过中低压连通管,分别进入 1 号和 2 号低压缸中部,经过正、反向 7 级后,通过每端的排汽口排出到凝汽器。

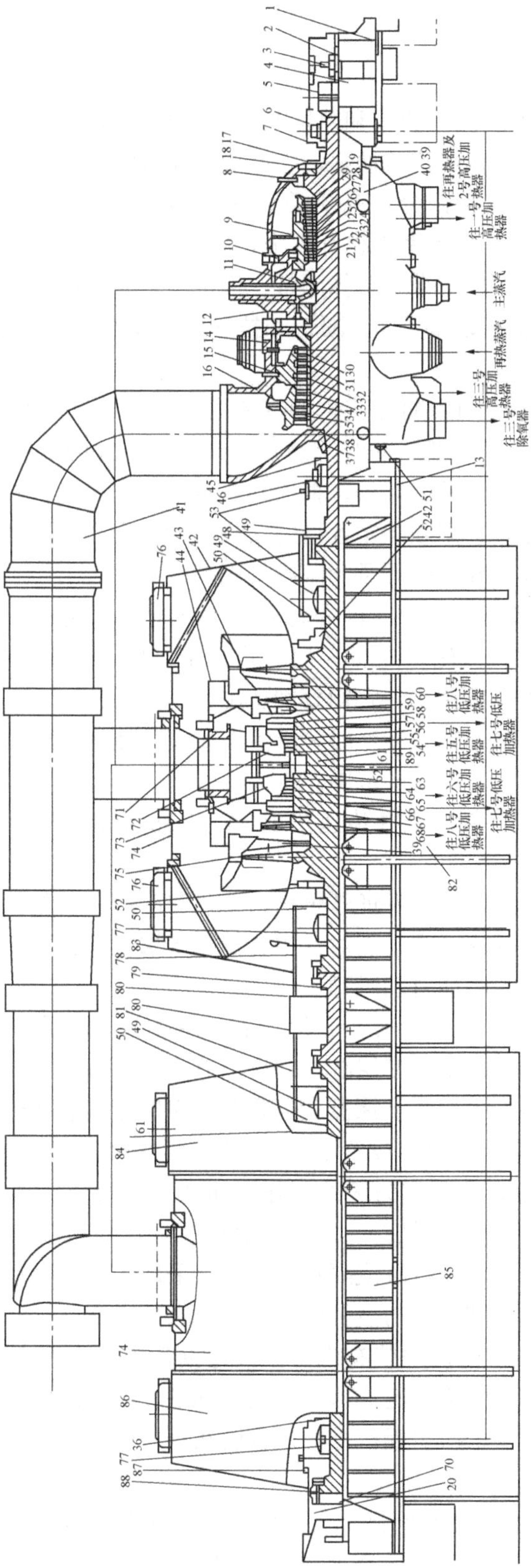

图 2 - 73 上海汽轮机厂生产 N600 - 24.2/566/566 型汽轮机纵剖面

小　　结

1. 动叶片是汽轮机中将蒸汽动能（和热能）转换成机械能的主要部件，由叶型、叶根和叶顶三部分组成。叶型部分构成汽流通道，它有等截面直叶片和变截面扭曲叶片两种。叶根是叶片与轮缘（轮毂）的连接部分，有 T 形、叉形和枞树形等几种型式。在叶顶部分，叶片通常用围带连接成组，有的叶片还装有拉金，以增强叶片的刚性，改善叶片的振动性能，围带还有减少漏汽的作用。围带有整体围带、铆接围带和弹性拱形围带等型式。

动叶片工作时受到的力主要有叶片、围带和拉筋高速旋转下产生的离心力、汽流作用力、振动应力和热应力。

2. 动叶片工作时，由于受到周期性变化的汽流力的作用，动叶片将产生振动。在各种振动形式中，切向 A_0、B_0 和 A_1 型振动既容易发生、又有较大的危害。当叶片的自振频率与激振力频率成整数倍时，叶片发生共振。根据共振条件下叶片能否长期安全工作，动叶片分为调频叶片和不调频叶片，它们须满足各自的振动强度安全准则。当调频叶片的自振频率不符合要求时，通常通过改变叶片的质量和刚度来调频。

3. 转子是汽轮机转动部件的组合，有轮式转子和鼓式转子两种基本类型。冲动式汽轮机大多采用轮式转子，反动式汽轮机大多采用鼓式转子。按制造工艺，转子可分为整锻转子、套装转子、组合转子和焊接转子，它们分别适用于不同场合。

当汽轮机转速等于其轴系的临界转速时，机组发生较强烈的振动。为了保证安全，汽轮机的工作转速应与临界转速避开一定的范围。

4. 联轴器的作用是连接各转子，并传递扭矩。汽轮发电机组中常用刚性联轴器和半挠性联轴器。

在汽轮机冲转前和停机后，为了保证转子均匀受热和冷却，以防止转子的热弯曲，通常用盘车装置带动转子以一定的速度转动。对盘车装置，要求它不但能盘动转子，而且当汽轮机冲转后，转速高于盘车转速时能自动脱开。

5. 汽缸是汽轮机的外壳，它重量大，形状复杂，并且工作时受力复杂。为了尽量减少热应力，大功率汽轮机汽缸往往采用多层缸，并将调节级喷嘴室单独铸造，调节阀与汽缸分离，国产大功率汽轮机还普遍采用法兰螺栓加热装置。为保证汽缸受热（冷却）时能自由膨胀（收缩），并保持中心不变，汽缸上设置了滑销系统，且选取了合适的支承方式。

6. 隔板用来固定静叶片，并可作为级的间隔。冲动级隔板与反动级隔板、调节级隔板（喷嘴组）与压力级隔板具有不同的结构。冲动级隔板有焊接隔板和铸造隔板两种形式，它们分别用于不同场合。隔板支承在汽缸或隔板套上，可采用中分面支承和非中分面支承，支承方式的选择主要取决于其内圆中心与主轴中心要求一致的程度。

7. 为了减少漏汽损失，汽轮机中装有汽封。汽轮机常用的汽封有梳齿形汽封和 J 形汽封，其中又以梳齿形汽封用得最为广泛。这两种汽封都是利用多次节流，使每个汽封齿前后压差减小，加上漏汽面积减少来减少漏汽量的。目前在一些机组上采用了布莱登汽封等新型汽封。

8. 汽轮机的支持轴承和推力轴承都是采用液体摩擦的滑动轴承，它们能否正常工作，关键在于能否确保油膜的建立与稳定。为此，应保证形成油膜的条件，并防止出现油膜振荡。汽轮机常用的支持轴承有圆筒形轴承、椭圆形轴承、三油楔轴承和可倾瓦轴承，它们在稳定性、承载力及结构等方面有各自的特点，可根据不同要求选用不同的形式。

复 习 思 考 题

1. 汽轮机的转动部分和静止部分分别由哪些部件组成？
2. 动叶片由哪几部分组成？其常用的叶根型式有哪几种，各有什么特点？
3. 围带、拉筋分别有什么作用？围带有哪几种形式？
4. 什么是激振力？工作时引起叶片振动的激振力是如何产生的？
5. 叶片具有哪些主要的振动型式？最容易发生又最危险的是哪几种？
6. 什么是自振频率、静频率、动频率？叶片自振频率的大小主要与哪些因素有关？
7. 什么是调频叶片、不调频率叶片？它们的振动强度安全准则分别是什么？
8. 常用的调频方法有哪些？
9. 转子的结构形式有哪几种，各有何特点？适用于什么场合？
10. 什么是转子的临界转速？其值大小主要与哪些因素有关？轴系的临界转速值受哪些因素影响？
11. 转子在临界转速下产生强烈振动的原因是什么？
12. 什么是刚性转子、挠性转子？
13. 叶轮有哪几种结构形式？各有何特点？
14. 联轴器的作用是什么？常用的形式有哪几种？各有何特点？
15. 盘车装置有什么作用？
16. 汽缸的主要作用是什么？对汽缸结构有哪些基本要求？
17. 超高参数汽轮机的高压缸（甚至中压缸）为什么采用双层缸？
18. 汽轮机采用高中压合缸结构有何优缺点？
19. 法兰螺栓加热装置的作用是什么？高参数汽轮机是否一定要设置法兰螺栓加热装置？
20. 高压缸有哪几种支承方式，各有何优缺点？
21. 滑销系统的作用是什么？它由哪几类滑销组成，各滑销分别有什么作用？
22. 叙述国产引进型 300MW 汽轮机滑销系统的组成及死点的设置。
23. 国产引进型 300MW 汽轮机汽缸结构有何特点？
24. 隔板的作用是什么？它有哪几种结构形式，各应用于什么场合？
25. 汽轮机设置隔板套有何优缺点？
26. 隔板在汽缸或隔板套中有哪几种支承与定位方式？
27. 汽封的作用是什么？曲径式汽封有哪几种类型，各有何特点？
28. 叙述曲径式汽封的工作原理。
29. 说明滑动轴承的工作原理。
30. 常见的支持轴承有哪几种形式，各有什么特点？
31. 什么油膜振荡？它有什么危害？防止和消除油膜振荡的主要措施有哪些？

单 元 三

汽 轮 机 的 变 工 况

•——内 容 提 要——•

本单元主要讨论汽轮机的变工况原理，并利用它来分析汽轮机在各种变工况下运行时的经济性和安全性，从而分析出汽轮机的危险工况以及在运行中为消除各种不安全因素应采取的措施。具体分析了不同工况下各级流量、压力、比焓降、反动度等参数的变化，以及不同调节方式对汽轮机变工况的影响。本单元是汽轮机运行的理论基础，是运行人员的必备知识。

汽轮机的实际运行条件与其设计条件相符合时的工作状况称为汽轮机的设计工况。汽轮机在设计工况下工作时，不仅效率最高而且安全可靠。但是，由于各种原因，汽轮机的实际工作条件往往偏离设计条件，则称汽轮机发生了变工况。

造成汽轮机变工况的主要原因有如下几个方面。

（1）外界负荷的变化。由于外界负荷的变化，使得进入汽轮机的蒸汽量发生变化。

（2）锅炉及凝汽器运行工况变化。锅炉及凝汽器运行工况变化将分别引起汽轮机进汽及排汽参数的变化。

（3）汽轮机本身状态变化。如通流部分结垢、加装喷嘴或叶片折断等，将引起汽轮机通流部分面积的变化。

汽轮机在变工况下运行时，各级的压力、比焓降、反动度及轴向推力等都会发生变化，从而引起各级效率及各处应力的变化，因此影响汽轮机运行的经济性和安全性。

课题一 喷 嘴 的 变 工 况

📑 教学目的

掌握蒸汽压力变化时渐缩斜切喷嘴中蒸汽的流动特性及流量的变化规律。

流量变化是汽轮机变工况的主要原因，因此研究喷嘴的变工况，主要是分析喷嘴前后压力与流量之间的关系，这种关系是以后研究级和汽轮机变工况特性的基础。本课题主要分析汽轮机中广泛采用的渐缩斜切喷嘴的变工况特性。

一、初压不变，改变背压时渐缩斜切喷嘴的变工况

图 3-1 所示为渐缩斜切喷嘴，其中 $A-K-L$ 表示喷嘴轴线，K、L 分别表示喷嘴出口最小截面和斜切出口截面。为了便于讨论，变工况后喷嘴的初压、背压及喷嘴压力比分别表示为 p_{01}^*、p_{11} 和 ε_{n1}。

1. 蒸汽流动特性的变化

（1）当 $p_{11}=p_{01}^*$，即 $\varepsilon_{n1}=1$ 时，喷嘴前后压力相等，蒸汽不流动，喷嘴出口蒸汽速度

$c_{11}=0$，其压力变化情况如图 3-1（b）中 aa' 所示。

（2）当 $p_{01}^* > p_{11} > p_c$，即 $1 > \varepsilon_{n1} > \varepsilon_c$ 时，汽流处于亚临界状态，蒸汽在喷嘴最小截面 K 处的压力为 p_{11} 蒸汽仅在喷嘴的渐缩部分膨胀加速，斜切部分只起导向作用。喷嘴出口汽流速度小于临界速度，即 $c_{11} < c_c$，射汽角 $\alpha_1 = \alpha_{1g}$。其压力变化情况如图 3-1（b）中 abc 所示。

（3）当 $p_{11} = p_c$ 时，即 $\varepsilon_{n1} = \varepsilon_c$ 时，蒸汽在喷嘴的最小截面 K 处膨胀到临界状态，该处压力等于临界压力 p_c，在斜切部分不产生膨胀。喷嘴出口蒸汽速度等于临界速度，即 $c_{11} = c_c$，射汽角 $\alpha_1 = \alpha_{1g}$。其压力变化情况如图 3-1（b）中 ade 线所示。

（4）当 $p_{11} < p_c$，即 $\varepsilon_{n1} < \varepsilon_c$ 时，蒸汽在喷嘴最小截面 K 处已膨胀到临界状态，此后蒸汽在斜切部分将继续膨胀，达到超临界状态，现分以下三种情况讨论：

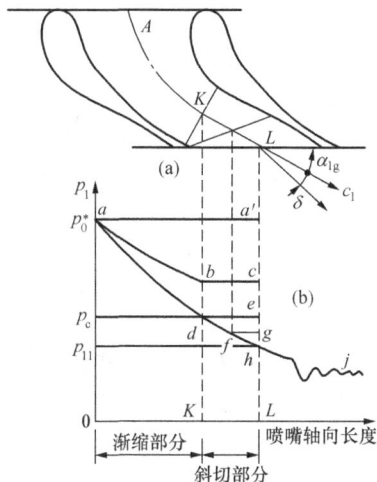

图 3-1 渐缩斜切喷嘴的变工况

1）当 $p_c > p_{11} > p_{1l}$，即 $\varepsilon_c > \varepsilon_{n1} > \varepsilon_{nl}$ 时，蒸汽在喷嘴斜切部分要继续膨胀，压力由 p_c 降至 p_{11}，汽流速度由 c_c 增加到 c_{11}，汽流方向偏转一个角度 δ，汽流射汽角 $\alpha_1 = \alpha_{1g} + \delta$。其压力变化情况如图 3-1（b）中 $adfg$ 线所示。

2）当 $p_{11} = p_{1l}$，即 $\varepsilon_{n1} = \varepsilon_{nl}$ 时，蒸汽在喷嘴斜切部分膨胀达到极限，此时喷嘴出口汽流速度 $c_{11} \gg c_c$，汽流偏转角 δ 也达到最大值，汽流射汽角 $\alpha_1 = \alpha_{1g} + \delta_{max}$。其压力变化情况如图 3-1（b）中线 $adfh$ 所示。

3）当 $p_{11} < p_{1l}$，即 $\varepsilon_{n1} < \varepsilon_{nl}$ 时，蒸汽在喷嘴出口截面 L 处只能膨胀到 p_{1l}，由 p_{1l} 降至 p_{11} 的膨胀过程将在喷嘴外进行。由于此时没有喷嘴壁面的约束，因而膨胀是紊乱的，并不能使汽流速度增加，却造成损失增加。其压力变化情况如图 3-1（b）中 $adfhj$ 线所示。

由上述分析可知，渐缩斜切喷嘴能够在较大背压变化范围（$1 > \varepsilon_{n1} > \varepsilon_{nl}$）内良好地工作。

2. 蒸汽流量的变化

根据

$$G = \frac{A_n c_{1t}}{v_{1t}}$$

和

$$c_{1t} = \sqrt{\frac{2\kappa}{\kappa-1} p_0^* v_0^* \left[1 - \left(\frac{p_1}{p_0^*}\right)^{\frac{\kappa-1}{\kappa}}\right]}$$

可得出

$$G = A_n \sqrt{\frac{2\kappa}{\kappa-1} \frac{p_0^*}{v_0^*} \left(\varepsilon_n^{\frac{2}{\kappa}} - \varepsilon_n^{\frac{\kappa+1}{\kappa}}\right)} \tag{3-1}$$

由上式可以看出，在初参数不变和喷嘴尺寸一定的情况下，流过喷嘴的流量只与喷嘴后压力有关，其关系曲线如图 3-2 所示。

当 $p_1 = p_0^*$，即 $\varepsilon_n = 1$ 时，$G = 0$；随着背压 p_1 的减小，流量就按式（3-1）的规律逐渐增大，如图 3-2 中的 CB 曲线所示；当背压 p_1 等于临界压力 p_c 时，流量达到最大值 G_c，

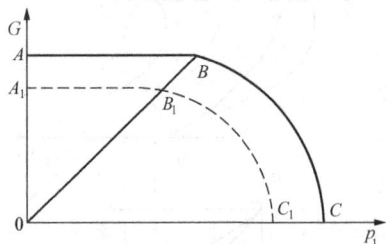

图 3-2　渐缩喷嘴流量与背压的关系曲线

此后背压若再继续降低时，蒸汽在斜切部分发生膨胀，但由于最小截面处始终保持为临界状态，故通过喷嘴的流量仍保持临界流量 G_c 不变，如图 3-2 中的 BA 线所示。综上所述，当喷嘴前蒸汽参数不变时，流过喷嘴的流量只与喷嘴后压力有关。当 $p_1 \leqslant p_c$ 时

$$G = G_c = 0.648 A_{\min} \sqrt{\frac{p_0^*}{v_0^*}} \qquad (3-2)$$

当 $p_1 > p_c$ 时，$G < G_c$，并且流量按式（3-1）的规律变化，p_1 越大，流量 G 就越小。

图 3-2 中所示曲线的 BC 段，可近似地用椭圆方程式表示，即

$$G = G_c \sqrt{1 - \left(\frac{p_1 - p_c}{p_0^* - p_c}\right)^2}$$

$$\beta = \frac{G}{G_c} = \sqrt{1 - \left(\frac{p_1 - p_c}{p_0^* - p_c}\right)^2} = \sqrt{1 - \left(\frac{\varepsilon_n - \varepsilon_c}{1 - \varepsilon_c}\right)^2} \qquad (3-3)$$

则有

$$G = \beta G_c$$

式中　β——彭台门系数，又称为流量比，其值仅与压力比 ε_n 有关。

二、初压变化时流经喷嘴流量的变化

当喷嘴前后蒸汽参数同时改变时，不论喷嘴是否达到临界状态，通过喷嘴的流量均可按下式计算（变工况后的参数加下标"1"）：

$$\frac{G_1}{G} = \frac{\beta_1 G_{c1}}{\beta G_c} = \frac{\beta_1}{\beta} \sqrt{\frac{p_{01}^* v_0^*}{v_{01}^* p_0^*}}$$

若视蒸汽为理想气体，并用状态方程 $pv = RT$，则上式可以写成

$$\frac{G_1}{G} = \frac{\beta_1}{\beta} \frac{p_{01}^*}{p_0^*} \sqrt{\frac{T_0^*}{T_{01}^*}} \qquad (3-4)$$

若工况变动不大，则可以近似认为喷嘴前蒸汽温度不变，即 $T_0^* \approx T_{01}^*$。于是式（3-4）可简化为

$$\frac{G_1}{G} = \frac{\beta_1}{\beta} \frac{p_{01}^*}{p_0^*} \qquad (3-5)$$

如果变工况前后喷嘴均为临界状态，则 $\beta_1 = \beta = 1$，故有

$$\frac{G_{c1}}{G_c} = \frac{p_{01}^*}{p_0^*} \qquad (3-6)$$

此式表明，在喷嘴前温度变化不大时，通过喷嘴的临界流量与喷嘴前蒸汽的滞止压力成正比。运用以上诸式，可进行喷嘴的变工况计算，即由已知工况确定任意工况的流量或压力。在实际计算中，大都采用图解法，现介绍如下：

从图 3-2 中曲线 CBA 的绘制可以知道，在一定的初参数时，随喷嘴的背压变化可以求得一条曲线。每对应一个初压 p_0^* 就可以得到一条类似 CBA 的流量曲线，初压越小，流量曲线越靠近坐标原点。因此，选取不同的初压，改变背压，就可依次得到如图 3-3 所示的渐缩喷嘴流量与压力的变化关系曲线——流量网图。

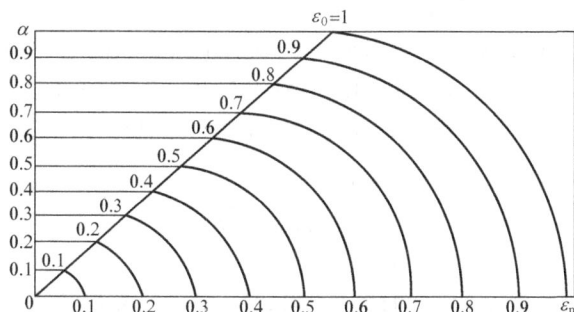

图 3-3 相对坐标的渐缩喷嘴流量网

在实际计算中，大都采用相对坐标。假定最大初压为 p_{0max}^*，其对应的最大临界流量为 G_{0max}，图中 $\alpha = \dfrac{G}{G_{0max}}$，$\varepsilon_0 = \dfrac{p_0^*}{p_{0max}}$，$\varepsilon_n = \dfrac{p_1}{p_{0max}^*}$。将动叶看作旋转的喷嘴，上述结论同样适用于动叶。

课题二 级与级组的变工况

教学目的

掌握流量变化时级组中各级压力、比焓降、反动度的变化规律。

由课题一可知，当喷嘴前后压力发生变化时，流经喷嘴的蒸汽流量要相应发生变化。反之，当流经喷嘴的蒸汽流量变化时，喷嘴及动叶前后的压力也要随之变化，从而引起级的比焓降、反动度、效率、轴向推力等发生变化，本课题主要分析其变化的基本规律。

一、变工况时级与级组中流量与压力的变化规律

（一）变工况时级前后压力与流量的关系

1. 级在临界工况下工作

级中无论是喷嘴还是动叶达到临界状态，则称该级为临界状态。如果变工况前后级均为临界状态，则通过该级的流量只与级前的蒸汽参数有关，而与级后压力无关，其关系可用下式表示：

$$\frac{G_1}{G_0} = \frac{p_{01}}{p_0}\sqrt{\frac{T_0}{T_{01}}} \tag{3-7}$$

若忽略级前蒸汽温度的变化，则式（3-7）可以写成

$$\frac{G_1}{G_0} = \frac{p_{01}}{p_0} \tag{3-8}$$

式（3-8）说明，级在变工况前后均为临界状态时，通过该级的流量与级前压力成正比。

2. 级在亚临界工况下工作

变工况前后，如果级均未达到临界状态，那么级前后压力与流量的关系可以用下式表示：

$$\frac{G_1}{G_0} = \sqrt{\frac{p_{01}^2 - p_{21}^2}{p_0^2 - p_2^2}}\sqrt{\frac{T_0}{T_{01}}} \tag{3-9}$$

式中　G_0、p_0、T_0——设计工况下的级内流量、级前压力和级前绝对温度；

　　　G_1、p_{01}、T_{01}——变工况后的级内流量、级前压力和级前绝对温度。

式（3-9）表明，级在变工况前后均未达到临界状态时，流经该级的流量与级前后压力的平方差的平方根成正比，与级前绝对温度的平方根成反比。若忽略级前蒸汽温度的变化，则式（3-9）可以写成

$$\frac{G_1}{G_0} = \sqrt{\frac{p_{01}^2 - p_{21}^2}{p_0^2 - p_2^2}} \tag{3-10}$$

式（3-10）表明了除调节级外的任何一级，在变工况前后均未达到临界状态时，流经级的流量与级前后压力的变化规律。

（二）变工况时级组前后压力与流量的关系

在多级汽轮机中，流通面积不随工况变化而发生改变，流量相等的若干个相邻单级的组合称为级组。每一台多级汽轮机都可根据上述条件划分成若干个级组。由于级组中各级的流通面积保持不变，并且同一工况下各级的流量相等，因此，可把一个级组的变工况当作一个级的变工况来看待，图3-4就是一个由三个单级组成的级组示意图。

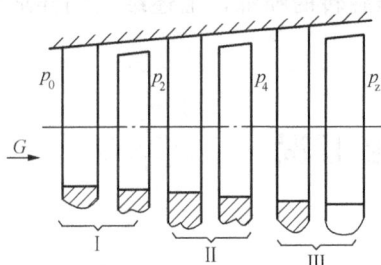

图3-4　级组示意

1. 变工况前后级组中所有级均未达到临界工况

上面已讨论了级在变工况前后未达到临界工况时，级前后压力与流量之间的关系。因此，级组内各级在变工况前后均未达到临界工况时，流量与级组前后参数的变化关系可表示如下：

$$\frac{G_1}{G_0} = \sqrt{\frac{p_{01}^2 - p_{z1}^2}{p_0^2 - p_z^2}} \sqrt{\frac{T_0}{T_{01}}} \tag{3-11}$$

若忽略温度变化的影响，则得

$$\frac{G_1}{G_0} = \sqrt{\frac{p_{01}^2 - p_{z1}^2}{p_0^2 - p_z^2}} \tag{3-12}$$

式（3-12）就是级在变工况前后均未达到临界工况时，级组前后参数与流量之间的关系式，通常称为弗留格尔公式。利用该式计算时，在一个级组内可以取不同的级数。例如，要求调节级后的压力时，可将所有非调节级取为一个级组；需要求中间某级前的压力时，可从该级开始直到最后一级为止，取为一个级组（以上只适用于无调节抽汽的汽轮机）。

2. 变工况前后级组中某一级为临界工况

如图3-4所示级组，若级组内的第三级在变工况前后均为临界状态，而前面各级均未达到临界状态，则通过该级的流量与级前压力成正比（忽略级前温度变化），即

$$\frac{G_1}{G_0} = \frac{p_{41}}{p_4}$$

因第三级前的级组汽流未达到临界状态，故第二级可写为

$$\frac{G_1}{G_0} = \sqrt{\frac{p_{21}^2 - p_{41}^2}{p_2^2 - p_4^2}}$$

因通过各级流量相等，因此有

$$\frac{p_{41}}{p_4} = \sqrt{\frac{p_{21}^2 - p_{41}^2}{p_2^2 - p_4^2}}$$

整理化简得

$$\frac{G_1}{G_0} = \frac{p_{41}}{p_4} = \frac{p_{21}}{p_2}$$

同理，可得到该级组前的压力与流量成正比的关系式：

$$\frac{G_1}{G_0} = \frac{p_{01}}{p_0} = \frac{p_{21}}{p_2} = \frac{p_{41}}{p_4} \tag{3-13}$$

由此得出结论：级组内只要某一级在变工况前后均为临界状态，则这一级及其之前的各级中的流量均与级前压力成正比关系变化（忽略温度变化）。

3. 特例

对于凝汽式汽轮机，若把所有压力级视为一个级组（具有回热抽汽的机组中，因回热抽汽量与蒸汽流量成正比，故所有压力级仍可视为一个级组），那么这个级组后的压力就是凝汽式汽轮机的背压 $p_{c\infty}$，则式（3-12）可写成

$$\frac{G_1}{G_0} = \sqrt{\frac{p_{01}^2 \left[1 - \left(\frac{p_{c\infty 1}}{p_{01}}\right)^2\right]}{p_0^2 \left[1 - \left(\frac{p_{c\infty}}{p_0}\right)^2\right]}} \tag{3-14}$$

由于凝汽式汽轮机的背压很低，当级组中的级数较多（一般在三级以上）时 $\left(\frac{p_{c\infty 1}}{p_{01}}\right)^2$ 及 $\left(\frac{p_{c\infty}}{p_0}\right)^2$ 的数值就很小，可忽略不计，则式（3-14）可简化成

$$\frac{G_1}{G_0} = \frac{p_{01}}{p_0} \tag{3-15}$$

从上式可看出凝汽式汽轮机的中间级（除调节级和末三级）在工况变动时的一个重要规律，即凝汽式汽轮机中间级的级前压力与流量成正比。

（三）压力与流量关系式的应用

式（3-15）不但形式简单，而且使用也方便。在汽轮机运行中可以用来做以下工作。

（1）监视汽轮机通流部分运行是否正常，即在已知流量（或功率）的条件下，根据运行时各级组前压力是否符合式（3-15）的关系，来判断级组内通流部分面积是否改变。故在运行中常利用调节级汽室压力和各抽汽口压力，来监视汽轮机通流部分的工作情况和了解级组的带负荷情况，并把这些压力称为监视段压力。如果在同一流量下监视段压力比原来数值增加了，则说明该监视段后通流面积减少，或者高压加热器停运、抽汽减少。多数情况是因叶片结垢而引起通流面积减少（有时也可能因叶片断裂、机械杂物堵塞造成监视段压力升高）。当压力增加值超过规定数值时，应考虑对汽轮机通流部分进行清洗。

例如：某超高压汽轮机，在运行 21 个月后进行检查，发现出力以不变的速率逐渐下降已持续两个月，运行数据变化情况如下：

流量	功率	调节级后压力	高压缸效率
−17.2%	−16.5%	+21.2%	−12.2%

1）原因分析。引起调节级后压力增大的原因可能是流量增大或非调节级通流面积发生堵塞。从运行数据可知，流量不是增大而是减小，这表明是因通流面积被堵塞使调节级后压力升高。由于功率是以不变速率下降，说明堵塞程度是稳定增加的，不是机械损坏所引起，因而可判断是通流部分结垢引起的。

2）检查结果。经停机揭盖检查，发现高压缸通流部分严重结垢，喷嘴静叶上结垢厚度从第一级的 1.04mm 到第七级的 2.36mm，动叶结垢厚度由第一级的 0.25mm 到第四级的 1.35mm，检查结果证明分析是正确的。

（2）可推算出不同流量（功率）时各级的压差和比焓降，从而计算出相应的功率、效率及零件的受力情况。

二、工况变动时，流量与各级比焓降的变化规律

汽轮机一级的理想比焓降，若按理想气体考虑并忽略进口速度，则可以用下式表示：

$$\Delta h_t = \frac{\kappa}{\kappa-1} p_0 v_0 \left[1 - \left(\frac{p_2}{p_0}\right)^{\frac{\kappa-1}{\kappa}}\right] = \frac{\kappa}{\kappa-1} R T_0 \left[1 - \left(\frac{p_2}{p_0}\right)^{\frac{\kappa-1}{\kappa}}\right] \tag{3-16}$$

式中 κ、R 均为常数，故级的理想比焓降仅与级前温度 T_0 和级前后的压力比 p_2/p_0 有关。如果忽略工况变动时级前温度的变化，则级的理想比焓降的变化只取决于级前后压力比的变化。下面将分别讨论工况变动时各级比焓降的变化情况。

（一）变工况前后级组均为临界状态

以上面讨论的级组为例，当工况变动前后级组均为临界状态时，通过级组的流量与级组的初压成正比，即

$$\frac{G_1}{G_0} = \frac{p_{01}}{p_0}$$

同理，若把第二级及其以后的各级视为一个级组，则有

$$\frac{G_1}{G_0} = \frac{p_{21}}{p_2}$$

由此得到

$$\frac{p_{01}}{p_0} = \frac{p_{21}}{p_2} \quad \text{或} \quad \frac{p_2}{p_0} = \frac{p_{21}}{p_{01}}$$

上式说明：变工况前后第一级的压力比没有发生变化。由（3-16）可得

$$\frac{\Delta h_{t1}}{\Delta h_t} = \frac{\frac{\kappa}{\kappa-1} R T_{01}\left[1-\left(\frac{p_{21}}{p_{01}}\right)^{\frac{\kappa-1}{\kappa}}\right]}{\frac{\kappa}{\kappa-1} R T_0 \left[1-\left(\frac{p_2}{p_0}\right)^{\frac{\kappa-1}{\kappa}}\right]} = \frac{T_{01}}{T_0} \tag{3-17}$$

当温度变化不大时，$T_{01} \approx T_0$，则

$$\frac{\Delta h_{t1}}{\Delta h_t} \approx 1$$

即

$$\Delta h_{t1} \approx \Delta h_t$$

上式表明，变工况前后级组中第一级的比焓降不变，同理还可证明，级组中其余各级的比焓降也不变。需要注意的是：这一结论不适用于末级，因为末级的级后压力，随工况变动

很小，而级前压力是随流量变化的，因此末级的压力比是变化的。

结论：如果变工况前后，级组均为临界状态，则中间各级的比焓降基本不变（不论是凝汽式汽轮机还是背压式汽轮机）。

（二）变工况前后级组均为亚临界状态

级组在亚临界状态下其流量与级前后压力的关系式为

$$\frac{G_1}{G_0} = \sqrt{\frac{p_{01}^2 - p_{z1}^2}{p_0^2 - p_z^2}}$$

因此，工况变动后，第一级的级前压力为

$$p_{01}^2 = \left(\frac{G_1}{G_0}\right)^2 (p_0^2 - p_z^2) + p_{z1}^2$$

工况变动后，第一级的级后压力为

$$p_{21}^2 = \left(\frac{G_1}{G_0}\right)^2 (p_2^2 - p_z^2) + p_{z1}^2$$

若令 $p_{z1} \approx p_z$，则工况变动后级的压力比为

$$\left(\frac{p_{21}}{p_{01}}\right)^2 = \frac{\left(\frac{G_1}{G_0}\right)^2 (p_2^2 - p_z^2) + p_z^2}{\left(\frac{G_1}{G_0}\right)^2 (p_0^2 - p_z^2) + p_z^2} = 1 - \frac{p_0^2 - p_2^2}{p_0^2 - p_z^2 + p_z^2 \left(\frac{G_0}{G_{01}}\right)^2} \tag{3-18}$$

上式表明了如下两点。

（1）变工况前后级组均为亚临界状态时，级的比焓降随流量的变化而变化，其变化规律是：当流量减少时，即 $\dfrac{G_0}{G_1}$ 值增大，压力比 $\dfrac{p_{21}}{p_{01}}$ 随之增大，级的理想比焓降相应减小；反之，比焓降增大。

（2）p_0 越大，流量变化对比焓降的影响就越小。所以，当流量变化时，各级的比焓降变化以级前压力最小的最末级为最大，越到高压级比焓降变化越小。

图 3-5 表示了一台五级的背压式汽轮机在变工况时各级比焓降与流量的关系曲线。由图可以看出，当工况变化发生在较高负荷时，则靠近级组前的级，其比焓降近似不变，后几级的比焓降变化也不大，但在低负荷时，后几级的比焓降则发生较大变化，且流量变化越大受影响的级数越多。

特例：凝汽式汽轮机的中间级。对于凝汽式汽轮机的中间级，因为在工况变动不太大的情况下，不论是否达到临界状态，其级前压力总是与流量成正比，因此工况变动前后各级的压力比保持不变，比焓降也不变。

三、比焓降变化时级的反动度的变化

汽轮机工况变动时，由于流量的变化引起了

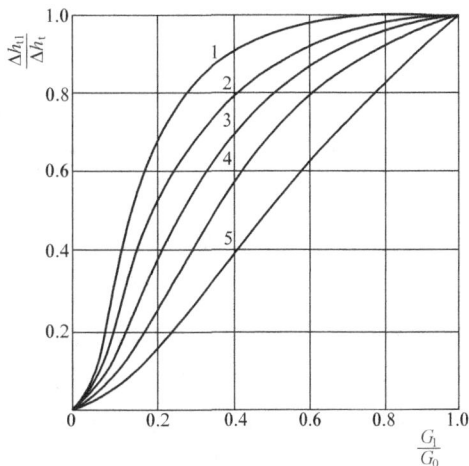

图 3-5　背压式汽轮机在变工况时各级
比焓降与流量的关系曲线

级的压力比和级的比焓降的变化,而级的比焓降变化时又要引起级的反动度产生相应地变化,下面分析其变化规律。

为讨论方便,略去喷嘴与动叶间隙中的漏汽,并假定蒸汽在喷嘴斜切部分不发生膨胀。设计工况下,汽流在动叶进出口的速度三角形如图 3 - 6 中的实线所示。因流动是连续的,因此符合连续性方程,即

$$Gv = \pi d_n \, l_n \, c_1 \, \sin\alpha_1 = \pi d_b \, l_b \, w_1 \, \sin\beta_1$$

由上式得

$$\frac{w_1}{c_1} = \frac{l_n \, \sin\alpha_1}{l_b \, \sin\beta_1}$$

当工况变化使级内比焓降减小时,喷嘴进出口速度三角形为图 3 - 6(a)中的虚线所示,动叶入口相对速度变成 w_{11},此时汽流的相对进汽角为 $\beta_{11} = \beta_1 + \delta$。但因动叶的进口角是按 β_1 制造的,所以蒸汽进入动叶的相对速度不是 w_{11},而是它的分速度 $w_{11} \cos\delta$ 这时在动叶进口将产生撞击损失 $\Delta h_{\beta_1} = \dfrac{(w_{11} \, \sin\delta)^2}{2}$。根据连续流动原理,此时仍应满足连续方程,即

$$\frac{w_{11} \, \cos\delta}{c_{11}} = \frac{l_n \, \sin\alpha_1}{l_b \, \sin\beta_1}$$

因此得

$$\frac{w_{11} \, \cos\delta}{c_{11}} = \frac{w_1}{c_1}$$

也就是说,要保证汽流连续流动,就必须满足这一关系式。但从图中的速度三角形可以清楚地看出

$$\frac{w_{11} \, \cos\delta}{c_{11}} < \frac{w_1}{c_1}$$

显然,上述关系式不能满足蒸汽连续流动的要求,也就是说 $w_{11} \cos\delta$ 的值比满足连续流动所需的值偏小,不能使喷嘴中流出的汽流全部进入动叶,形成动叶入口槽道的阻塞,使喷嘴与动叶间的压力升高,因此使动叶前后的压力差增大,故级的反动度增加。

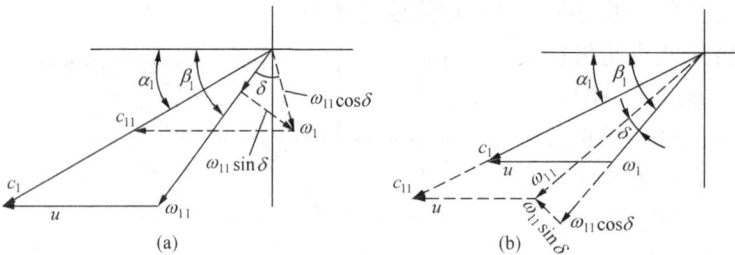

图 3 - 6 工况变动时叶片进口速度三角形的变化
(a)工况变动前;(b)工况变动后

同理可以分析得出,当工况变动使级的比焓降增加时,级的反动度将相应减小。比焓降增加时,动叶进口速度三角形的变化如图 3 - 6(b)所示。

由此得出如下结论:工况变动时,级的比焓降减小,则级的反动度增加;级的比焓降增加,则级的反动度减小,并且级的比焓降变化越大,其反动度也相应变化越大。

需要指出的是,反动度的变化量不仅与比焓降的改变量有关,而且与设计工况下选取的反动度的大小有关,若设计工况下的反动度较小,工况变动时其反动度的变化就较大;反之,反动度的变化则较小。所以,反动式汽轮机,变工况时其反动度的变化就很小,常可忽略不计。

四、工况变动时级效率的变化

由汽轮机工作原理可知,级在最佳速度比下工作时,效率最高,偏离最佳速度比时,级

的效率下降，速度比不变，级的效率也基本不变。而当汽轮机工作转速一定的情况下，比焓降的变化将引起级的速度比的变化，从而引起级效率的变化。由此可得出如下结论：对于凝汽式汽轮机，当其流量发生改变时，末级比焓降的变化较大，其速度比偏离最佳值较多，级的效率下降较大，而各中间级的比焓降基本保持不变，故其效率也基本不变。

课题三　调节方式及其对机组变工况的影响

教学目的

掌握定压运行调节方式及滑压运行调节方式对汽轮机工作的影响。

电网中运行的汽轮机，其功率必须与外界负荷相适应，当外界负荷变化时，汽轮机必须相应调整自身的功率，使之与外界负荷相适应。由汽轮机功率表达式（1-65）可知，调节汽轮机功率，可以调节进入汽轮机的蒸汽量或改变汽轮机中蒸汽的比焓降（实际上，两个量的调节是相互牵连的，只是改变的程度不同）。现代大型汽轮机采用的调节方式，从结构上，可分为节流调节和喷嘴调节；从运行方式上可以分为定压调节和滑压调节。滑压调节运行方式在 20 世纪 60 年代以后，已得到普遍的推广和应用。本课题主要分析凝汽式汽轮机采用节流调节、喷嘴调节及滑压调节时的变工况特性。

汽轮机在定压运行时，功率的调节方式可分为节流调节和喷嘴调节。

一、节流调节

节流调节就是进入汽轮机的全部蒸汽都经过一个或几个同时启闭的调节汽门，然后进入汽轮机的第一级喷嘴，如图 3-7 所示。这种调节方式主要是通过改变调节汽门的开度来改变对蒸汽的节流程度，以改变进汽压力，使进入汽轮机的蒸汽流量和做功的比焓降改变，从而调整汽轮机的功率。

显然，这种调节方式，当工况发生变化时，第一级的流通面积是不变的，因此在进行变工况分析时，第一级可以和其后的级视为一个级组。也就是说，采用节流调节的汽轮机没有单独的调节级，其第一级的变工况特性和中间级完全相同，即第一级的级前压力与流量成正比，比焓降、反动度、速度比和效率等在变工况时基本保持不变，只有最末级的比焓降随着工况的变化而变化。

节流调节汽轮机的热力过程如图 3-8 所示。在设计工况下，调节汽门全开，汽轮机的理想比焓降 ΔH_t 达到最大，其热力过程如图中的 ab 线所示。当功率减小时，调节汽门关小，对蒸汽产生节流，使第一级前的蒸汽压力由 p_0 降至 p_{01}，减少了进入汽轮机的蒸汽量，并使蒸汽在汽轮机中的理想比焓降由 ΔH_t 降至 $\Delta H'_t$，其热力过程如图中的 cd 线所示。

需要注意的是，节流调节时，改变汽轮机功率主要是通过改变对蒸汽的节流程度，使蒸汽流量改变来实现的，而不是主要靠比焓降的改变。因为这种调节方式，在部分负荷时，汽轮机理想比焓降的减小并不很大。例如，当蒸汽流量减小到 1/2 和 1/4 时，对高压凝汽式汽轮机来说，其理想比焓降只减少 7％ 和 13％。尽管如此，

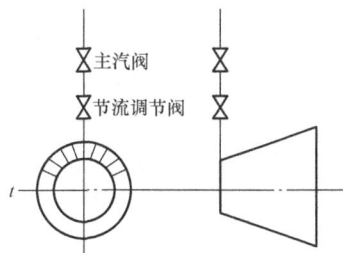
图 3-7　节流调节汽轮机示意

节流调节汽轮机,当流量减小时,总要使汽轮机的理想比焓降减小,造成汽轮机相对内效率下降,并且负荷越小,节流损失就越大,相对内效率就越低。若汽轮机调节后的相对内效率为 η'_i,节流效率为 η_{th},则有

$$\eta'_i = \frac{\Delta H'_i}{\Delta H_t} = \frac{\Delta H'_t}{\Delta H_t} \frac{\Delta H'_i}{\Delta H'_t} = \eta_{th} \eta_i \qquad (3\text{-}19)$$

式中　η_i——汽轮机不考虑节流损失时的相对内效率。

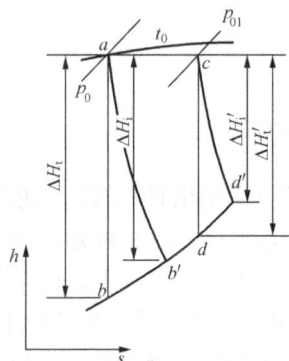

图 3-8　工况变动时节流调节
汽轮机的热力过程线

由上式可以看出,节流调节汽轮机,当工况变动时,机组的效率主要取决于节流效率。显然只有在设计工况时,节流调节汽轮机的效率才最高。

节流调节汽轮机具有以下优点:结构简单,制造成本低;由于采用全周进汽,因而对汽缸加热均匀;与喷嘴调节相比较,在负荷变化时级前温度变化较小,对负荷变化的适应性较好等。其缺点是在部分负荷时,节流损失大,经济性较差。因此节流调节一般用于如下机组:

(1) 小功率机组,使调节系统简单。

(2) 带基本负荷的机组。

(3) 超高参数机组,使进汽部分的温度均匀,在负荷突变时不致引起过大的热应力和热变形。

背压式汽轮机由于背压高,蒸汽在汽轮机中的理想比焓降较小。如果采用节流调节,负荷变化时节流损失将占较大比例,使汽轮机相对内效率显著下降。所以背压式汽轮机不宜采用节流调节方式。

二、喷嘴调节

喷嘴调节是指新蒸汽经过自动主汽门后,再经过几个依次启闭的调节汽门通向汽轮机的第一级(调节级)。图 3-9 所示为具有四个调节汽门的喷嘴调节汽轮机的示意。每个调节汽门控制一组调节级的喷嘴,运行时调节汽门是随负荷的增

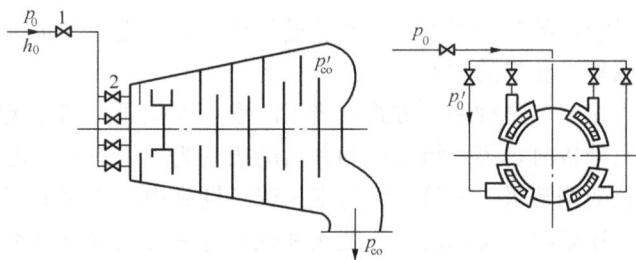

图 3-9　喷嘴调节汽轮机示意

减依次开启或关闭的,即在增负荷时调节汽门逐一开启,前一个调节汽门接近全开时,开启下一调节汽门;反之,在减负荷时,各调节汽门依次关闭,阀门的关闭顺序与开启顺序相反。需要说明的是,每一调节汽门控制的流量不一定相同,一般是第一调节汽门控制的流量大些,而最末一个调节汽门通常是在超负荷时才开启,由此不难看出如下几点:

(1) 在部分负荷时,只有一个调节汽门处于未全开状态,因此只有流经这一阀门的蒸汽受到节流作用,显然,在部分负荷时,喷嘴调节比节流调节效率高。

(2) 喷嘴调节是通过改变第一级工作的喷嘴数来改变流通面积,从而改变蒸汽量,调整汽轮机功率的。当然,在部分开启的调节汽门中,由于节流作用,也改变了蒸汽的比焓降,但因其流量只占总流量的一小部分,故其比焓降变化对功率的影响较小。

(3) 第一级的流通面积是随着负荷的变化而变化的。而其后各压力级的流通面积是不随

工况变动的。

综上分析，在讨论喷嘴调节汽轮机的变工况时，其第一级就不能和压力级（非调节级）视为一个级组，可将整台汽轮机分成两个级组，即调节级和所有的压力级。压力级的变工况特性与级组情况相同，不再重复。而调节级的变工况特性与压力级有很大差别。下面分析调节级的变工况特性。

为便于讨论，并能反映调节级变工况的主要特点，作如下假设：

（1）调节级的反动度在各个工况下均为零，即 $\rho = 0$，$p_1 = p_2$；

（2）主汽门后的压力 p_0 不随流量改变；

（3）各调节汽门的启闭没有重叠度，且调节汽门全开时，无节流损失；

（4）不考虑调节级汽室温度变化。

（一）压力与流量的关系

调节级各喷嘴组的压力与流量变化如图 3-10 所示。

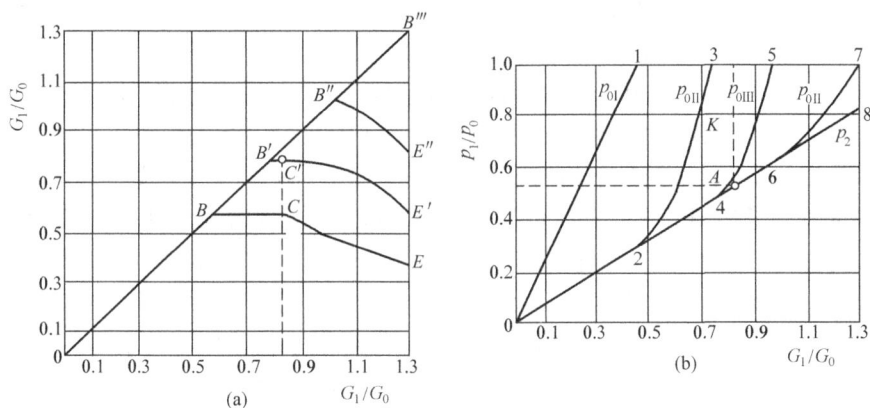

图 3-10 调节级各喷嘴组的压力与流量变化

1. 调节级后（调节级汽室）压力 p_2 与流量的关系

把所有的压力级视为一个级组时，调节级后的压力即为该级组前的压力，因此，调节级汽室压力与流量成正比关系，如图 3-10（b）中 0-2-4-6-8 线所示。

2. 调节级前压力与流量的关系

调节级前压力即各调节汽门后的压力，分别表示为 p_{0I}、p_{0II}、p_{0III}、p_{0IV}，其值取决于各门的开度，分析如下：

（1）第一调节汽门开启过程中 p_{0I} 的变化。

1）第一调节汽门未开时，$p_{0I} = 0$。

2）在第一调节汽门开启过程中（其余各汽门完全关闭），由于调节级的流通面积为第一喷嘴组的流通面积，并保持不变，因此，可以把第一级和后面的压力级视为一个级组，p_{0I} 即为级组前的压力，所以 p_{0I} 随流量正比增加，如图 3-10（b）中 0-1 线所示。

3）第一调节汽门全开后 $p_{0I} = p_0$，即图 3-10（b）中 1 点。在以后各调节汽门依次开启时，$p_{0I} = p_0$ 保持不变，如图 3-10（b）中 1-3-5-7 所示。

随第一调节汽门的逐渐开启，通过第一喷嘴组的流量逐渐增大，如图 3-10（a）中 OB 线所示，当第一调节汽门全开时，流过第一喷嘴组的流量达到最大值，即图中的 B 点。

(2) 第二调节汽门开启过程中 p_{0II} 的变化。

1) 第一调节汽门全开，第二调节汽门未开启时，因为调节级汽室压力已经达到了第一调节汽门全开时对应的压力 p_2，又因为喷嘴后的蒸汽压力对各喷嘴组都相同，均为 p_1（$p_1 = p_2$），且此时第二喷嘴组前后压力相等，即 $p_{0II} = p_2$，如图 3-10（b）中的 2 点。

2) 在第二调节汽门开启的初始阶段，由于 $p_2/p_{0II} > 0.546$，即通过第二喷嘴组的汽流未达到临界状态，故 p_{0II} 随第二喷嘴组的流量增加而呈曲线关系增加，如图 3-10（b）中 2-3 线的 2-K 段所示；随着第二调节汽门的逐渐开大，第二喷嘴组前的压力 p_{0II} 逐渐升高，由于喷嘴后压力 p_2 升高较慢，因此 p_2/p_{0II} 逐渐减小，当 $p_2/p_{0II} < 0.546$ 时，通过第二喷嘴组的汽流达到了临界状态，即 p_{0II} 将随第二喷嘴组流量的增加而正比增加，如图 3-10（b）中 2-3 线的 K-3 段所示。

3) 第二调节汽门全开后，第二喷嘴组前的压力 $p_{0II} = p_0$，并且在以后各门的开启过程中保持不变，如图 3-10（b）中的 3-5-7 所示。

在第二调节汽门的开启过程中，进入汽轮机的总流量为第一、第二两个喷嘴组的流量之和，总流量由图 3-10（a）中的 B 点逐渐增加到 B' 点。

同理可以分析第三、第四调节汽门开启过程中，其对应喷嘴组前的压力 p_{0III}、p_{0IV} 的变化。由于在这两门的开启过程中，调节级汽室压力 p_2 已经很高，故第三、第四喷嘴组始终处于非临界状态，p_{0III}、p_{0IV} 的变化曲线分别如图 3-10（b）中 4-5-7 线和 6-7 线所示。

以上着重分析了各调节汽门开启过程中，调节级前压力的变化，那么各喷嘴组流量的变化又是怎样的呢？分析如下：当调节级汽室压力 p_2 升高至 $0.546p_0$ 时，即图 3-10（b）中的 A 点，第一、二调节汽门均全开，第三调节汽门也部分开启，在第一、二两喷嘴组中，汽流速度刚好达到临界速度。在这之前，由于 p_2 始终低于临界压力，所以，尽管 p_2 升高，也不会使第一、二喷嘴组中的流量下降，故图 3-10（a）中的 BC 及 $B'C'$ 均为水平直线。在这之后，只要第三调节汽门的开度在增加，p_2 就将高于临界压力，于是这两个喷嘴组中的流量将随 p_2 的升高而下降。从本单元课题一可知，这时流量与背压的变化关系是椭圆曲线，所以图 3-10（a）中的 CE、$C'E'$ 及 $B''E''$ 为椭圆曲线。由此可得出如下结论：在调节汽门的开启过程中，当 $p_2 < 0.546p_0$ 时，全开门对应的喷嘴组流量保持不变，正在开启的调节汽门所对应的喷嘴组的流量增加；当 $p_2 > 0.546p_0$ 时，全开门对应的喷嘴组流量减小，正在开启的调节汽门所对应的喷嘴组的流量增加。显然，当某一门刚刚全开（下一门尚未开启）时，该门所对应的喷嘴组的流量达到了最大。

（二）调节级比焓降的变化

工况变动时，调节级比焓降变化情况分析如下：

在第一调节汽门的开启过程中，蒸汽在第一喷嘴组中的比焓降即为调节级的比焓降，虽然此时调节级的级前、级后压力都与流量成正比，即 p_2/p_{0I} 保持不变，但由于调节级前的温度随调节汽门的开启升高较多，因此调节级的比焓降将从零逐渐增加。

第二调节汽门未开启时，第二喷嘴组的前后压力相等，比焓降为零。在第二调节汽门的开启过程中，随调节汽门节流作用的逐渐减弱，p_{0II} 的增加比 p_2 要快，因此 p_2/p_{0II} 逐渐减小，第二喷嘴组的比焓降从零逐渐增加，直至第二调节汽门全开时，第二喷嘴组的比焓降达到了最大。此时，第一、二喷嘴组的前后压力相等，理想比焓降相等。需要注意的是：在第二调节汽门的开启过程中，由于第一喷嘴组前的压力 $p_{0I} = p_0$ 保持不变，而调节级后压力

p_2却随流量的增加而正比增大，故第一喷嘴组中的比焓降逐渐减小，也就是说，在第二调节汽门的开启过程中，调节级的比焓降在逐渐减小。

同理可以分析第三、四调节汽门开启过程中调节级比焓降的变化。

通过上述分析可以得知：调节级的比焓降是随流量的变化而变化的，流量增加时，部分开启门所对应的喷嘴组的比焓降增大，全开门所控制的喷嘴组的比焓降减小。第一调节汽门全开，第二调节汽门尚未开启时，调节级的比焓降达到了最大。

综合上述分析可知：调节级的危险工况是在第一调节汽门全开而第二调节汽门尚未开启的工况，而不是在额定负荷时的工况。因为第一调节汽门全开、第二调节汽门尚未开启时，调节级比焓降达到了最大，此时流经第一喷嘴组的流量也达到了最大。由于蒸汽对动叶的作用力与流量及比焓降的乘积成正比，故这时位于第一喷嘴组后的调节级动叶的应力达到了最大，因此最危险。这一点在运行中应充分注意。

对节流调节和喷嘴调节进行比较可以看出：汽轮机在部分负荷下运行时，喷嘴调节比节流调节的效率高，且较稳定。但在工况变动时，喷嘴调节汽轮机高压部分的金属温度变化较大，使调节级对应的汽缸壁产生较大的热应力，从而降低了机组对负荷的适应能力。

三、滑压调节

随着电网容量的日益增长，电网负荷峰谷差不断增大，过去采用的小机组调峰已不能满足需要，要求大功率机组参与调峰。为了保证廉价的核能发电机组和水力发电机组带基本负荷，电网调峰的任务主要依靠火力发电机组，所以大容量火电机组也应设计为调峰机组，承担电网的调峰任务。

调峰机组的特点是负荷变化大，启停频繁。因此，汽轮机运行所注意的问题不仅是效率的高低，还应使机组具有足够的负荷适应能力。在实际运行中，负荷适应能力与机组能否安全可靠运行有着直接关系，因而显得更重要。为适应这些特点，以及大功率机组均为单元制的特点，大功率机组多采用滑压调节方式。所谓滑压调节是指单元制机组中，汽轮机所有的调节汽门均全开的状态下，机组负荷的变化是通过锅炉改变主蒸汽压力（主蒸汽温度保持不变）的方法达到的。

（一）滑压调节的特点

滑压调节与定压调节相比有如下特点。

1. 适应负荷迅速变化和快速启停的要求

滑压运行机组在部分负荷下，蒸汽压力降低，而温度基本不变，因此当负荷变化时，汽轮机各金属部件的温度变化小，减小了汽缸和转子的热应力和热变形，从而提高了机组对负荷变化的适应性，缩短了机组的启停时间。

2. 提高了机组在部分负荷下的经济性

（1）部分负荷时汽轮机的内效率提高。低负荷采用滑压调节，减小了蒸汽的节流损失；主蒸汽压力随负荷的减小而降低，而主蒸汽温度和再热蒸汽温度保持不变。虽然进入汽轮机的蒸汽质量流量减小，但容积流量基本不变，速度比、比焓降也保持不变，而且蒸汽压力的降低，使末几级蒸汽湿度减小，使其损失减小，故汽轮机内效率仍可维持较高水平。

（2）给水泵耗功减少。大功率汽轮机多采用汽动给水泵，或采用电动泵的机组也在电动机和泵之间加装了无级变速液力耦合器，因此在滑压运行时，锅炉给水流量和压力随负荷减小而减小，因而给水泵可以在低转速下运行，从而降低了给水泵的耗功量。而在大功率机组中，给水泵的耗功为主机功率的 2.5%～4.0%，因此给水泵耗功构成了目前火电厂厂用电的主要部分。采用滑压运行，给水泵耗功的减少提高了整个发电厂在低负荷时的热经济性。

（3）改善机组的循环热效率。低负荷时，喷嘴调节汽轮机高压缸的排汽比熵低于滑压调节，且随着负荷的降低，二者的差值增大。因此，滑压调节时，单位质量的蒸汽在锅炉中间再热器中所需要吸收的热量要比喷嘴调节时少。对于常用的锅炉结构形式，部分负荷时，滑压调节汽轮机的中间再热温度要比喷嘴调节时高。这不仅改善了机组的循环热效率，而且使末级的湿汽损失相对较小。

3. 改善工作条件，延长机组的使用寿命

滑压调节时，调节汽门处于全开状态，可以保证汽轮机全周进汽，从而改善进汽部分的工作条件。同时锅炉受热面、主蒸汽管道经常在低于额定参数下工作，提高了它们的可靠性，并延长了其使用寿命。

4. 高负荷区滑压调节不经济

当机组在较高负荷区运行时，由于阀门的开度较大，定压调节的节流损失不大，尤其是喷嘴调节的汽轮机，节流损失更小，若采用滑压调节，由于新汽压力的降低，使机组循环效率下降，故此时经济性比定压调节低。只有当负荷减小到一定数值时，定压调节将因节流损失增大使调节级效率降低较多时，采用滑压调节才是有利的。也就是说，只有当循环热效率的降低小于汽轮机内效率的提高和给水泵耗功的减小及再热蒸汽温度升高引起的热效率提高三者之和时，采用滑压调节才能提高机组的经济性。

（二）滑压调节方式

1. 纯滑压调节

在整个负荷变化范围内，所有调节汽门全开，完全靠锅炉改变出口压力和流量的方法来调节机组负荷。这种方法操作简单，具有较高的经济性。但是，从汽轮机负荷变化信号输入锅炉，到新蒸汽压力改变有一个时滞，不能快速适应负荷的变化。对中间再热机组，由于再热容积存在，负荷变动时，中低压缸功率有滞延现象，通常采用高调门动态过开的方法来弥补中低压缸的功率不足，但此时由于高压调节汽门已全开，故此种运行方式难以适应负荷的频繁变动。

2. 节流滑压调节

机组负荷稳定时调节汽门不全开，对主蒸汽有一定的节流。当负荷突然增加时，立即全开调节汽门，利用锅炉的蓄能，达到快速增负荷的目的。待锅炉调整燃烧工况使新汽压力升高后，再把调节汽门关小，恢复至原来的位置。因此，这种方式弥补了纯滑压调节负荷适应性差的缺点。但由于调节汽门经常处于部分开启状态，存在节流损失，在一定程度上降低了其经济性。

3. 复合滑压调节

这是滑压调节和定压调节相结合的一种运行方式。复荷滑压调节方式有不同的复合方式，其中最常用的是，高负荷和低负荷时采用定压调节，中间负荷采用滑压调节，即定—滑—定运行方式。复合滑压调节方式既有较高的经济性，又有较强的负荷适应性，因此得到了广泛应用。

例如，N300-16.7/537/537 型汽轮机就采用了这种调节方式，它是在低负荷区域以2～4个调节汽门同时开启（该进汽弧段已能保证机组头部受热均匀），这是用的节流调节法。在几个调节汽门开足后（对当时的汽压已无节流），在调节汽门不动的情况下，提升主汽门前压力（与此同时负荷也增加），当主汽门前汽压达到额定值后，转为喷嘴调节，依次开启其他各个调节汽门，直到带上额定负荷。这样，5%额定负荷以下采用的是节流调节，从低汽压上升到额定汽压是采用滑压运行（各调节汽门全部开启或开启在某一固定位置，然后依靠改变主蒸汽参数来改变进入汽轮机的蒸汽量，以改变汽轮机的功率），最后在主汽压力保持为额定值下，将负荷升至额定负荷，这时采用的是喷嘴调节。

四、变工况时轴向推力的变化

汽轮机轴向推力的变化在一般情况下主要取决于各级叶轮前后压力差的变化，凝汽式汽轮机中间级动叶前后的压力差是与流量成正比的，即工况变动时，虽然中间级的压力比、比焓降、反动度均不变，但其轴向推力却随流量的增加而增加。

对于采用节流调节的凝汽式汽轮机，当负荷变化时，比焓降变化主要在最末几级，但由于原设计反动度值较大，故反动度变化较小，可近似认为不变。但中间级各级前后压力差随着流量的增大而正比增大，可认为整个汽轮机的轴向推力与流量是成正比变化的。

对于采用喷嘴调节的凝汽式汽轮机，变工况时各非调节级的轴向推力变化与节流调节时完全相同。至于调节级，当流量改变时，由于反动度、级前后压力差及部分进汽都在发生变化，故轴向推力的变化较为复杂，但喷嘴调节凝汽式汽轮机的最大轴向推力也出现在最大负荷时。

综上所述，轴向推力是随机组流量增大而增大的。

课题四 蒸汽参数变化对汽轮机工作的影响

教学目的

掌握蒸汽参数变化对汽轮机经济性和安全性的影响。

进入汽轮机的蒸汽流量变化，会引起汽轮机的工作状况变化，蒸汽参数的变化同样要引起汽轮机的工作状况变化。本课题分析汽轮机进、排汽参数变化对汽轮机经济性和安全性的影响，这对汽轮机运行具有重要意义。

一、新蒸汽压力变化的影响（新蒸汽温度、排汽压力不变）

（一）新汽压力升高

1. 采用节流调节的汽轮机

对于采用节流调节的汽轮机，当新蒸汽压力升高时，若保持负荷不变，则需关小调节汽门，以保证进入汽轮机第一级喷嘴前的蒸汽压力与设计值相等，这会使节流损失增加，但是各级内的工作状况并无变化，因此，不影响机组运行的安全性；如果新汽压力升高时，保持调节汽门开度不变，则流量和比焓降都要增大，机组超负荷运行，将引起各压力级，主要是最末几级应力增大，甚至超过允许值（新汽压力升高超过允许值时），这是不允许的。

2. 采用喷嘴调节的汽轮机

从热工学的相关知识可知，提高初压，可以提高循环的热效率。下面主要分析初压提高对汽轮机安全性的影响。

图3-11所示为新蒸汽压力升高后汽轮机的热力过程。可以看出，初压升高后，汽轮机

的理想比焓降增加，即 $\Delta H_{t1} > \Delta H_t$。

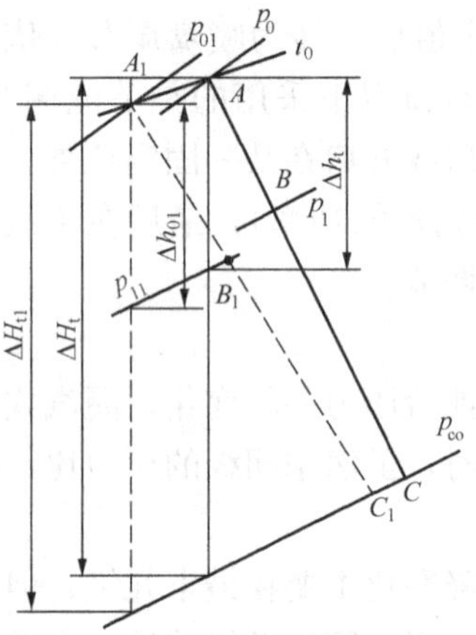

如果维持负荷不变，并忽略机组效率的变化，则变工况后的流量 G_{01} 为

$$G_{01} = G_0 \frac{\Delta H_t}{\Delta H_{t1}}$$

由上式可以看出，初压升高，保持负荷不变时，流量将减少。如果初压升高超过允许范围时，对汽轮机的安全将带来如下不利影响。

图 3-11　初压提高后汽轮机的热力过程

（1）初压升高后，若机组不超过额定负荷，则流量将小于额定值，调节级汽室压力降低，使调节级比焓降较额定参数时增大，但其数值仍将小于第一调节汽门全开、第二调节汽门未开时的调节级比焓降，故调节级是安全的。但是，若机组处在第一调节汽门全开、第二调节汽门未开的工况下运行时，由于初压升高，调节级汽室压力降低，使调节级比焓降超过最大值，流过第一喷嘴组的流量也要超过最大值，造成调节级叶片过负荷。长期超压运行的机组，可以采用增大调节汽门重叠度的方法来限制调节级的最大应力，因为增大重叠度可以增加第一调节汽门全开时流经汽轮机的流量，提高调节级后的压力，比焓降有所下降。当初压升高较多时，可让第一、二调节汽门同时开启，以保证调节级的安全。

（2）初压升高，使最末几级蒸汽湿度增大，湿汽损失增加，并影响叶片寿命。

（3）初压升高，会导致新汽管道、蒸汽室、法兰螺栓等承压部件及紧固部件的应力增加，对管道和汽门的安全不利。

（二）初压降低

当初压降低时，若仍保持调节汽门在额定开度，由于汽轮机理想比焓降减小，并且蒸汽流量随初压的降低而正比减小，使汽轮机的最大出力受到限制。此种情况下，机组运行是安全的，但经济性降低。如果初压降低后，仍然维持机组在额定负荷下运行，汽轮机流量将增加，从而大于额定流量，此时会引起非调节级各级的级前压力升高，使末几级比焓降增大，因此，各压力级尤其是末几级叶片应力增大，同时整台汽轮机的轴向推力增加，这对汽轮机的安全产生不利影响。

二、新蒸汽温度变化的影响（初压、背压不变）

（一）新蒸汽温度升高

初压和背压不变，新蒸汽温度升高时，蒸汽在汽轮机中的理想比焓降增加，排汽湿度下降，这不仅提高了循环的热效率，而且减小了汽轮机低压级的湿汽损失，使机组的相对内效率也有所提高。

但新蒸汽温度升高，尤其是超过允许值时，将会使汽轮机主汽门、调节汽门、蒸汽室、前几级喷嘴和动叶、高压轴封等部件发生蠕变，即使初温升高不多，也可导致材料的许用应力大幅度降低。因此，运行中，对超温都有严格限制。例如：N300-16.7/537/537 型汽轮机规定：汽轮机节流门进汽连接管处的蒸汽温度平均值，在任何 12 个月的运行期间内应该不大于额定温度值，在保持这一平均温度值下，汽温不应超过额定汽温 8.33℃。

由于不正常的运行情况，在汽轮机节流门进口连接处的温度，每 12 个月运行期间内，超过额定温度13.89℃的运行时间不大于400h，超过额定温度27.78℃的摆动持续时间不超过15min。这样的事故出现至少应相隔4h。

（二）新汽温度降低

当新汽温度降低时，蒸汽在汽轮机中的理想比焓降减少。若仍保持额定负荷运行，汽轮机流量将大于额定值。对喷嘴调节的调节级，由于其级后压力随流量的增加而增大，因此该级比焓降减小，工作是安全的。但对各压力级，尤其是最末几级，其流量和比焓降同时增大，造成末几级叶片过负荷，同时汽轮机轴向推力一般也要增大。除此之外，新汽温度降低还会引起末几级蒸汽湿度增大，湿汽损失增加，对末几级叶片产生冲蚀。新汽温度急剧降低，还可能导致水冲击。为此，在必要时可在初温降低的同时降低初压，以减小排汽湿度，当然，此时汽轮机的功率也就受到了限制。如若发生水冲击，则应按规程规定进行处理。

三、背压变化的影响（新汽压力、新汽温度不变）

（一）背压升高

背压升高时，蒸汽在汽轮机中的理想比焓降减小，经济性下降。对于喷嘴调节的汽轮机，背压升高不大时，若保持调节汽门开度不变，可认为蒸汽流量基本不变，主要是理想比焓降减小引起汽轮机功率下降，并且，比焓降的减小主要发生在末几级。这对各级的动叶和隔板是安全的。但是，背压升高会引起排汽温度上升，当排汽温度上升较大时，还会产生下列不利影响：

（1）引起排汽缸及轴承座等部件受热膨胀，使机组中心发生变化，造成振动。

（2）使凝汽器温度升高，可造成冷却水管热胀过大而产生泄漏，破坏凝结水水质。

（3）推力轴承上产生过大的轴向推力，这是因为背压升高，最末几级比焓降减小，反动度增加，轴向推力增大。

（二）背压降低

背压降低时，蒸汽在汽轮机中的理想比焓降增加，循环效率提高，对经济性有利，因此凝汽式汽轮机应尽量维持在较低背压下运行。但是背压降低过多又会带来如下不利影响：

（1）蒸汽在末级动叶或喷嘴外发生膨胀，造成能量损失。同时可能造成隔板和动叶过负荷。

（2）过分降低背压，需要增加循环水量，使循环水泵耗功增加，机组运行费用增大。

因此，运行中应尽量维持凝汽器的最佳真空。

小　　结

1. 汽轮机在设计工况下运行时具有较高的安全性和经济性，而实际汽轮机的运行条件往往偏离其设计条件，即发生了变工况。汽轮机变工况运行时其经济性和安全性都要发生变化，这正是分析汽轮机变工况的主要目的。

2. 蒸汽流量变化是汽轮机变工况的主要原因，对于采用不同调节方式的汽轮机，其变工况特性是不同的。基本的调节方式有定压运行节流调节、定压运行喷嘴调节及滑压调节方式。

3. 喷嘴调节凝汽式汽轮机负荷减小时的变工况特性可概括为表3-1。

4. 蒸汽参数的变化同样引起汽轮机的工况发生变化，并对汽轮机的经济性和安全性产生相应地影响，因此，运行过程中一定要将汽轮机的进、排汽参数控制在允许范围内。

表 3-1　　　　　　　　喷嘴调节凝汽式汽轮机负荷减小时的变工况特性

级 ＼ 参数	级前压力	级后压力	压力比	比焓降	反动度	级效率
调节级	不变	正比减小	下降	增加	减小	下降
中间级	正比减小	正比减小	不变	不变	不变	不变
末级	下降	基本不变	增加	减小	增加	下降

复 习 思 考 题

1. 什么是汽轮机的设计工况和变工况？

2. 汽轮机发生变工况的原因主要有哪些？

3. 变工况时，通过渐缩斜切喷嘴的流量与其进口参数和其后压力有何关系？

4. 何谓级组？喷嘴调节的调节级能否和其后的压力级视为一个级组？为什么？

5. 何谓汽轮机的监视段压力？运行中它有哪些监视作用？

6. 汽轮机常用的调节方式有哪几种？它们各有何特点？分别适用于哪类汽轮机？

7. 利用所学变工况知识分析，调节级的危险工况是什么工况？

8. 当新汽压力高于或低于允许值时（其他参数正常），对凝汽式汽轮机的安全运行有何影响？

9. 当新汽温度高于或低于允许值时（其他参数正常），对凝汽式汽轮机的安全运行有何影响？

10. 当排汽压力升高时（其他参数正常），对凝汽式汽轮机的安全经济运行有何影响？

11. 什么是滑压调节？滑压调节有哪些特点？滑压调节有那几种方式？

习　　　　题

1. 喷嘴进汽压力 $p_0 = 12.11\text{MPa}$，排汽压力 $p_1 = 9.71\text{MPa}$，通过的蒸汽流量 $D = 602\text{t/h}$。假定喷嘴前的参数不变化，而排汽压力分别降至 $p_{11} = 6.68\text{MPa}$ 和 $p_{11} = 4.9\text{MPa}$ 时，求通过此喷嘴的蒸汽流量为多少？

2. 在设计工况下渐缩喷嘴的初压 $p_0 = 6.96\text{MPa}$，背压 $p_1 = 6.18\text{MPa}$，当初压变化到 $p_{01} = 7.85\text{MPa}$ 时，流经喷嘴的蒸汽流量减少了 1/3，问此时喷嘴后蒸汽压力等于多少？（蒸汽为过热蒸汽，初温不变）

汽 轮 机 的 调 节 系 统

•—— 内 容 提 要 ——•

本单元主要介绍汽轮机调节的基本概念；液压调节系统、功频电液调节系统、数字电液调节系统的组成及其特性。

课题一　汽轮机调节的基本概念

教学目的

了解调节系统的基本任务、工作原理及典型调节系统的调节过程。

一、调节系统的基本任务

（一）调节系统的任务

由于电能不易大量储存，而用户的用电量随时都在变化，因此，汽轮发电机组都装有调节系统，随时根据用户的电量需要调整功率，以保证供电数量与用户用电量相适应。

电力生产除了要保证一定的数量外，还需保证一定的质量。衡量供电质量的主要指标是电压和频率，电压的高低除与机组转速有关外，还可通过发电机励磁电流的大小来调节，而供电频率则只取决于机组转速。频率 f（Hz）与转速 n（r/min）的关系为

$$f = \frac{np}{60} \qquad\qquad (4-1)$$

式中　p——发电机磁极对数。

电厂中绝大多数的发电机具有一对磁极，因此当机组转速为 3000r/min 时，其频率为 50Hz。

供电频率的过低或过高，不仅影响供电的质量，而且影响电厂本身的安全和经济运行。在我国通常要求电网频率的变动范围为（50±0.5）Hz，相应机组转速允许变化的范围为（3000±30）r/min。

汽轮发电机转子在工作时，主要受到两个力矩的作用，如图 4-1 所示。

图中，M_1 为汽流作用在汽轮机转子上的主力矩，代表了汽轮机功率的大小，在一定条件下，其值取决于蒸汽流量；M_2 为发电机的电磁阻力矩，其值的大小取决于发电机发电量的大小。在汽轮机所发出的功率与发电机外界负荷相适应（不考虑机组的摩擦机械损失）时，$M_1 = M_2$，机组在额定转速下运行，称为稳定工况。

当外界用电负荷增加时，电磁阻力矩 M_2 随之增

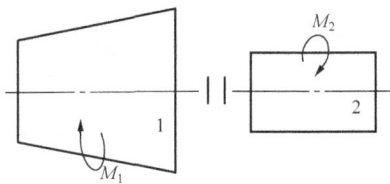

图 4-1　作用在转子上的力矩示意
1—汽轮机；2—发电机

大，若进入汽轮机的蒸汽流量不变，即主力矩 M_1 未变，则 $M_1 < M_2$，机组的转速下降；反之，外界用电负荷减小而汽轮机的进汽量未变，会使 $M_1 > M_2$，机组转速升高。机组转速的变化不仅影响供电质量，而且影响机组的安全性。

由上述分析可知，当机组发出的功率与外界负荷不相适应时，汽轮机的转速就要发生变化。汽轮机转速既是为了提高供电质量而必须保证的一个量，又是反映功率平衡的一个量。当转速发生变化时，必须对汽轮机进行调节（改变汽轮机的进汽量），以改变汽轮机的功率，使之与外界负荷相适应，机组达到新的平衡。

综上所述，汽轮机调节系统的任务就是根据外界用电负荷的变化及时调节汽轮机的功率，在保证供电数量满足需要的同时，维持机组转速在额定范围内，从而保证供电质量和机组安全。

（二）调节系统的工作原理

汽轮机的液压调节系统，大多是以机组转速的变化为输入信号来调整汽轮机进汽阀门（调节汽阀）的开度，使汽轮机输出的功率与外界用电负荷相平衡，从而使机组转速保持在允许范围内。

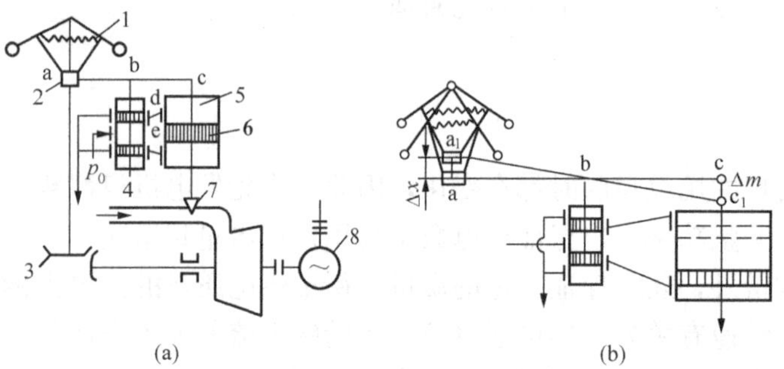

图4-2 间接调节系统工作原理
（a）间接调节系统；（b）有差调节
1—调速器；2—滑环；3—减速齿轮；4—错油门；5—油动机；
6—油动机活塞；7—调节汽阀；8—发电机

图4-2为简单的一级放大间接调节系统。当外界负荷减小时，汽轮机转速升高，连接在汽轮机主轴上的调速器1的转速也随之升高，使调速器飞锤上的离心力增大，克服弹簧力带动滑环2上移，滑环的上移使杠杆 abc 以 c 为支点顺时针转动，错油门（又称为滑阀）活塞上移，使错油门上油口 d 和主油泵出口压力油接通，下油口 e 与排油口接通，压力油进入油动机6活塞的上部，活塞下部排油。油动机活塞在上、下油压差作用下向下移，使调节汽阀7执行关小动作。此时，滑环2处在一个新的位置不再移动。当油动机活塞下移时，杠杆以 a 点为支点顺时针转动，错油门活塞向下移动，当活塞重新将油口 d、e 遮断时，油动机活塞便停止了运动。此时汽轮机的功率与外界负荷相平衡，调节系统处于新的稳定状态。当外界负荷增加时，调节系统的动作过程与上述相反。

显然，使调节系统稳定下来的条件是：当汽轮机的功率与外界负荷相平衡时，错油门活塞应处于遮断油口的位置。

错油门活塞的移动使油动机活塞产生位移，而油动机活塞的位移反过来又使错油门活塞产生反向的移动，这种现象称为反馈现象中的负反馈。由上述可见，负反馈的作用是使调节系统重新稳定下来。故所有的调节系统中，都装设有与杠杆 bc 作用相同的、不同类型的反馈装置。

图4-2（a）中的调速器动作信号，是通过错油门和油动机将信号能力放大后来控制调节汽阀的，这种调节称作间接调节。若调速器的动作直接带动调节汽阀的调节过程，则称之

为直接调节。由于调速器动作的能量有限，直接调节在电站汽轮机中已极少采用。

由图 4-2 可见，调节系统重新稳定后，调速器滑环处于一个新的位置，调节汽阀处于一个新的开度，也就是说，汽轮机的转速和功率（负荷）都与调节系统动作之前不同，功率大时，稳定转速较低；功率小时，稳定转速较高。这种在稳定工况下，汽轮机不同的功率对应有不同转速的调节称为有差调节。

二、典型液压调节系统介绍

为建立调节系统的整体概念，下面对三种国产典型液压调节系统及其调节过程进行简要介绍。

（一）高速弹性调速器调节系统

图 4-3 所示为采用高速弹性调速器为转速感应机构的机械液压式调节系统。

压力油 p_0 分两路进入系统而成为控制油压 p_x：一路从主错油门 4 的活塞所控制的半开油口 c 进入；另一路从反馈错油门 6 控制的油口 b 进入。调速器错油门 3 控制着排油口 a。

当外界负荷减少时，汽轮机转速升高，与主轴直接相连的高速弹性调速器 1 上的离心力增大，弹簧片向外张开，调速块 8 向右移，差动活塞 2 右侧的喷油口间隙增大，喷油量增多，油压 p_B 降低，活塞 2 也向右移动，随着活塞的右移，喷油间隙随之减小，当其减小至 p_B 与 p_A 的作用力重新平衡时，则停止移动。由于差动活塞向右移动，杠杆 ofg

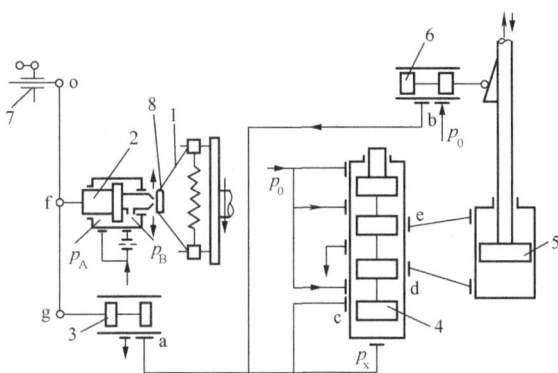

图 4-3　机械液压式调节系统

1—高速弹性调速器；2—差动活塞；3—调速器错油门；
4—主错油门；5—油动机；6—反馈错油门；
7—同步器；8—调速块

以 o 为支点逆时针转动，使得调速器错油门 3 的活塞也向右移动，泄油口 a 开大，控制油压 p_x 降低，主错油门活塞 4 向下移动，油口 d 与排油接通，油口 e 与压力油接通，油动机活塞向下移动，关小调节汽阀。在油动机活塞下移的同时，通过反馈斜板使反馈错油门 6 向右移动，进油口 b 开大，控制油压 p_x 增高，直至主错油门活塞恢复到遮断油口的位置，调节过程结束，系统重新稳定，此时汽轮机的功率与外界负荷相平衡。当外界负荷增加时，调节系统动作过程与上述相反。

（二）旋转阻尼调速器调节系统

图 4-4 所示为采用旋转阻尼作为调速器的全液压式调节系统。

主油泵 1 出口的压力油一路经可调针形阀 a 流向波纹筒 A，由于其油压高于旋转阻尼油压，使部分油经阻尼管流回油箱，形成一次油压 p_1；第二路压力油经固定节流孔 a_2 流入放大器 3，并经过由碟阀控制的间隙 S_1 流出，形成二次油压 p_2；第三路压力油经固定节流孔 a_3 进入主错油门 4 活塞的上端，再从继动器 7 控制的间隙 S_2 流出，形成三次油压 p_3。

当外界负荷减小时，汽轮机转速升高，与主轴串接的旋转阻尼中的离心力增大，泄油量减少，一次油压 p_1 升高，波纹筒 A 带动杠杆以 o 点为支点逆时针转动，使蝶阀的泄油间隙

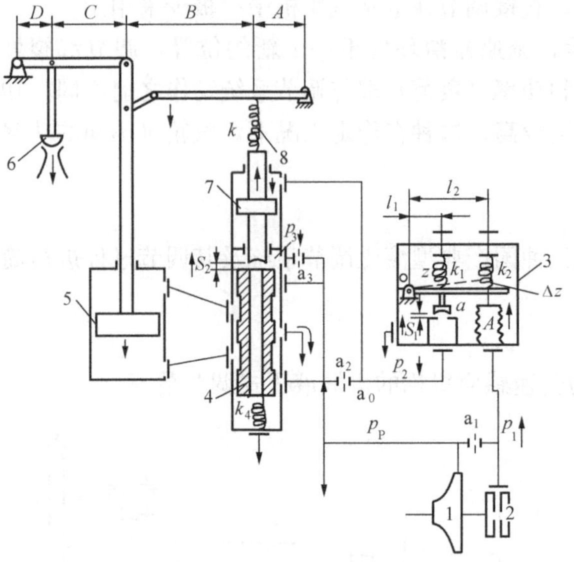

图 4-4　旋转阻尼调速器调节系统

1—主油泵；2—旋转阻尼；3—放大器；4—主错油门；

5—油动机；6—调节汽阀；7—继动器；8—反馈弹簧

速器的全液压式调节系统。

连接在主轴上的径向泵，当其入口油压不变时，出口油压 p_1 仅随汽轮机的转速的变化而改变，压力变换器 2 的活塞在径向泵进、出口油压差作用下与其上部弹簧力相平衡。从主油泵来的压力油 p_0 则经过节流孔 a_0 后，一路从压力变换器活塞控制的泄油口 a_n 排出；一路从油动机 4 活塞下部套筒控制的反馈油口 a_m 泄掉，形成二次油压 p_2。

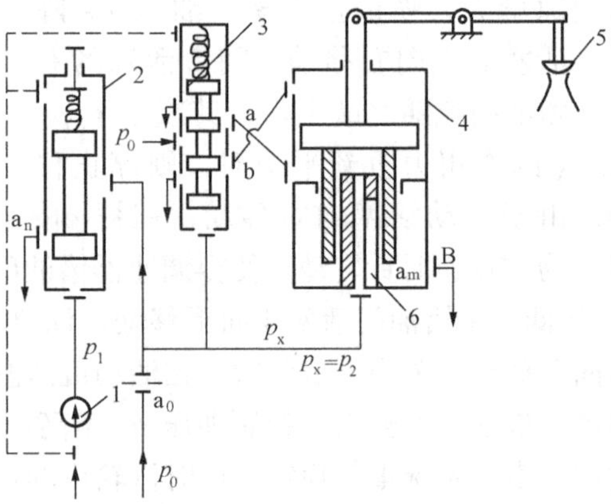

当外界负荷增加时，汽轮机转速下降，径向泵出口一次油压 p_1 降低，压力变换器活塞向下移动，泄油口 a_n 开大，二次油压 p_2 降低，主错油门 4 活塞下移，使油路 a 与排油接通，油路 b 与压力油接通，油动机活塞上部进油，下部排油，活塞向下移动，调节汽阀开大，汽轮机功率增加，与外界负荷变化相适应。在油动机活塞下移的同时，反馈油口 a_m 随

S_1 增大，二次油压 p_2 降低，继动器 7 的活塞在拉弹簧 8 的作用下向上移动，另一蝶阀的泄油间隙 S_2 增大，使油压 p_3 下降，主错油门活塞在下部压弹簧的作用下向上移动，离开遮断油口位置，从而使油动机活塞上油路与压力油 p_0 接通，下油路与排油接通，活塞 5 在油压差作用下向下移动，调节汽阀 6 关小，减小汽轮机功率，使之与外界负荷相适应。在油动机活塞下移的同时，通过反馈杠杆、反馈弹簧使继动器活塞下移，间隙 S_2 减小，油压 p_3 恢复至正常，主错油门活塞重又将油口遮断，油动机活塞停止运动，汽轮机处于新的平衡工况下运行。当外界负荷增加时，调节系统动作过程与上述相反。

（三）径向泵调速器调节系统

图 4-5 所示为采用径向钻孔泵为调

图 4-5　全液压式调节系统

1—径向泵；2—压力变换器；3—主错油门；

4—油动机；5—调节汽阀；6—反馈油口

之关小，泄油量的减少使二次油压升高，当其恢复至原值时，主错油门活塞回到遮断油口的位置，油动机活塞停止移动，调节过程结束，汽轮机处于新的平衡工况下运行。当外界负荷减小时，调节系统动作过程与上述相反。

课题二 液压调节系统的组成机构

教学目的

了解液压调节系统各组成机构的结构类型、工作原理、特点及其静态特性。

汽轮机的调节系统，均可以分成三个组成机构，即

（1）转速感应机构。如高速弹性调速器、旋转阻尼、径向泵等。它们的作用是感应汽轮机转速的改变，并将其转变成其他物理量的变化。其输入为转速变化信号，输出为滑环位移或油压变化信号。

（2）传动放大（反馈）机构。如杠杆、错油门和油动机、差动活塞、波纹管放大器、压力变换器等。它们的作用是进行信号的传递、转换、放大及信号的反馈。其输入信号为感应机构的输出信号（位移或油压变化信号）；输出信号则为油动机的位移。

（3）配汽执行机构。是指调节汽阀及其与油动机活塞间的连接装置。它们的作用就是调整进入汽轮机的蒸汽流量，以适应外界负荷的变化需要。其输入为油动机的位移信号，输出信号为调节汽阀开度的变化量。

调节系统三个组成机构与汽轮发电机组之间的信号转换与传递关系，可表示为图 4-6 所示的方框图。

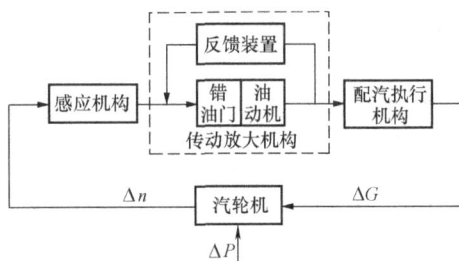

图 4-6 汽轮机调节系统方框图

一、感应机构

感应机构主要由调速器组成。调速器按工作原理可分为机械离心式、液压式、电子式三类。其中电子式调速器有永磁式发电机和磁阻发送器等，主要应用于大型机组 DEH 控制系统中，在课题八中介绍。

（一）机械式调速器

1. 结构及原理

图 4-7 所示为高速弹性调速器，与过去小机组常用的低速离心机械调速器比较，因其没有铰链及摩擦元件，具有转速高、体积小、灵敏度高的特点。由于拉伸弹簧的预拉力很小，调速器在低转速下即开始工作。转速变化时，重块上的离心力改变，弹簧板 2 变形，调速块 5 产生相应移位。

2. 静态特性

调速器处于稳定状态时，其输入信号（转速变化）与输出信号（调速块位移）之间的对应关系称为调速器（感应机构）的静态特性。

不同转速下，弹簧板上的离心力与拉伸弹簧的作用力处于不同的平衡位置上，调速块的位置也就不

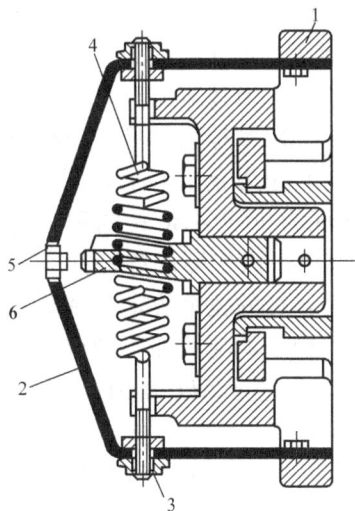

图 4-7 高速弹性调速器

1—托架；2—弹簧板；3—重块；4—拉伸弹簧；5—调速块；6—弹簧座

同,将转速与调速块位置间的对应关系绘成曲线,就得到了高速弹性调速器的静态特性曲线,如图4-8所示。

3. 影响机械调速器静态特性的因素

(1) 弹簧预紧力。弹簧预紧力是指调速块在起始位置时,弹簧所具有的变形力。改变弹簧预紧力,调速块在同一位置下对应的转速必不相同,即改变了调速器的动作转速,从而使其静态特性曲线发生平移。如图4-9所示:弹簧预紧力增大,曲线向上平移;预紧力减小,曲线向下平移。

(2) 弹簧刚度。弹簧刚度是指使弹簧发生单位变形量所需要的力。弹簧刚度增大,要得到同样大小的弹簧变形量,就需要增加离心力的变化量,即转速变化量增大。在静态特性曲线上则表现为:弹簧刚度增加,曲线斜率增大;反之,刚度减小,曲线斜率也减小,如图4-10所示。

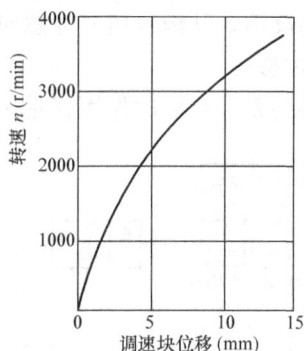

图4-8 高速弹性调速器
静态特性曲线

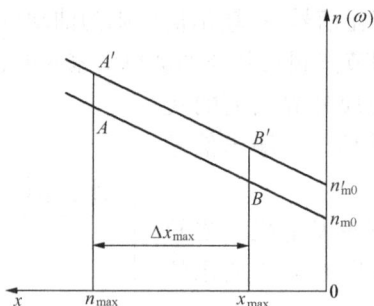

图4-9 弹簧预紧力对静态
特性的影响

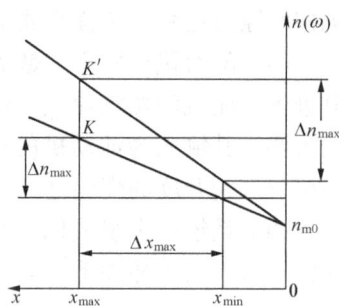

图4-10 弹簧刚度对静态
特性的影响

(3) 摩擦力。由于机械式调速器各组成元件之间存在着间隙,在相对运动过程中,各元件间会有着间隙迟缓以及摩擦阻力,从而使静态特性线成为一条带状区域。如图4-11所示,调速器原工作点为A点,对应转速n_A,调速块位置为x_0。当转速上升时,离心力的增大不仅要克服弹簧力,还要克服摩擦力,只有当离心力增大到超过二者之和(此时对应转速为n_B)以后,调速块才开始移动,在静态特性线上表现为折线ABC;同理,转速由n_c下降时,则表现为折线CDA。故实际的静特性应表现为BC与AD间的一条带状区间,带的宽窄决定于摩擦力的大小,这种现象称为迟缓现象。由于调速块在不同位置时,摩擦力也不相同,所以实际上BC与AD是两条不规则的曲线。

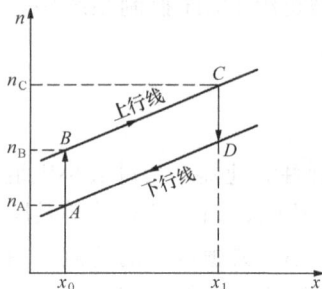

图4-11 摩擦力对静态特性
的影响

在同一调速块位置上,升速特性线与降速特性线之间的转速差($n_B - n_A$)与额定转速n_0的比值,称为调速器的迟缓率ε_s,即

$$\varepsilon_s = \frac{n_B - n_A}{n_0} \times 100\% \qquad (4-2)$$

静态特性线的带状区域越宽,迟缓率越大。说明调速器的灵敏度越差。实际工作中应尽

量减小迟缓率。

(二)液压式调速器

1. 结构及原理

前面介绍的旋转阻尼和径向泵均属液压调速器,它们的工作原理都是依据轮盘上径向孔中的油压与转速的二次方成正比例这一原理,而将转速变化信号转化成油压变化的信号。

图 4 - 12 所示为旋转阻尼结构示意,主油泵出口压力油经可调针形阀 4 节流后进入旋转阻尼体 3 的外部油室,再经过 8 根阻尼管 2 流入旋转体中心,并通过排油口回到油箱。

图 4 - 13 所示为径向泵结构,它由泵轮 1、稳流网 3 和排油口 7 等组成。泵轮为一有若干个径向孔的轮盘,它与主油泵泵轮一起固定在一根挠性轴上,由汽轮机主轴直接带动。在泵轮与出口泵壳 2 之间装有稳流网,目的是稳定出口油压。

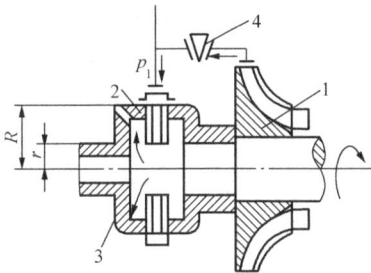

图 4 - 12 旋转阻尼结构示意
1—主油泵;2—阻尼管;3—旋转
阻尼体;4—针形阀

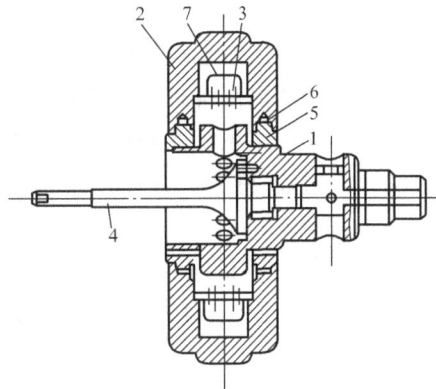

图 4 - 13 径向泵结构
1—泵轮;2—泵壳;3—稳流网;4—导流杆;
5—密封环;6—固定螺钉;7—排油口

2. 静态特性

液压调速器的静态特性与机械式调速器静态特性的意义一样,是指稳态下其输入信号与输出信号间的对应关系。只不过旋转阻尼输出信号为出口一次油压 p_1,径向泵输出信号为进、出口油压差($p_1 - p_0$)。图 4 - 14、图 4 - 15 分别为二者的静态特性曲线。

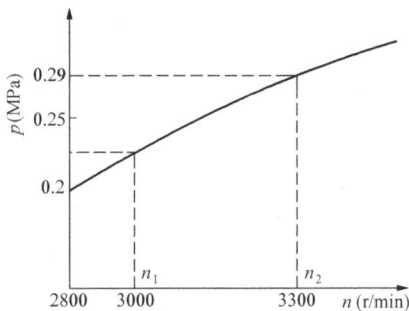

图 4 - 14 旋转阻尼调速器静态特性曲线

图 4 - 15 径向泵调速器静态特性曲线

从以上两图可见，两条特性曲线为油压或油压差随着转速升高而升高的二次曲线，但因汽轮机正常工作时，转速允许变化范围很小，在此情况下，油压或油压差与转速间可近似认为是线性变化关系。

3. 油压波动原因及消除方法

液压调速器因没有机械摩擦元件，具有结构简单、工作可靠、灵敏度高等优点，但当油压信号波动时，容易引起调节系统摆动使进入汽轮机的蒸汽量产生波动。造成油压波动的主要原因以及消除油压波动的方法如下：

（1）油中空气的压缩或膨胀，会造成油压波动。消除方法一方面保证油管道严密，并采用注油器向油泵正压供油；另一方面强化油箱中油与空气的分离效果，并在油路高点开设排气孔。

（2）油流不稳产生涡流造成油压的波动。消除方法一是设计尺寸准确的合理流道，二是改善流道内表面的粗糙度。

（3）主油泵入口油压波动也是造成出口油压波动的原因。消除方法一是采用静压进油来消除入口油压波动，并采用合理的泵进口密封环，使漏油方向接近于进油方向，以减少漏油对主流的干扰；二是调整系统的布局，如在将径向泵出口油路接到压力变换器活塞下部的同时，又将径向泵入口油路接至压力变换器活塞的上部（见图 4 - 5），大部分抵消了油压波动的影响。

（4）径向泵泵轮上各径向孔之间的油流不连贯，形成脉冲而造成油压波动。消除方法是在油泵出口处加装一个钻有许多小孔的稳流网，利用网孔的节流作用减小油压波动的幅度。

同样，旋转阻尼体上的各阻尼管之间也会形成脉冲造成油压波动。消除方法是在油封环上开两圈交叉排列的稳流油孔。

（5）适当加大一些错油门活塞的过封度，在不增加调节系统迟缓率的情况下，能有利于减小油压波动而引起的调节系统摆动。

二、传动放大机构

由于感应机构输出信号的变化幅度和能量，都不足以直接带动配汽机构，所以，在感应机构与配汽机构之间，必须设置进行信号传递、转换和放大的传动放大机构。

稳定状态下，传动放大机构的输入信号（调速块位移或油压变化）与输出信号（油动机活塞的位移）之间的对应关系，称为传动放大机构的静态特性。

传动放大机构多采用液压式，它由信号放大装置、功率放大装置和反馈装置三部分组成。其中信号放大装置多采用节流工作原理；功率放大装置多采用断流工作原理。

（一）信号放大装置

1. 压力变换器

图 4 - 16 所示为具有压力变换器信号放大装置的二级传动放大机构。径向泵出口油压 p_1 与压力变换器活塞上部的弹簧力相平衡，控制着油口 a_n 的开度，二次油压 p_2 为一定值。当转速变化引起 p_1 变化时，压力变换器活塞首先产生位移，随着活塞的移动，油口 a_n 的大小产生变化而引起二次油压 p_2 变化，p_2 的变化率为 p_1 变化率的若干倍，从而达到信号放大的目的。

2. 差动活塞放大器

图 4-17 所示为差动活塞的结构示意，它是高速弹性调速器调节系统的第一级信号放大（见图 4-3）。

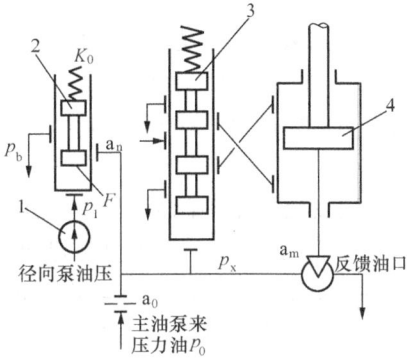

图 4-16 具有压力变换器的传动放大机构
1—径向泵；2—压力变换器；
3—主错油门；4—油动机

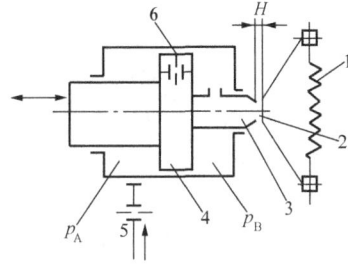

图 4-17 差动活塞结构示意
1—调速器弹簧；2—调速块；3—喷油嘴；
4—差动活塞；5、6—节流孔

压力油经节流孔 5 节流后进入差动活塞左室，压力为 p_A；再经节流孔 6 流入差动活塞右侧，并从喷油嘴 3 与调速块 2 的间隙 H 泄走，当活塞处于平衡状态时，$p_A F_A = p_B F_B$。其中 F_A 与 F_B 分别为活塞左、右两侧的有效面积。若转速变化使 H 值改变，喷嘴泄油量变化，导致油压 p_B 改变，差动活塞也随之移动，直至间隙 H 恢复原值，p_B 值复原。因为差动活塞的移动方向总是要保持间隙 H 不变，即总是随着调速块而移动，故又称为随动滑阀。而左油室随时平衡右油室压力，与弹簧的作用相同，故又称之为液压弹簧。例如图 4-3 所示的差动活塞将调速块的位移通过杠杆 ofg 转化为调速器错油门活塞的位移量，从而使控制主错油门的油压信号能力增强。

3. 波纹管放大器

图 4-18 所示为波纹管放大器信号放大装置。

主油泵压力油 p_0 经节流孔板 6 进入蝶阀 B 控制的二次油室，再经蝶阀与油室的间隙 S 流出，形成二次油压 p_2。当转速变化引起一次油压 p_1 变化时，波纹筒伸缩量变化，使杠杆 2 沿 O 点转动，泄油间隙 S 也随之改变，从而改变了二次油压 p_2。由图可见，p_2 的变化与 p_1 变化的方向相反，这种信号放大称为反向放大。反向放大的优点是：若油管路泄漏等因素引起 p_1 急剧下降时，p_2 将增大，从图 4-4 可知，p_2 增大后，调节汽阀将关小，使机组的安全得到保证。

图 4-18 波纹管放大器信号放大装置
1—辅助同步弹簧；2—杠杆（平衡板）；3—波纹管；4—蝶阀；5—限位螺帽；6—节流孔板；7—过压阀；8—主同步器弹簧

（二）功率放大装置

功率放大装置是调节系统控制调节汽阀的操纵元件，它由错油门和油动机组成，其类型按结构特点可分为往复式和回转式；按进油方式可分为双侧进油和单侧进油。

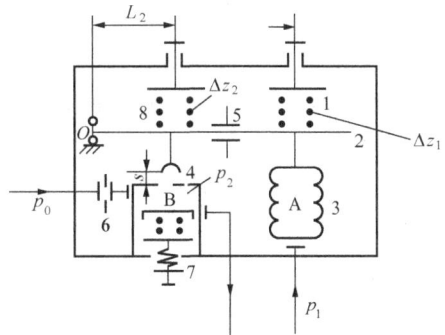

1. 双侧进油往复式油动机

双侧进油往复式油动机应用较广泛,图 4-2~图 4-5 所示的调节系统中均采用了双侧进油往复式油动机。随着错油门活塞上、下移动,油动机上、下油路变换着进油或者排油,其提升力 F 的大小由进、排油的压差与活塞的有效面积确定。考虑到活塞的移动阻力及可能出现的卡涩,要求油动机的提升力为开启调节汽阀所需最大提升力的 2~4 倍。

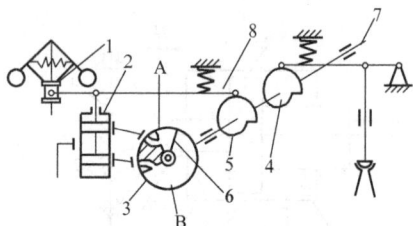

图 4-19 双侧进油旋转式油动机调节系统
1—调速器;2—错油门;3—旋转油动机;4—凸轮;
5—反馈凸轮;6—活塞瓣;7—轴;8—反馈杠杆

2. 双侧进油旋转式油动机

图 4-19 所示为一双侧进油旋转式油动机调节系统。

当转速变化使错油门活塞 2 移动时,活塞瓣 6 左、右两个油室 A、B 分别与进油和排油接通,在油压差作用下,旋转油动机通过轴 7 带动两个凸轮一起旋转,凸轮 4 控制调节汽阀的开关;凸轮 5 则使错油门活塞回到遮断油口的位置。

3. 单侧进油油动机

图 4-20 所示为单侧进油油动机功率放大装置。

若外界负荷增加使转速降低时,脉冲油压升高,主错油门活塞向上移动,压力油进入油动机活塞下部,克服活塞上部弹簧作用力使活塞上移,调节汽阀开大。同时,反馈油口 3 也开大,使脉冲油压恢复,错油门活塞遮断油口。

单侧进油油动机开启调节汽阀是靠压力油压与弹簧力之差,关闭调节汽阀则靠弹簧力来完成。若因某种原因使压力油失去,弹簧力仍能关闭调节汽阀。但与相同活塞有效面积的双侧进油油动机相比较,其提升力(工作能力)要小得多。

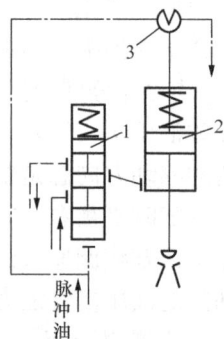

图 4-20 单侧进油油动机
功率放大装置
1—错油门;2—油动机;
3—反馈油口

(三) 反馈装置及传动放大机构的静态特性

反馈有静反馈和动反馈两种形式。

1. 静反馈

静反馈是指在油动机动作时开始产生反馈作用,油动机动作完成后,反馈的结果并不消失。常见的静反馈装置有杠杆反馈(见图 4-2)、油口反馈(见图 4-3)、杠杆弹簧反馈(见图 4-22)等形式。改变静反馈装置,传动放大机构的静态特性也将发生变化,图 4-21 所示为杠杆反馈原理示意。

传动放大机构的静态特性是指稳态下 Δx 与 $\Delta m'$ 间的对应关系。由图可见,其关系可表示为

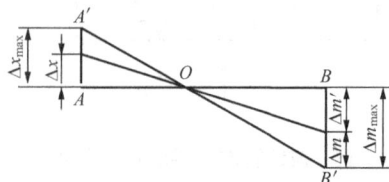

图 4-21 杠杆反馈原理示意

$$\Delta m' = \frac{OB}{OA} \Delta x \tag{4-3}$$

若改变杠杆支点 O,则杠杆比例 OB/OA 变化,$\Delta m'$ 与 Δx 的对应关系也将发生变化,即改变杠杆比例,可改变传动放大机构的静态特性。同理,改变油口反馈中油口面积的比例

关系，同样可以改变传动放大机构的静态特性。

2. 动反馈

动反馈是指反馈只发生在油动机动作过程中，当油动机动作结束后，反馈作用也随之消失。如图4-22中的压弹簧2，即起到了动反馈的作用。

当油压 p_2 变化时，静反馈弹簧1的拉伸量 Δz_3 也随之改变，如：二次油压 p_2 升高，继动器活塞下移，静反馈弹簧1拉伸量增大，对蝶阀向上的拉力增大。与此同时，动反馈弹簧2的压缩量减小，向下的作用力减小，相当于在弹簧1上附加了一个向上的作用力，减缓了因 p_2 升高引起继动器活塞下移的速度，使调节过程比较稳定。但当系统稳定后，

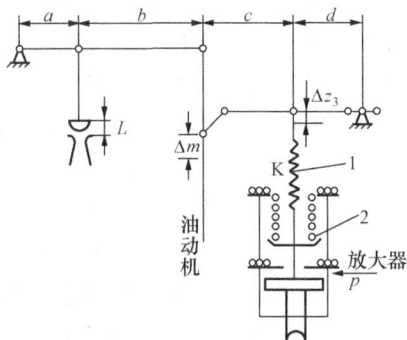

图4-22　杠杆弹簧反馈
1—静反馈弹簧；2—动反馈弹簧

继动器活塞回复到原位置未变，弹簧2的压缩量也未变，即稳态下动反馈弹簧不发生作用，其作用只出现在调节过程之中。而稳态下的弹簧1由于油动机行程 Δm 发生了变化，其拉伸量 Δz_3 也必然改变，所以静反馈弹簧的预紧力、刚度等因素均对传动放大机构静态特性有影响。

此外，像图4-3中的油口c也属反馈油口。如 p_x 增大使错油门活塞上移，动反馈油口c关小，进油量减小使 p_x 有所下降，即改变了活塞上移速度，调节过程趋于稳定；而在稳态下，由于错油门活塞总处于遮断油口位置，油口c的开度也不变，对调节系统的静态特性不产生影响。

（四）传动放大机构的灵敏度

调节系统灵敏度的大小主要取决于传动放大机构，因此提高传动放大机构的灵敏性对改善调节系统的性能十分重要。

影响传动放大机构灵敏度的因素有机械卡涩和液压卡涩两种原因，消除机械卡涩主要从改善机械部件的安装质量、部件硬度、表面粗糙度以及保持油质清洁方面着手；消除液压卡涩则可用在活塞上开均压槽或采用自动对中活塞、旋转活塞、微振活塞等方法。

此外对活塞过封度（稳态下活塞凸肩高度与油口高度之差）的选择也很重要。如图4-23所示，过封度太大，系统迟缓率增加；过封度过小，油压波动时易引起负荷晃动。通常采用图4-24所示的齿形缺口活塞来解决这一问题。

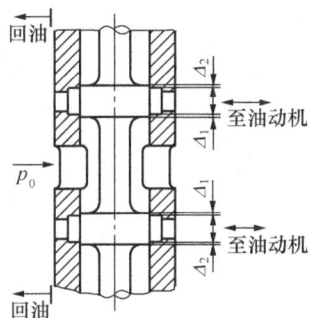

图4-23　错油门活塞过封度

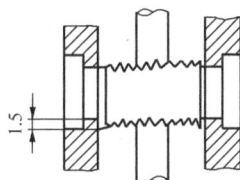

图4-24　齿形缺口活塞

三、配汽机构

汽轮机功率的调节，是通过控制调节汽阀的开度，从而改变进汽量来实现的。配汽机构将油动机的工作行程信号转化为蒸汽流量的变化信号，在稳定工况下，蒸汽流量的变化与油动机行程变化之间的对应关系，称为配汽机构的静态特性。

配汽机构由调节汽阀和带动它的传动装置组成。

（一）调节汽阀结构及升程特性

为保证机组安全经济运行，调节汽阀应满足以下要求：

（1）能自由启、闭不卡涩，关闭时严密不漏汽。

（2）流量特性满足运行要求，蒸汽流动阻力尽量小。

（3）启闭阀门的提升力要小，在全开时不会受到向上的推力。

（4）结构简单、工作可靠。

下面介绍常见的调节汽阀结构形式。

1. 单座阀

单座阀结构简单，但开启阀门所需的提升力较大，多用于中、小汽轮机。图 4-25（a）为球形单座阀，（b）为锥形单座阀。

2. 带预启阀的调节汽阀

随着机组功率增大，调节汽阀的体积增大，为减小提升力，多采用带预启阀的阀门结构形式。

图 4-26 所示为普通预启阀。当开启阀门时，首先开启的是直径为 d_0 的小预启阀，蒸汽经此阀进入汽轮机，由于蒸汽对预启阀的作用面积小于对主阀的作用面积，故所需提升力大为减小。随着阀后压力 p_2 升高，主阀前后的压差逐渐减小，使开启主阀所需的提升力也减小。

图 4-27 为带有蒸汽弹簧预启阀的调节汽阀，其特点为严密性好、提升力小。当阀门关闭时，压力为 p_1 的新蒸汽自 B 孔流入 A 室，A 室压力 $p_2'=p_1$，将主阀紧压在阀座上。随着预启阀的开启，A 室压力由 p_2' 很快降至 p_2，使主阀的提升力减小。由于预启阀的 A 室相当于一个汽压弹簧，既保证阀门的严密性，又减小了提升力，故称之为蒸汽弹簧预启阀。

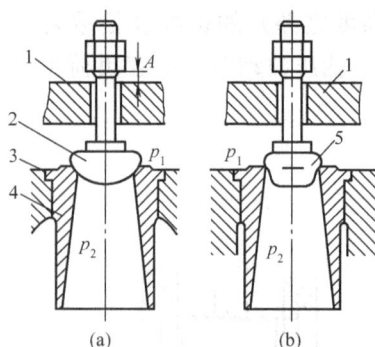

图 4-25　单座阀
（a）球形阀；（b）锥形阀
1—提板；2—球形阀；3—阀座；
4—扩压管；5—节流锥

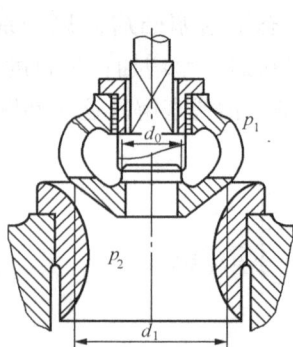

图 4-26　带有普通预启
阀的调节汽阀

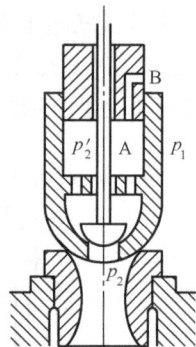

图 4-27　带有蒸汽弹簧
预启阀的调节汽阀

3. 调节汽阀升程特性

阀门的升程特性是指通过阀门的蒸汽流量与阀门升程之间的关系。

如图 4-28 所示，阀门开启后，其蒸汽的通流面积近似于圆柱体表面积，即

$$A = \pi d h \tag{4-4}$$

阀门的最大通流面积应为阀座面积的 $\pi d^2/4$，故阀门的最大升程应为

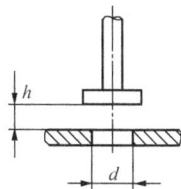

图 4-28　阀门升程示意

$$h_{max} \geqslant \frac{d}{4} = 0.25d \tag{4-5}$$

此时阀门即为全开。

蒸汽流量随通流面积的增大而增加。球形阀的流量与升程 h 间的关系如图 4-29 中曲线 a 所示。

在阀门开启的初始阶段，阀门前后压差很大，蒸汽以临界速度呈线性增加，当阀后压力增加到高于临界压力后，蒸汽流速降低至亚临界流速，流量增加的速度变缓，不再呈线性关系。当 h 增加到 $d/4$ 之后，流量不再增加。

由于机组运行的需要，希望阀门在刚开启阶段流量变化率要小，故采用锥形阀结构，其特性线如图 4-29 中曲线 b 所示：在阀门刚开启时，随升程增加通流面积增加缓慢，流量增加也较平缓，当节流锥脱离阀座后，流量才按球形阀特性变化。

对采用喷嘴调节的汽轮机，由多个依次开启的调节汽阀控制进汽量，图 4-30 所示为三个阀门的联合升程特性。若上一个阀门全开后再开下一个阀门，其升程特性线将是一曲折较大的折线（见图中曲线 a），显然不利于汽轮机的调节。因此，要求在上一个阀门尚未全开时，下一个阀门便提前开启，这个提前开启的量，称为调节汽阀的重叠度。若重叠度选择适当，调节汽阀的升程特性将会如图中的 b 线所示。

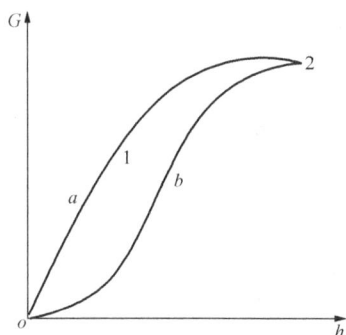

图 4-29　单座阀升程特性

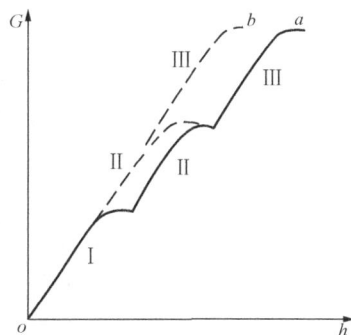

图 4-30　阀门联合升程特性

重叠度选择过大，使调节汽阀节流损失加大，流量增加也过快，通常选择重叠度为 10% 左右，即上一个阀门开启到阀后压力为阀前压力的 90% 左右时，后一个阀门随即开启。

（二）调节汽阀的传动装置

常见的传动装置有提板式、杠杆式和凸轮式等。

1. 提板式

图 4-31 所示为提板式传动装置，它由杠杆、提板、阀杆等组成。开启阀门时，油动机活塞通过杠杆带动提板上移，提板上各阀门的开启顺序及重叠度由螺母调整各阀杆的长度来确定。关阀时，则借助阀重和阀上下压差作用力。这种装置结构简单，一个油动机可带多个阀门，但提升力较小，多用于小功率机组。

2. 杠杆式

图 4-32 所示为杠杆式传动装置。杠杆的两端各为活动支点及油动机，调节汽阀阀杆由椭圆形吊环悬吊在杠杆上，吊环的长度决定调节汽阀的启闭顺序。关阀时，借阀门自重和双圈弹簧的作用力。

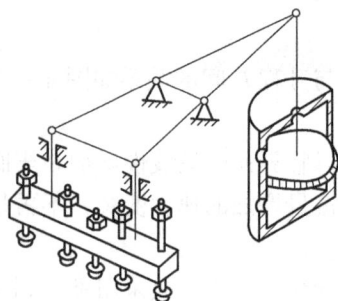

图 4-31 提板式传动装置

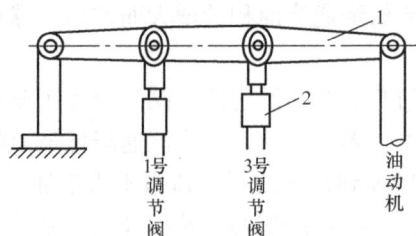

图 4-32 杠杆式传动装置
1—杠杆；2—调整螺母

3. 凸轮式

图 4-33 所示为凸轮式传动装置。油动机通过杠杆 1 和齿条 2 带动齿轮 3 使凸轮轴 4 转动，凸轮轴上的 4 个凸轮各控制一个调节汽阀，根据 4 个凸轮不同的型线来确定调节汽阀的启闭次序和重叠度。关闭时，则借助阀重及调节汽阀上部弹簧 5 的作用力。

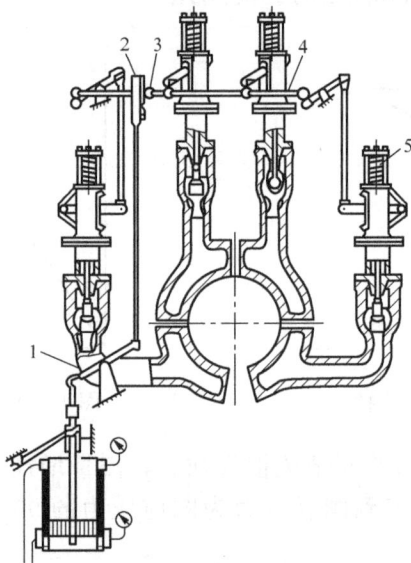

图 4-33 凸轮式传动装置
1—杠杆；2—齿条；3—齿轮；4—凸轮轴；5—弹簧

课题三 调节系统静态特性

教学目的

理解调节系统静态特性的意义，了解静态特性曲线的绘制方法；掌握速度变动率、迟缓率的概念及其对机组工作的影响，掌握同步器的作用和工作原理。

一、调节系统静态特性及其曲线的绘制

汽轮机调节系统的任务就是根据转速的变化调整功率。在稳定工况下，汽轮机功率与转速之间的对应关系，称为调节系统的静态特性。调节系统的静态特性，对汽轮机的安全、经济运行有着极大的影响。

调节系统的静态特性由感应机构、传动放大机构和配汽机构的静态特性来决定，即

$$\frac{\Delta P}{\Delta n} = \frac{\Delta x}{\Delta n}\frac{\Delta m}{\Delta x}\frac{\Delta P}{\Delta m} \tag{4-6}$$

作调节系统的静态特性线，则先要通过实验或计算的方法，分别求得三个组成机构的静态特性曲线，再依次将其画在调节系统四方图的二、三、四象限内；然后用投影作图法在第一象限内求得调节系统的静态特性曲线，如图 4-34 所示。

绘制四方图时应注意以下问题：

（1）四个坐标以原点向外放射方向为正。

（2）油动机行程以开阀方向为正；滑环、压力变换器及差动活塞、蝶阀等元件的移动，则以转速增加方向为正。

（3）为简单起见，各机构静特性线均用直线代替，而实际的调节系统静特性线应为一条与调节汽阀升程特性线相似的曲线，如图 4-35 所示。

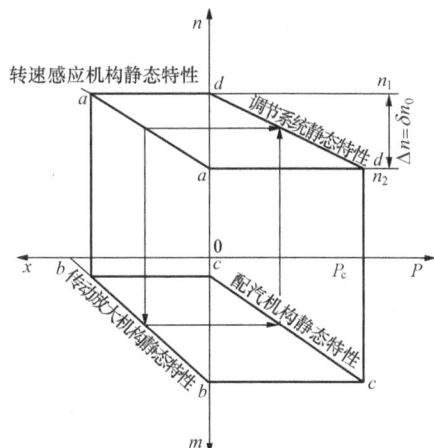

图 4-34 调节系统四方图

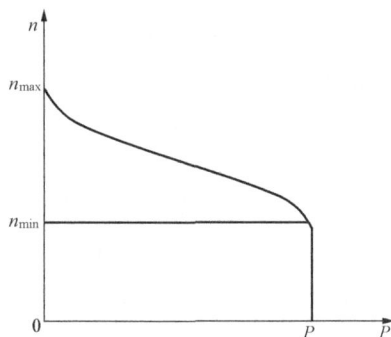

图 4-35 调节系统静态特性曲线

二、速度变动率和迟缓率

（一）速度变动率

根据调节系统的静态特性，在稳定状态下，汽轮机空负荷时的转速 n_{max} 与满负荷时的

转速 n_{min} 的差值与额定转速 n_0 的比值，称为调节系统的速度变动率 δ，即

$$\delta = \frac{n_{max} - n_{min}}{n_0} \times 100\% \qquad (4\text{-}7)$$

速度变动率是衡量调节系统品质的重要指标。对机组运行的安全性和经济性等方面都有着较大的影响。

1. 对机组负荷分配的影响

在电网中并列运行的机组，当外界负荷变化引起电网频率改变时，网内各运行机组的调节系统将根据各自的静态特性改变机组功率，以适应外界负荷的需要。这种由调节系统自动调节机组功率，以减小电网频率改变幅度的过程，称为一次调频。

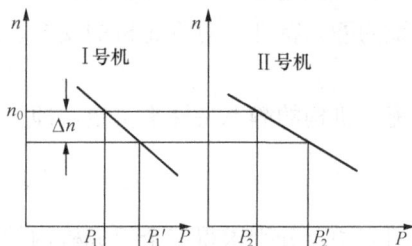

图 4-36　并列运行机组的负荷分配

如图 4-36 所示的两台机组，其速度变动率分别为 δ_1 和 δ_2，且 $\delta_1 > \delta_2$，当外界负荷增加 ΔP 时，网内两台机组的转速都由 n_0 降低了 Δn，两机组的调节系统各自动作，Ⅰ号机功率增加了 ΔP_1，Ⅱ号机功率增加了 ΔP_2，且 $\Delta P_1 + \Delta P_2 = \Delta P$，满足了外界负荷的需要，这就是一次调频的过程。不难看出，经过一次调频后，机组转速不再等于原来的转速。由图 4-36 可见，$\Delta P_1 < \Delta P_2$，这说明：在电网频率变动时，速度变动率越大的机组，负荷变动越小；速度变动率越小的机组，负荷变动越大。通常，带基本负荷的机组，速度变动率应适当大些，一般取 4%～6%；带尖峰负荷的机组，速度变动率小些，一般取 3%～4%。

2. 对甩负荷后机组转速的影响

若机组带满负荷在电网中运行时，由于某种原因要从电网中解列，甩负荷到零。此时，机组的转速将迅速增加，调节系统立即动作，去关闭调节汽阀，机组转速应稳定在 $(1+\delta)n_0$。但是，由于迟缓率等其他因素的影响，从调节系统感应到转速变化到关闭调节汽阀还需要一定时间，这一时间里，进入汽轮机的蒸汽量会超出需要量，使机组出现一瞬时的最高转速，其值高于 $(1+\delta)n_0$。且速度变动率越大，这一最高瞬时转速越高。为此，要求 $\delta < 6\%$，以保证机组突然甩负荷时，不致引起超速保护装置动作。

3. 对运行稳定性的影响

电网频率波动时，速度变动率越小，机组负荷变化就越大，调节系统稳定性就越差。通常规定速度变动率 $\delta > 3\%$。

但调节系统静特性线是一曲线，在各个功率范围内具有不同的局部速度变动率，其值可用图 4-37 所示方法求得：在某一功率 P 对应的点 A 上，作该点的切线，该线与空负荷线及满负荷线的交点 E、F 间的转速差与额定转速之比，便是 A 点的局部速度变动率。显然，当电网频率波动而引起机组功率波动时，波动幅度的大小取决于该功率下对应的局部速度变动率。因此，要保持机组运行稳定，还要求各点的局部速度变动率均大于 2.5%。

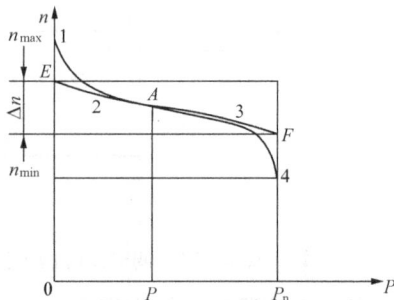

图 4-37　局部速度变动率

（二）迟缓率

在调节系统的各组成机构中，由于摩擦、间隙、过封度等因素的影响，信号的传递都存在着迟缓现象，但对配汽机构来说，其迟缓现象与油动机的工作能力相比，可以忽略不计。所以除配汽机构外，感应机构和传动放大机构的静态特性在坐标图上均体现为一带状区域。因此，调节系统的实际静态特性线也为一带状，其带状区间的大小是由调速器和传动放大机构两个区域叠合而成的，如图4-38所示。

图 4-38 调节系统的迟缓率

带状区间的大小通常用迟缓率来表示：在某一功率下，转速上升时的特性线与转速下降时的特性线之间的转速差 Δn 与额定转速 n_0 之比，称为调节系统的迟缓率，用 ε 表示：

$$\varepsilon = \frac{\Delta n}{n_0} \times 100\% \qquad (4-8)$$

迟缓率是表征调节系统品质的又一重要指标。迟缓率越大，从汽轮机转速变化到调节汽阀动作所需的时间间隔越长，使机组不能及时适应外界负荷的变化。

在单机运行时，将引起转速波动，其最大波动量为 $\Delta n = \varepsilon n_0$。

在并列运行时，即机组转速不变的情况下，将引起负荷摆动，其功率摆动量为

$$\Delta P = \frac{\varepsilon}{\delta} P_n \qquad (4-9)$$

式中 P_n——机组的额定功率。

由上式可以看出，并网运行的机组因迟缓率引起的功率摆动值的大小，与迟缓率成正比，与机组的速度变动率成反比。

甩负荷时，由于迟缓率的存在，使调节汽阀动作缓慢，则容易引起机组转速飞升过高，甚至引起超速保护装置动作。一般机组要求液调机组的迟缓率 $\varepsilon < 0.5\%$，新装机组则要求 $\varepsilon < 0.2\%$；电调系统的迟缓率 $\varepsilon < 0.1\%$。

（三）调节系统静态特性曲线的合理形状

综上所述可见，若调节系统具有合格的品质，则其静态特性曲线必须具有合理的形状。即其曲线应为：曲线斜率满足 $3\% < \delta < 6\%$，带状区间的宽窄满足 $\varepsilon < 0.5\%$，连续、平滑、沿功率增加方向逐渐向下倾斜，不允许出现任何水平段或垂直段。此外还要求：

（1）曲线在空负荷附近要陡一些，以利于机组并网和低负荷暖机。起始段曲线斜率大，可使调节系统内部波动（油压波动）或外部波动（电网频率波动）对进汽量的影响变小，转速变动也小，既有利于并网又不会产生过大的热应力；

（2）曲线在满负荷附近也要陡一些，使机组尽量维持在经济功率附近运行，保持较高的经济性，并防止电网频率下降时机组超负荷过多。

三、同步器

从调节系统的静态特性可见：在不考虑迟缓时，汽轮机功率与转速是单值对应关系。因此，在单机运行时，机组的转速取决于负荷，无法保证供电频率；在并列运行时，机组只能发出与电网频率相对应的固定功率，不能根据外界负荷的变化，调整机组的功率。

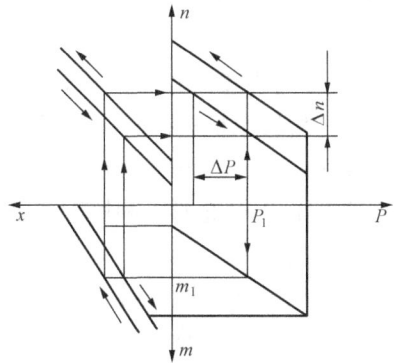

为此，调节系统中还需设置一专用的调整装置——同步器，以保证调节系统基本任务的完成。

（一）同步器的作用

（1）机组单机运行时，利用同步器平移调节系统静特性线，使机组转速在任何负荷下都保持在额定值。如图 4-39 所示，机组功率为 P_0、转速为 n_0，当外界负荷减少 ΔP 时，机组转速升至 n_1，此时，利用同步器将静态特性线向下平移，使功率 P_1 对应的转速仍为 n_0，以维持供电频率不变。

（2）机组并列运行时，利用同步器平移调节系统静特性线，将负荷在机组之间重新分配，并维持电网频率不变。通常，将利用同步器调整机组功率，以保持电网频率不变的过程，称为二次调频。如图 4-40 所示，并列运行的 I、II 号机，原功率分别为 P_1、P_2，当外界负荷增加时，电网频率下降至 f_1，两台机组进行一次调频，I 号机功率增加了 ΔP_1，II 号机功率增加了 ΔP_2，减少了电网频率的改变。此时，可操作 I 号机组的同步器进行二次调频，将其静特性线上移至 $a'a'$，使 I 号机调节汽阀开大，功率增加 ΔP_2，转速上升至 n_0，电网频率也升至 f_0，II 号机随着电网频率的升高，又进行一次调频，使功率减少了 ΔP_2。也就是说 I 号机承担了全部的负荷变化，并使电网频率恢复至额定值。用同步器调整电网频率的过程称为二次调频。

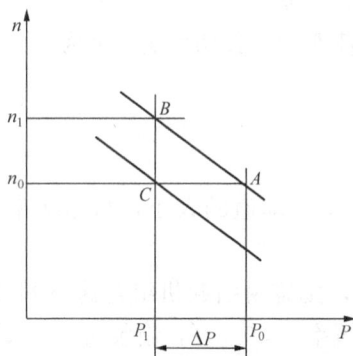

图 4-39 同步器调整机组转速

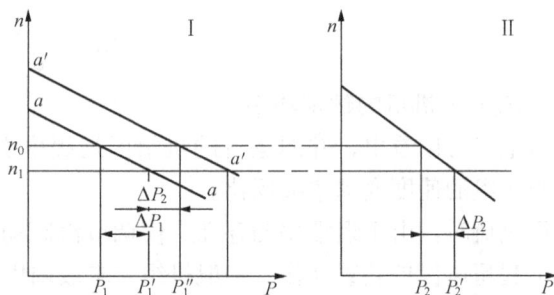

图 4-40 同步器改变机组负荷分配

（3）机组并网前，利用同步器调整机组空转转速，使其与电网频率同步后，并入电网。同步器也因此而得名。

（二）同步器的类型

调节系统的静态特性由三个组成机构的静态特性而定，因此，平移其中任一机构的静特性线，都可使调节系统的静特性线发生平移。实际中，多采用平移感应机构和传动放大机构静特性线的两类同步器。

1. 平移感应机构静特性线的同步器

从调速器的静特性线已知，若改变离心式调速器弹簧的预紧力，就可以使其静特性线产生平移。由于无法直接改变工作时旋转着的调速器上主弹簧的预紧力，特装设一辅助弹簧，如图 4-41 所示。

辅助弹簧的作用力通过杠杆作用在调速器滑环上，调速器的离心力则由主弹簧和辅助弹簧的变形力共同平衡，增大或减小辅助弹簧的预紧力，就等于改变了调速器的总弹簧预紧力，从而使感应机构的静特性线向上或向下平移。

2. 平移传动放大机构静特性线的同步器

这一类的同步器有：改变压力变换器上部弹簧预紧力的同步器（见图 4-5）、改变放大器拉伸弹簧预紧力的同步器（见图 4-4）、改变杠杆支点位置的同步器等多种形式。图 4-42 所示为改变杠杆支点位置同步器，当汽轮机转速不变时，差动活塞 3 位置不变，则杠杆上的支点 O 位置不变。此时转动同步器手轮 1，使杠杆上的支点 O_1 向右移，调速器错油门 2 则随之向左移，关小控制油（p_x）

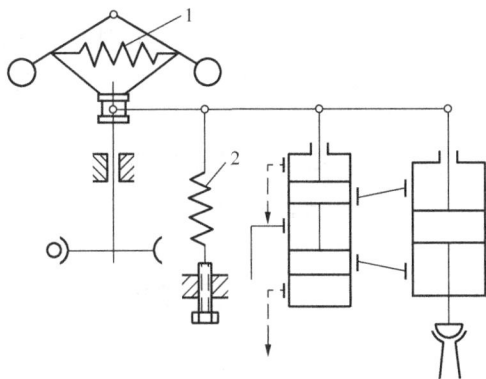

图 4-41 辅助弹簧同步器
1—主弹簧；2—辅助弹簧

的泄油口，油压 p_x 升高，开大调节汽阀，汽轮机的功率增加。表现在静特性线上则如图 4-42（b）所示，操作同步器使第三象限的传动放大机构静特性线 $a_2'b_2'$ 向左（油动机行程增大）平移至 a_2b_2，从而使第一象限的调节系统静特性线 $A_1'B_1'$ 向上移至 A_1B_1。同理，若使杠杆上的支点 O_1 向左移时，调节系统的静特性线将向下平移。

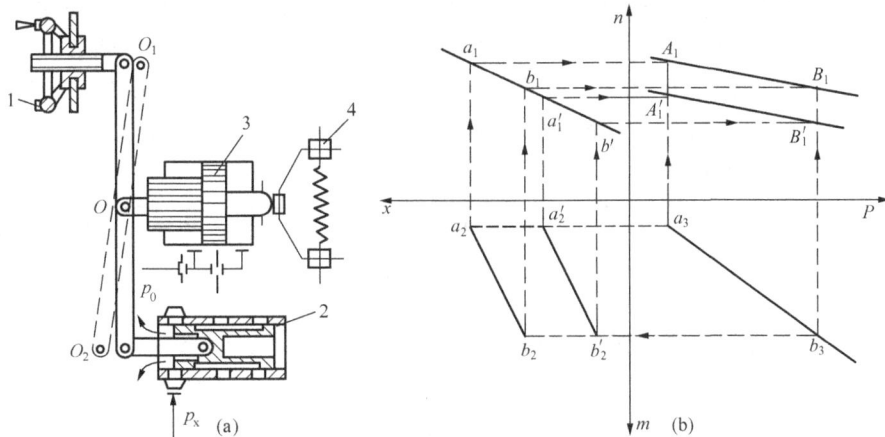

图 4-42 改变杠杆支点位置同步器
(a) 同步器工作过程；(b) 静态特性线的平移
1—同步器手轮；2—调速器错油门；3—差动活塞；4—调速器

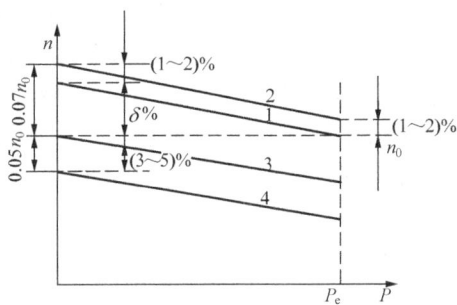

图 4-43 同步器的工作范围

3. 同步器的工作范围

同步器的工作范围是指调节系统静特性线的上限和下限。若机组只需保证在额定工况范围内运行，则同步器工作的上、下限为图 4-43 中的 1 线和 3 线。

在实际工作中，当电网频率在允许范围内升高，以及新蒸汽参数和凝汽器真空在允许范围内降低时，要求机组仍能带满负荷，则同步器的上限要上移至 2 线，即空负荷转速应为额定转速的 107%。

同样，当电网频率在允许范围内降低，以及新蒸汽参数或真空在允许范围内升高时，要求机组仍能减负荷到零，并自电网中解列，故要求同步器的下限要向下移至 4 线，即空负荷转速为额定转速的 95% 处。

可见，同步器的工作范围应为空负荷转速在额定转速的 95%~107% 范围内，也就是 2850~3210r/min 范围内。

课题四　调节系统动态特性

教学目的

理解调节系统动态特性的意义及其影响因素；了解衡量动态特性好坏的标准。

一、调节系统动态特性

当受到某种扰动时，调节系统的稳定状态被打破，经过调整后到另一个状态稳定下来。不同的调节系统从一个稳态到另一个稳态的过渡过程和时间等都不相同。将调节系统从一个稳定状态过渡到另一个稳定状态过程中所呈现的特性，称为调节系统的动态特性。动态过程中汽轮机转速 n 与时间 t 的关系曲线，称为调节系统的动态特性线。

研究调节系统的动态特性，目的在于掌握动态过程中功率、转速、调节汽阀开度、控制油压等参数随时间的变化规律，判断调节系统是否稳定，评定调节系统品质好坏，分析影响动态特性的主要因素，并提出改善调节系统动态性能品质的措施。

二、动态性能品质指标

调节系统动态性能品质好坏，主要根据稳定性、超调量和过渡过程时间这三项指标来衡量。

1. 稳定性

当运行机组在受到干扰而离开平衡状态后，经过调节系统调整能够回到新的或原来的平衡状态，则认为调节系统是动态稳定的。图 4-44 为汽轮机甩全负荷时，具有不同动态性能的调节系统的转速随时间变化的动态过程线。图 4-44（a）的三条动态过程线，其转速最终都能稳定于 $n_1 = (1+\delta)n_0$ 上，为稳定的调节系统。图 4-44（b）的三条动态过程线，其转速线随着时间 t 的增大，或沿着 n_1

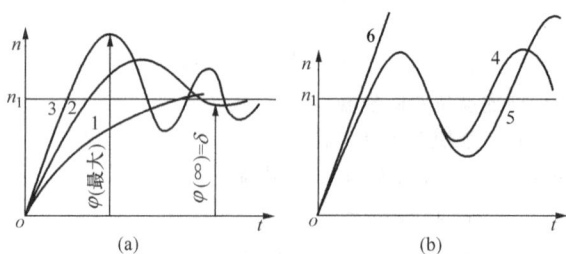

图 4-44　甩全负荷动态过程

做不衰减的谐振（曲线 4），或转速振动幅度随时间 t 增大而逐渐增大（曲线 5），或甩负荷后转速一直上升（曲线 6），这些过程为不稳定的动态过程，其调节系统为不稳定的调节系统。

对图 4-44（a）中所示稳定的调节系统，当其衰减振荡的次数低于 3~5 次时，可认为其动态稳定性合格。

2.超调量

在机组甩全负荷过程中，最高转速与最后稳定转速之差，称为转速的超调量。由图 4 - 45 可见

$$\Delta n_{max} = n_{max} - n_1 = n_{max} - (1+\delta)n_0 \qquad (4-10)$$

汽轮机甩全负荷后的最高转速 n_{max} 应低于超速保护装置的动作转速，且应保留 3% 左右的裕度。因此，$n_{max} \leqslant (107\% \sim 109\%) n_0$，对 $\delta = 5\%$ 的调节系统，即要求 $\Delta n_{max} \leqslant (2\% \sim 4\%) n_0$。

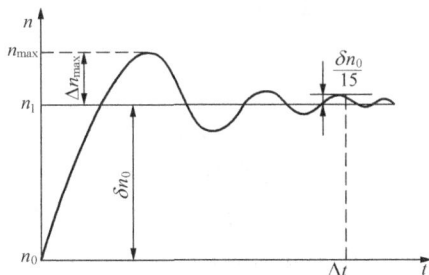

图 4 - 45 甩全负荷时的超调量

3.过渡时间

调节系统受到扰动后，从原稳定状态过渡到新的稳定状态所需的时间，称之为过渡时间。如图 4 - 45 中所示的 Δt 为该机组的过渡时间。显然，过渡时间越短，动态性能品质越好，一般要求 $\Delta t < 5 \sim 50s$。

三、影响动态特性的主要因素

1.速度变动率 δ

从图 4 - 46 中可见，速度变动率越小，机组甩全负荷时的最高转速就越低，但超调量却随速度变动率的减小而增大，使甩全负荷后转速波动的次数增多，衰减变慢，稳定性变差。因此，要求速度变动率为 $3\% < \delta < 6\%$。

2.迟缓率 ε

迟缓率对调节系统动态特性有着不利的影响。迟缓率增大后，使调节系统从接收到变化信号到调节汽阀开始动作的过渡时间变长，从而使超调量增大，转速振荡次数增多，衰减变慢，严重时会造成不稳定振荡。因此，无论从静态特性还是动态特性的角度来看，调节系统的迟缓率都是越小越好。

3.油动机时间常数 T_m

油动机时间常数 T_m 是指在错油门油口开度最大时，油动机在最大进油量条件下，从全开至全关所需要的时间。由图 4 - 47 可见，T_m 越小，表明油动机动作越迅速，使超调量越小，调节系统稳定性越好，动态性能品质也就越好。一般要求 $T_m = 0.1 \sim 0.3s$。

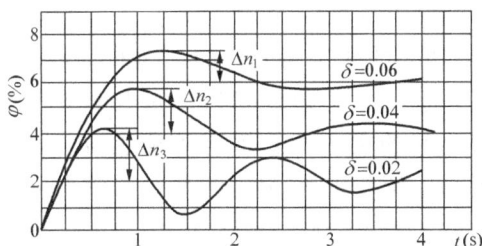

图 4 - 46 速度变动率对动态特性的影响

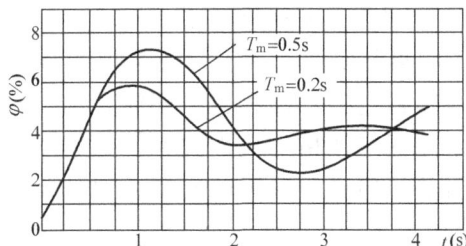

图 4 - 47 油动机时间常数 T_m 对动态特性的影响

4.转子飞升时间常数 T_a

转子飞升时间常数 T_a 是指转子在额定功率时的蒸汽主力矩 M_0 作用下，转速由零升到额定转速 n_0 所需要的时间。转子的飞升时间越小，说明转子就越容易加速，甩负荷时机组

也越容易超速。转子飞升时间取决于

$$T_a = \frac{I(\omega_o - 0)}{M_o} = \frac{I_{\omega_o}}{M_o} \tag{4-11}$$

式中　I——转子的转动惯量；

　　　ω_o——额定角速度。

由上式可见，T_a 与蒸汽力矩 M_o 成反比，而与转动惯量成正比。随着现代机组容量的增加，M_o 成几倍或几十倍地增加，而 I 值却增加不多，使得 T_a 值越来越小，机组甩负荷后超速的可能性加大，对调节系统的要求也越来越高。通常大功率机组的调节系统都增设了加速器，利用甩负荷时的加速度信号，暂时关闭高、中压调节汽阀，以避免超速，待机组转速降至额定值附近时再开启，维持汽轮机空转。

5. 中间体积时间常数 T_v

汽轮机的中间体积是指调节汽阀到末级通流部分、回热抽汽管道、中间再热器及其管道等存留蒸汽的空间。中间体积时间常数是指蒸汽在额定流量下，充满中间体积所需要的时间。显然，中间体积时间常数正比于中间体积。

当机组甩负荷后，调节汽阀快速关闭，但中间体积内滞留的蒸汽仍将在汽轮机内流动做功，使汽轮机转速飞升，并使动态超调量增大。T_v 值越大，对调节系统动态特性品质的影响也越大。因此，要尽量减小 T_v 值。如尽量使抽汽管道止回阀靠近汽缸，再热机组装设中压调节汽阀等。

课题五　中间再热汽轮机的调节

📖 教学目的

了解采用中间再热给汽轮机调节带来的问题及中间再热汽轮机的调节特点。

一、中间再热给汽轮机调节带来的问题

大功率机组为提高循环效率以及降低排汽湿度，均采用了中间再热，从而给汽轮机的调节带来了新的问题。

（一）采用单元制的问题

中间再热机组，由于中间再热压力是随着机组功率的变化而变化的，因此，不同机组的再热器之间不能相连；同时，为使锅炉能正常运行，必须使新汽流量与再热蒸汽流量之间保持严格的比例关系。这样，不同机组之间的主蒸汽管道也不能相连。因此中间再热机组必须采用单元制。但单元制的采用将给锅炉和汽轮机的配合带来如下新的问题。

1. 机炉动态特性差异的影响

汽轮机和锅炉的动态特性差异较大，即对负荷变化的适应性相差较大。当外界负荷改变时，汽轮机的功率可以很快做出相应的调整，而锅炉从调整燃烧到蒸发量改变需要较长的时间。即锅炉蒸发量的改变滞后于汽轮机功率的改变。在母管制机组中，汽轮机主要是利用锅炉和蒸汽母管中储存的能量来参加一次调频，暂时满足能量的供需平衡。而在单元制机组中，既没有蒸汽母管的蓄存能量可以利用，也不能利用其他锅炉的蓄存能量。因此，汽轮机功率的变化，势必引起汽轮机进汽压力的变化，破坏了调节门开度与流量的对应关系，影响汽轮机对负荷的适应性。譬如，当电网负荷增加时，电网频率下降，调节系统动作后，调节门开大，汽轮机进汽量增加。但由于锅炉的蒸发量不能立即增大，结果使新蒸汽压力下降，此时汽轮机增加的功率将小于该调节门开度下的设计值，因而电网频率进一步下降，降低了汽轮机对负荷变化的适应性。如果外界负荷突然变化很大，将引起新汽压力急剧下降，还可能引起锅炉汽包汽水共腾等恶性事故。此外蒸汽压力的急剧变化，还会使得汽温调节困难，对汽轮机的安全经济运行都带来不利影响。

2. 机炉最低负荷的不一致

维持锅炉稳定燃烧所需要的最小蒸发量为额定蒸汽量的 $30\%\sim50\%$，而汽轮机空负荷运行时所需要的蒸汽量仅为额定流量的 $5\%\sim8\%$，甚至可小到 2%，这就是单元制机组中机炉最小负荷的不一致。因此在汽轮机低负荷或空负荷运行时，必须设法处理锅炉多余的蒸汽。

3. 再热器的保护问题

布置在较高烟温区的再热器为避免超温烧坏所需要的最小冷却流量也要高于汽轮机空转所需流量（如 200MW 机组再热器的最小冷却流量为额定流量的 14%）。可见，又出现了所需蒸汽量不相匹配的问题。因此，在机组启动过程中必须考虑再热器的保护问题。

（二）中间再热容积的影响

1. 中低压缸功率滞延

当外界负荷变化时，随着调节汽阀开度的改变，凝汽式汽轮机的流量和功率也随之而变，而再热式汽轮机由于存在着较庞大的中间容积，使得中低压缸流量和功率的变化滞后于调节汽阀开度的改变，从而使其负荷适应性变差。

如图 4 - 48 所示，在 t_0 时刻，随着调节汽阀的开大，高压缸的功率 P_1 立即增加，而由于中间容积的影响，中、低压缸的功率 P_2 需随再热蒸汽压力的逐渐升高而缓慢增加。同时，随着再热蒸汽压力升高，高压缸进、出口压差逐渐减小，其理想焓降也逐渐减小，使高压缸的功率 P_1 逐渐降低，直至 t_1 时刻再热蒸汽压力稳定在调节汽阀开度的对应值时为止。汽轮机的总功率为 $P_\Sigma = P_1 + P_2$。由图可见，汽轮机功率本应在 t_0 时刻就增至调节汽阀开度的对应值，但因中间再热体积的影响，滞延到了 t_1 时刻。图中的阴影部分表示了这一段时间里所滞后的功率，这段功率的滞后使再热机组负荷适应性变差，一次调频能力降低，极易造成电网频率的波动。而随着中间再热机组在电网中所占比例的不断增大，对中间再热机组参加一次调频的要求越来越高。

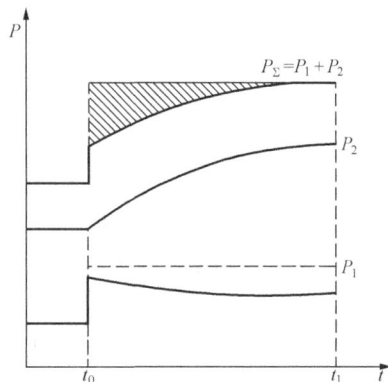

图 4 - 48 再热机组的功率滞后

2. 甩负荷时的超速

由于中间再热容积的存在，加之大机组转子飞升时间较短，因此再热式机组甩负荷时，即使高压调节汽阀已迅速全关，再热器及管道中存留的蒸汽仍将继续流入汽轮机的中、低压缸做功，使得汽轮机的转速升高，引起超速保护装置动作而停机。粗略估算，中间容积的剩余蒸汽可使汽轮机转速超出（40%～50%）n_0，超过了机组转动部件强度极限的允许范围。

二、中间再热机组的调节特点

1. 设置旁路系统

为了解决汽轮机空载流量与锅炉最低负荷不一致的矛盾，同时为了保护再热器，回收工质，中间再热式汽轮机都设置有旁路系统。所谓旁路系统，是指与汽轮机通流部分相并联的蒸汽管路。通常将与高压缸并联的管路称为Ⅰ级旁路；与中、低压缸并联的管路称为Ⅱ级旁路；与整台机组相并联的管路则称为Ⅲ级大旁路。

图4-49所示为具有Ⅰ、Ⅱ级旁路的两级旁路系统。

在机组启动或空、低负荷运行时，多余的蒸汽经Ⅰ级旁路减温减压后，与高压缸排汽汇合进入再热器，从再热器出来的蒸汽，一部分进入中、低压缸做功后，排入凝汽器，另一部分经Ⅱ级旁路直接进入凝汽器，从而解决了机、炉、再热器的蒸汽流量匹配问题，并且回收了工质。

2. 高压调节阀动态过调

为了解决中间再热汽轮机的功率滞延问题，提高中间再热机组的一次调频能力，常采用高压调节汽阀动态过调的方法。

所谓动态过调是指当再热式机组负荷突然变化时，将高压缸调节汽阀的开度暂时过量地开大或关小，用高压缸多发或少发的功率来弥补中、低压缸滞后的功率。如图4-50所示，当外界负荷增加时，将高压缸调节汽阀暂时过量开大，随着再热器压力升高再逐渐关小，待再热汽压稳定后高压调节汽阀也恢复至该负荷的对应值，从而用高压缸短时间内多发的功率弥补中、低压缸在这段时间内滞后的功率，使机组功率满足外界负荷变化的需要。

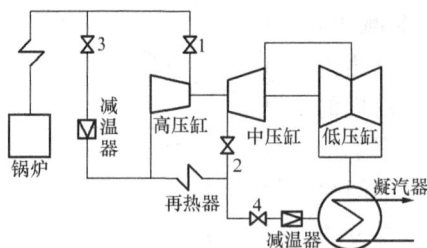

图4-49　两级旁路系统示意

1—高压调节汽阀；2—中压调节
汽阀；3、4—截止阀

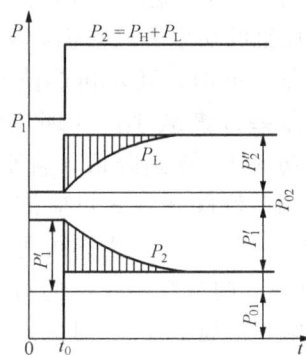

图4-50　动态过调消除
功率滞延

3. 设置中压主汽阀和调节汽阀

为了防止甩负荷时汽轮机超速，在中压缸前设置中压主汽阀和中压调节汽阀。中压主汽阀与高压主汽阀同受保护装置控制，任一保护装置动作都能使中压主汽阀与高压主汽阀一起迅速关闭，切断进汽，以保证汽轮机的安全。中压调节汽阀则受控于调节系统，当机组甩负荷时，调节系统动作，可同时关闭高、中压调节汽阀，避免了中间容积中的蒸汽进入汽轮机而使其超速。

为减少阀门的节流损失，中压调节汽阀只在机组启、停及低负荷时参与调节，在负荷高于额定负荷的30%后，中压调节汽阀即处于全开状态，如图4-51所示。

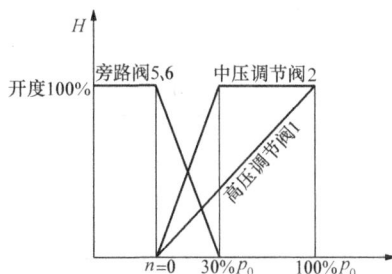

图4-51 高、中压调节汽阀及旁路阀的对应关系

（1）从锅炉点火直至汽轮机冲转之前，高、中压调节汽阀关闭，锅炉产生的蒸汽经全开的旁路阀及再热器进入凝汽器。

（2）随着汽轮机冲转、升速和带负荷，高、中压调节汽阀分别呈线性开启，旁路阀则线性关闭。在额定负荷的30%时，中压调节汽阀全开，旁路阀全关；此后对负荷的控制全依靠于高压调节汽阀，至额定负荷时，高压调节汽阀全开。

4. 汽轮机、锅炉的协调控制方式

单元制机组负荷适应性的提高，主要取决于对锅炉蓄存能量的利用程度。而汽轮机、锅炉的控制方式关系到锅炉蓄存能量的利用，目前采用的机组的控制方式有以下几种。

（1）汽轮机跟随控制方式，如图4-52（a）、（b）所示。当汽轮机定压运行时，如图4-52（a），外界负荷改变的信号首先送给锅炉，待锅炉出力改变时，新蒸汽压力改变，汽轮机根据新蒸汽压力的改变再相应改变机组负荷。这种方式可维持新蒸汽压力不变，只要新蒸汽压力有微小地变化，压力调节器就会相应改变调节阀的开度，使机组功率改变。当汽轮机滑压运行时，如图4-52（b）所示，调节汽阀全开，功率随新蒸汽压力的变化而变化。汽轮机跟随控制方式因锅炉燃烧响应太慢，使机组功率的响应滞延。

（2）锅炉跟随控制方式，如图4-52（c）所示。负荷变化信号，首先送给汽轮机。汽轮机根据外界负荷的变化改变调节汽阀开度，此时主汽压力发生相应变化，锅炉根据流量、压力的变化信号调整其燃烧，以维持新汽压力不变。这种控制方式的特点是可暂时利用锅炉蓄存的能量，以适应外界负荷的变化。当负荷变化较小时，能实现快速响应，可参加一次调频，但是，在负荷变化较大时，由于锅炉燃烧的迟滞时间较长，主蒸汽压力的变化较大。

（3）机炉协调控制方式，如图4-52（d）所示。这种控制方式综合了前两种控制方式的特点，将功率变化指令同时送给锅炉和汽轮机的控制系统，对汽轮机调节汽阀开度和锅炉燃烧进行同步调整，协调控制。其特点是它一方面可利用锅炉蓄存的能量，使汽轮机功率迅速做出调整；另一方面又可同时改变锅炉的出力，共同适应外界负荷的变化，使新汽压力波动小。

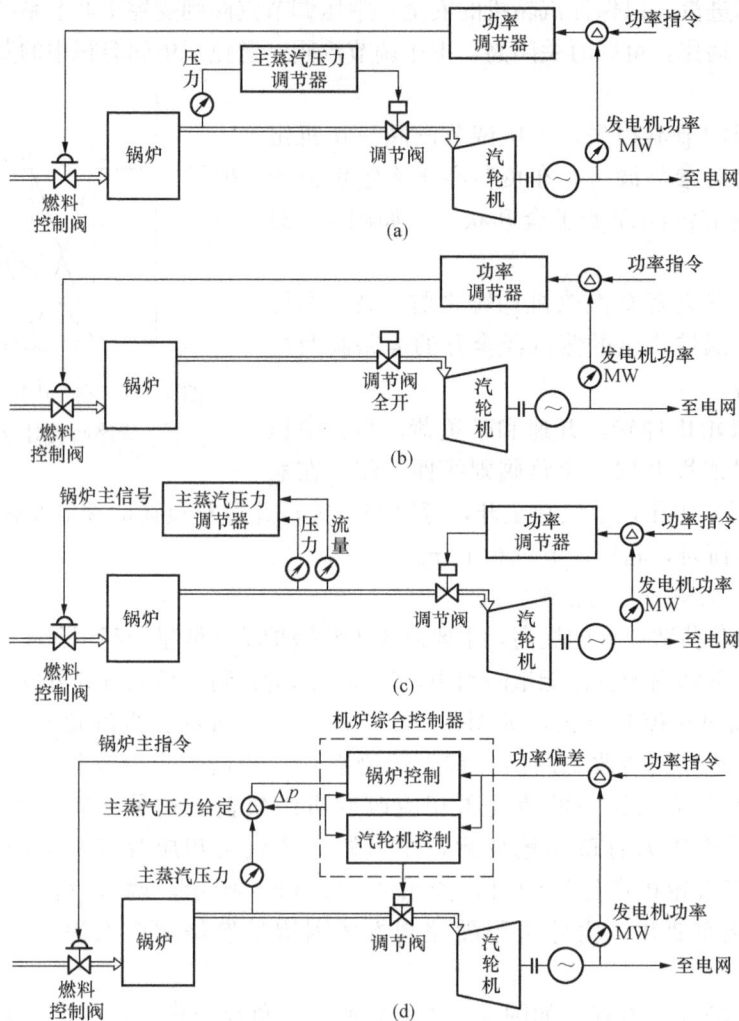

图 4 - 52　汽轮机、锅炉的控制方式
(a)、(b) 汽轮机跟随控制方式；(c) 锅炉跟随控制方式；(d) 机炉协调控制方式

课题六　功 - 频 电 液 调 节 系 统

教学目的

　　了解功-频电液调节的基本原理，深刻理解这种功-频电液调节与液压调节系统的不同点。

　　液压式调节系统是由调速器感受转速的变化，通过调节系统控制调节汽阀的开度，是一种单冲量的转速调节或称频率调节。这种调节方式是建立在初、终参数不变，机组功率与调节汽阀开度一一对应的基础上的。随着机组功率的增大，单元制和再热机组的采用，机组功率与调节汽阀开度一一对应的比例关系难以保证，这种单冲量调节已经不能满足电网的要求。我们把外界负荷变化引起的机组转速变化称为外扰，蒸汽参数的变化则称为机组的内扰。显然，当电网频率不变，蒸汽参数变化引起机组功率改变时，这种单冲量的转速调节系统对此无法进行自动调节。也就是说，这种单冲量的转速调节系统不具备抗内扰的能力。为了增加机组的抗内扰能力，在调节系统中又引入了功率信号，采用频率、功率两种信号综合起来去控制调节汽阀的开度，这种调节称之为功率-频率调节，简称功-频调节。

由于电子元件具有测量方便、运算比较的综合能力强、运算速度快、精确度高以及能方便地改变放大倍数、时间常数等，从而可方便地改变调节特性，使机组适应不同运行要求的优点，因此功-频调节系统中采用电子元件作为测量、运算部件，取代了机械液压调节系统中的感应和放大机构。但是电器设备尚无法代替尺寸小而力量大、速度快的油动机，所以调节系统仍采用错油门和油动机作为液压执行机构。所以功-频调节系统又称为功-频电液调节系统。由于它是以连续的电量对机组进行控制的，所以也称为模拟电液调节，简称 AEH 调节。

一、功-频电液调节系统的基本原理

图 4-53 所示为功-频电液调节的原理方框图。主要由电调和液控两部分组成。电调部分由测频单元、测功单元、给定单元、PID 校正单元和电液转换器等构成；液控部分由错油门和油动机构成。

测频单元感受转速的变化，输出一个直流电压信号；测功单元测取发电机的有功功率，输出一直流电压信号；频率给定和功率给定按需要输出一个调节信号。PID 校正单元中的比例（P）起比例放大作用；微分（D）使调节汽阀产生动态过调；积分（I）使其输出量比例于输入量对时间的积分，即输入量为一恒定不变值

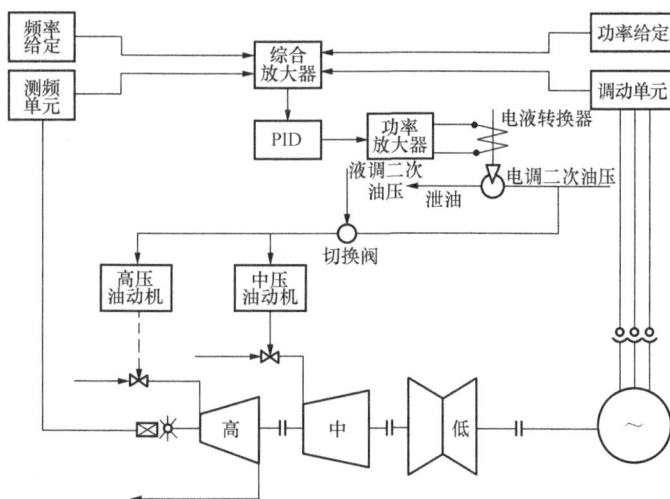

图 4-53 功-频电液调节原理方框图

时，输出量随时间积分越来越大，只有当输入量为零时，调节才停止。PID 校正单元输出的电信号经电液转换器转换为液压控制信号，该液压控制信号去控制高中压油动机。

功-频电液调节系统功能较多，下面仅就转速调节过程、功率调节过程、功-频调节过程及甩负荷调节过程的工作原理作简要说明。

1. 转速调节过程

在机组并网前，汽轮机的实际功率为零，给定功率也是零，此时功-频电液调节系统中只有转速调节起作用。此时机组的转速信号通过测频单元转换成相应的模拟电压信号 E_n，转速给定电压 E_{nr} 由转速给定器给出，E_{nr} 与 E_n 同时送入放大器进行比较，若两者之差为零，则转速维持在给定值上。若给定电压 E_{nr} 大于 E_n，则两者之差被综合放大器放大后，送入 PID 校正单元进行运算放大，并输出一控制电压信号，再经电液转换器转换成为液压信号作用于油动机上，使调节汽阀开大，汽轮机转速升高。与此同时，测速信号电压 E_n 随

转速的升高而增大,当 E_n 重新与 E_{nr} 相等时,汽轮机便停止升速。显然,只要转速的模拟电压 E_n 与给定电压 E_{nr} 之间存在偏差,调节就将继续进行,直到机组转速与给定值相等时为止。因此这种情况下的调节是无差调节。

2. 功率调节过程

机组并入电网后,电网频率维持不变,或切除转速回路(机组不参与一次调频)时,功频调节实际成为了单一的功率调节。汽轮机的实发功率通过测功单元转换为直流模拟电压信号 E_P,它与功率给定信号 E_{Pr} 进行比较,并经 PID 校正放大后,输出控制电压信号,再经电液转换器转换为液压信号,去控制油动机的动作,改变机组功率。只要机组实发功率与给定功率不相等,PID 校正单元的输入信号就不等于零,调节过程就将继续进行,直至 E_P 与 E_{Pr} 之间的偏差完全消除,PID 校正单元的输入信号为零为止。所以这种情况下的调节也属于无差调节。

由以上两点可以看出,单机运行时,改变频率给定可以改变机组的转速;在并网运行时,改变功率给定可以改变机组的负荷。因此,给定单元类似液压调节系统中的同步器。

3. 功-频调节过程

在机组并网运行的过程中,当机组参与一次调频时,转速调节回路和功率调节回路同时起作用。现以外界负荷增加为例来讨论其一次调频过程。当外界负荷增加时,电网频率降低,转速模拟电压 E_n 相应减小,而此时 E_P、E_{Pr}、E_{nr} 均未变,因而 PID 校正单元的输入信号为正的频率偏差信号 ΔE_n,经 PID 作用后,使调节汽阀开大,机组功率增加。功率增大使得测功模拟电压信号 E_P 增大,但由于功率给定 E_{Pr} 未变,因此功率偏差出现负值,该负的功率偏差信号与正的频率偏差信号在 PID 中相比较。如果功率偏差的负电压信号正好等于频率偏差的正电压信号,则两者互相抵消,PID 输入为零,调节过程结束,达到一个新的稳定工况。可以看出,功-频调节的静态特性是有差的。

4. 甩负荷过程

甩负荷时,机组的动态特性是判断调节系统性能优劣的重要标志。在一般液压调节系统中,当出现甩负荷(假定甩满负荷)事故时,由于同步器仍处于满负荷位置,所以静态特性位置不变,如图 4-54 所示。甩负荷时的瞬时最高转速为 $n_{max}=(1+\delta)n_0+\Delta n_{max}$($\Delta n_{max}$ 为超调量)。

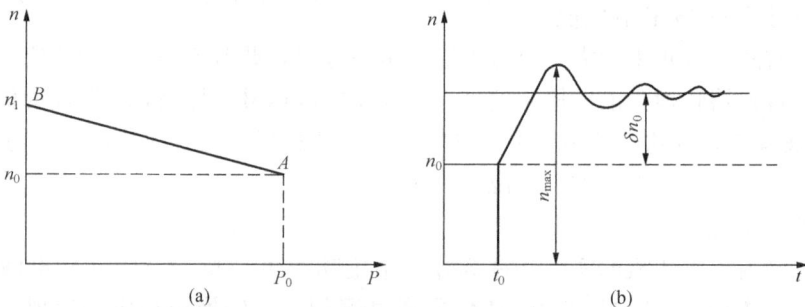

图 4-54 液调系统甩负荷特性

在功频电液调节系统中,由于甩负荷时可利用油开关跳闸信号通过继电器切除功率给定的输出,因而使功率给定值由额定值瞬间变为零,又由于实际功率为零,故功率偏差信号为零，系统进入纯转速调节，机组最后的稳定转速必然等于给定的额定转速。甩负荷时的动态过程线如图4-55所示。切除功率给定，相当于把静态特性从满负荷位置 AB 移到了空负荷位置 $A'B'$。其瞬时最高转速为 $n_{max}=n_0+\Delta n_{max}$，比液压调节系统甩负荷时的瞬时最高转速低 δn_0，稳定转速为 n_0。这不仅降低了甩负荷时的机组转速的最大飞升值，也为机组迅速重新并网创造了条件。

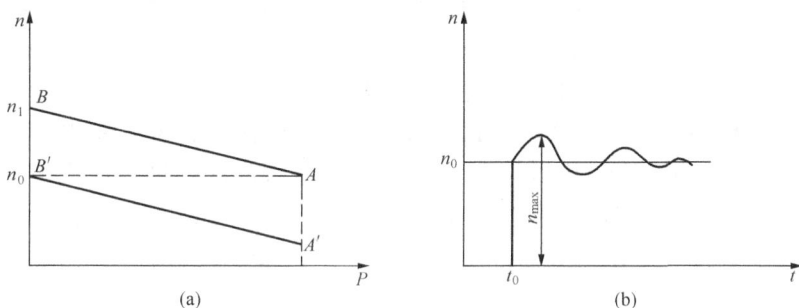

图 4-55 电调系统甩负荷特性

二、功-频电液调节系统的特点

功-频电液调节系统与液压调节系统相比，突出的优点是：

（1）模拟电调系统的电气部分，具有快速性、准确性和灵敏度高的特点，系统的调节精度高，迟缓率为 0.1% 左右，而一般的液压调节系统，迟缓率则高达 0.3%～0.5%。

（2）功频模拟电调为多回路多变量的调节系统，PID 的综合运算能力强，具有较强的适应外界负荷变化和抗内扰的能力，而液压调节系统仅为单冲量的比例调节系统，调节性能较差。

（3）功频模拟电调的转速或功率实际值能准确地等于给定值，静态特性良好；在动态特性方面更为突出，机组甩负荷时，由于切除了功率给定，转速稳定在 3000r/min 上，系统的动态升速比液压调节系统减少了一个速度变动率值，动态特性良好。

（4）功频模拟电调可提供调频、带基本负荷和单向调频等不同的运行方式。在机组启动过程中，有大小范围测速可供选择，大范围测速从 100～200r/min 起就能精确地对转速实行闭环控制，即使蒸汽参数波动，也能保持给定转速，升速稳定，精确度可达（±2～±3）r/min；转速达到 2850r/min 左右，改投小范围测速系统，调节精确度更有所提高，便于并网。而一般的液压调节系统，转速达到 2700r/min 后才可投入闭环控制系统，调节精确度仅为（±7～±15）r/min，差距较大。

（5）功频模拟电调中的电气部分，便于比较、综合各种信号，便于在线改变运行方式和调节参数，便于机炉协调控制，有利于机组的自动化，而液压调节系统，在这些方面受到局限，难以实现机炉协调控制。

课题七　数字电液调节系统

教学目的

掌握数字电液调节系统的基本原理，了解 DEH 系统的组成、功能、特点及其运行方式。

　　汽轮机的调节系统由机械式、液压式发展到模拟式功频电液调节系统（AEH），又随着计算机技术的发展，以及计算机性能价格比的不断提高，用计算机来控制的电液调节系统，很快取代了尚未完善发展的模拟电液调节系统。这种新型调节系统习惯上简称为 DEH 调节系统或数字电液调节系统（digital electro-hydraulic control system）。

一、DEH 调节系统的概述及基本原理

　　DEH 调节的原理方框图如图 4-56 所示。该系统实际上为模拟-数字、功率-频率、电子-液压调节系统，其采样信号除转速为数字量外，其余采用信号均为模拟量，因此送入计算机前需经模/数转换器（A/D）转换成数字量，在计算机中进行数字处理和运算，其输出数字量经数/模转换器（D/A）变成模拟量后送至电液转换器，将电信号转变成液压信号，此液压信号作用于油动机以控制主汽门及调节汽门的开度，使汽轮机的转速或功率发生变化。系统中的给定值，有转速给定及功率给定，可以数字量输入，也可以模拟量输入。

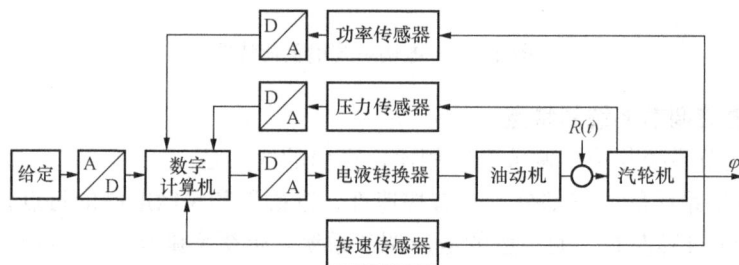

图 4-56　数字电液调节系统原理方框图

　　该系统的调节过程可简要分析如下：由图 4-56 可见，转速和功率信号形成了两个反馈回路，当外界负荷变化时，汽轮机转速变化，频率采样器产生的模拟电压信号通过模/数转换器转换成数字量并输入到计算机，计算机算出结果后，再经数/模转换器转换为模拟量输入至电液伺服阀，控制阀门的开度，使汽轮机的功率做相应的改变。同样道理，功率变化信号也经过采样器和模/数转换器，其数字量输入计算机与转速的相应信号相比较，当两个信号的变化值相互抵消时，调节系统动作结束。

　　该系统的调节规律是 PI（比例、积分）调节，而且是多回路的串级调节系统。整个系统由内回路和外回路组成，内回路可加速调节过程，外回路则可保证输出严格等于给定值；PI 调节规律既保证了对系统信息的运算处理和放大，其积分环节又可保证消除静态偏差，从而实现无差调节。

　　数字电调与模拟电调相比，其给定、比较、综合和 PI 运算部分都是在数字计算机内完成的，由于计算机控制系统是在一定的采样时刻进行控制的，因此，两者在控制方式上完全不同，模拟电调属于连续控制系统，数字电调则属于离散控制系统，也称为采样控制系统。

　　数字电调和模拟电调比较，可以说模拟电调与液压调节系统比较的那些优点，数字电调系统也都具备，由于实施计算机控制，还增加了许多新的特点。

　　（1）用计算机取代模拟电调中的电子硬件，特别是采用微处理机和使功能分散到各处理单元后，显著提高了可靠性。

　　（2）计算机的运算、逻辑判断与处理功能特别强，除控制手段外，在数据处理、系统监

控、可靠性分析、性能诊断和运行管理（参数与指标显示、指标打印、报警、事故追忆和人机对话）等方面，都可以得到充分的发挥。

（3）调节品质高，系统的静态和动态特性良好。例如，在蒸汽参数稳定的条件下，300MW 机组数字电调的调节精度：对功率调节在 ±2MW，对转速的调解在 ±2r/min 以内。此外，由于硬件采用积木式结构，系统扩展灵活，维修测试方便；在冗余控制手段、保护措施严密等方面，均比模拟电调有明显的优势。

（4）利用计算机有利于实现机组协调控制、厂级控制以至优化控制，这是模拟电调无论如何也不能相比的。

二、DEH 调节系统的组成

国产引进型 300MW 汽轮机调节系统采用的是 DEHⅢ型控制系统。图 4-57 所示为简化的 DEH 及其附属系统。它由 DEH 控制器、DEH 操作系统、油系统、执行机构和危急跳闸系统五大部分组成，它将汽轮机的调节、保护和供油系统连接成一个整体。

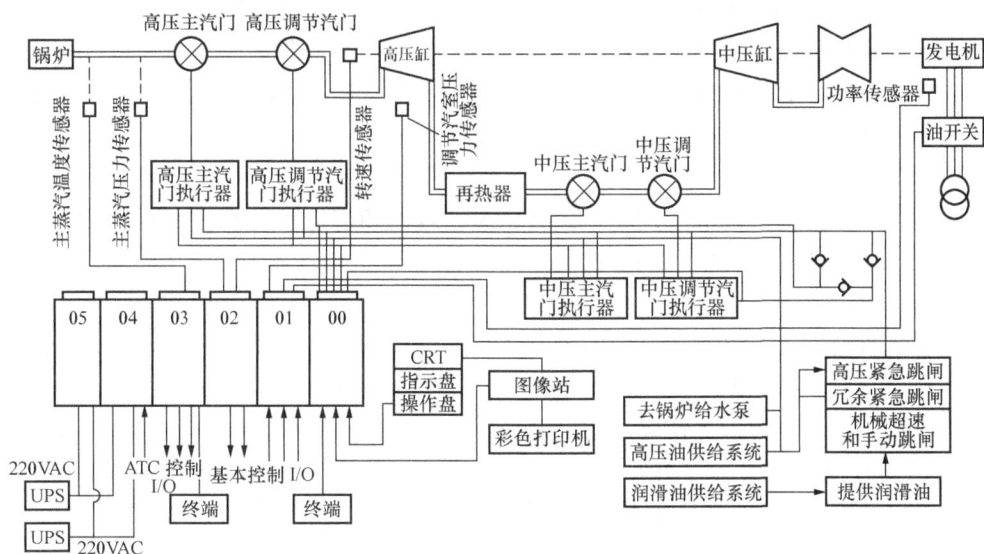

图 4-57 300MW DEH 及其附属系统

1. DEH 控制器

DEH 控制器是由数字系统和模拟系统组成的混合系统。数字系统主要包括数字计算机及其软件；模拟系统主要包括数/模转换器、阀门伺服回路的电气接口、手动操作后备系统和超速保护控制器等。

DEH 控制器设有两台基本计算机 A 和 B，二者的内部配置完全相同，一旦 A 机出现故障，便可无扰动地自动切向 B 机。此外还设有计算机 C，用于汽轮机的自启停控制（ATC）。

数字计算机接受汽轮机作为转速与负荷控制的三个反馈信号，即转速、发电机输出功率以及调节级压力，还有反映机组运行状态的其他信息，并将以上输入信号进行运算后发出指令，通过模拟系统设置模拟量的阀位信号，经电液转换后控制主汽阀和调节汽阀的 EH 液压执行机构，使得阀门达到指令所要求的开度。

2. DEH 操作系统

DEH 操作系统是操作人员对机组的控制中心。主要包括 DEH 操作盘、信号指示盘、屏幕显示器（CRT）以及打印机等。

DEH 操作盘的作用是操作人员向 DEH 系统传递指令。运行人员通过操作盘上的键和按钮向控制系统输入改变运行状态和给定值的信息，并按要求的速率改变转速和负荷，控制进汽阀的开度。

信号指示盘装有各种表计和指示灯，为运行人员提供各种直观指示。如各进汽阀门的状态和阀门位置、汽轮发电机组的转速和功率、控制系统的状态、系统中关键量的报警和灯光指示等。

屏幕显示器是通过屏幕向操作人员显示各种运行参数、运行曲线、运行趋势和运行故障等画面，为操作人员提供运行指导。

3. 油系统

本机高压控制油与润滑油分开。高压油（EH 油系统）采用三芳基磷酸酯抗燃油，为控制系统提供控制与动力用油，系统设有油泵两台，一台工作，一台备用，供油油压为 12.42～14.47MPa，它接受控制器或操作盘来的指令进行控制。润滑油泵由主机拖动，为润滑系统提供 1.44～1.69MPa 的汽轮机油。

4. 执行机构

主要由伺服放大器、电液转换器和具有快关、隔离和逆止装置的单侧油动机组成，负责带动高、中压主汽阀和高、中压调节汽阀。

5. 保护系统

保护系统设有 6 个电磁阀，其中两个（OPC）电磁阀用于转速高到一定值时，暂时关闭高、中压调节汽阀，其余四个（AST）电磁阀用于机组超速、轴承油压低、EH 油压低、轴位移超限、凝汽器真空过低等情况下的危急遮断和手动停机之用。

此外，为控制和监督服务用的测量元件是必不可少的，例如，机组转速、调节级汽室压力、发电机功率、主汽压力传感器以及汽轮机自动程序控制（ATC）所需要的测量值。

三、DEH 调节系统的基本功能

DEH 调节系统总体上有四个方面的功能，即汽轮机自动程序控制功能、汽轮机自动调节功能、汽轮机自动保护功能、汽轮机启停和运行中的监视功能。

1. 汽轮机自动程序控制（ATC）功能

汽轮机自启停的目的是简化操作和减少误操作，并尽可能降低启、停过程中的热应力，保证设备的安全。

DEH 调节系统的汽轮机自动程序控制，是通过状态监测，计算转子的热应力，并在机组的应力允许范围内，优化启动程序，用最大的速率与最短的时间实现机组启动过程的全部自动化。

在 ATC 启动时，操作员通过一个单独的按钮就能够使汽轮机从盘车转速升到同步转速。在升速期间，升速率将由实际转子应力和预计转子应力所控制。如果需要暖机，则将通过暖机时间的计算，自动完成暖机过程。若出现任何输入值超过报警极限，将保持转速不变。

ATC 允许机组有冷态启动和热态启动两种方式。冷态启动过程包括从盘车、升速、并网到带负荷，其间各种启动操作、阀门的切换等全过程均由计算机自动完成。

在非启动过程中还可以实现 ATC 监督。

2. 汽轮机的自动调节功能

（1）系统设置有转速控制回路和负荷控制回路，转速控制的精度可达±2r/min；在参数稳定的条件下，功率控制准确度可达±2MW。

（2）启动过程中，能自动迅速地通过临界转速；达到切换转速时，自动主汽阀可自动切换到调节汽阀；达到额定转速时，能自动同期并网。

（3）系统具有阀门管理功能。6 个调节汽阀的调节方法有单阀控制（节流调节）和顺序阀控制（喷嘴调节）两种方法，二者可以互换。启动时或带尖峰负荷时，采用单阀控制；带基本负荷时，则采用顺序阀控制。

（4）阀门试验功能。运行中，操作人员按下阀门试验键，能自动对主汽阀和调节汽阀进行全行程的开关试验，从而防止其在运行中发生卡涩。

（5）主汽压力控制功能（TPC）。如果主汽压力低于给定值时，DEH 系统就会按规定速度降低负荷的给定值，使调节汽阀关小至主汽压力上升到给定值。

3. 汽轮机启停和运行中的监视功能

（1）工况监视。通过 CRT 画面显示机组和系统的重要参数、运行曲线、潮流趋势、故障报警点等；通过操作按钮指示灯可表明操作人员进行的操作是否有效；同时，通过状态指示灯还可反映 DEH 装置的工作情况和汽轮机运行的工作状态。通过这些显示，可以使操作人员了解运行状况，并且提供操作指导。

（2）越限报警。监视系统定期地对轴振、温度等易变量以及设备的状态进行监视扫描，当重要参数越限时，发出报警信号。

（3）自动故障记录以及追忆打印。正常运行时，系统每隔 1s 记录 20 个有关机组运行状态的参数。发生故障后，自动将故障前、后 1min 内的记录数据全部打印出来，同时，还拷贝当时运行参数趋势曲线画面，为分析事故原因提供依据。

4. 汽轮机超速保护功能

为防止超速引起汽轮机设备损坏，系统配备了三种保护功能：甩全负荷保护、甩部分负荷保护、超速保护。

（1）甩全负荷保护。汽轮机运行时如发生油开关跳闸，保护系统将迅速将关闭调节汽阀，延迟一段时间后再重新开启以维持汽轮机空转，保证汽轮机能迅速地重新并网。

（2）甩部分负荷保护。当电网中某一相发生接地故障而导致发电机功率突然降低，使汽轮机的实发功率和发电机功率不相匹配时，中压调节汽阀将迅速地暂时关闭一下再开启，以维持电网频率的稳定和正常运行。

（3）超速保护。包括了 103％超速保护和 110％超速保护。103％超速保护是指汽轮机转速超过额定转速的 3％时，迅速将高、中压调节汽阀关闭，转速下降后再开启。110％超速保护是指当汽轮机转速超过额定转速的 10％时，将所有主汽阀和调节汽阀关闭，紧急停机，避免汽轮机设备损坏。

四、DEH 调节系统的运行方式

DEH 调节系统提供了四种运行方式可供选择，即二级手动、一级手动、操作员自动、自动汽轮机控制（ATC），相邻两种运行方式相互跟踪，并可做到无扰切换。此外，居于二级手动下还有一种硬手操作，作为二级手动的备用，但两者无跟踪，需对位操作后才能切换。

二级手动运行方式是跟踪系统中最低级的运行方式，仅作为备用运行方式。该级全部由成熟的常规模拟元件组成，以便数字系统故障时，自动转入模拟系统控制，确保机组的安全可靠。

一级手动是一种开环运行方式，运行人员在操作盘上按键就可以控制各阀门的开度，各按钮之间逻辑互锁，同时具有操作超速保护控制器（OPC）、主汽压力控制器（TPC）、外部触点返回（RUNBACK）和脱扣等保护功能。

操作员自动是 DEH 调节系统的基本运行方式，用这种方式可实现汽轮机转速和负荷的闭环控制，并具有各种保护功能。该方式设有完全相同的 A 和 B 双机系统，两机容错，具有自动跟踪和自动切换功能，也可以强迫切换。在该方式下，目标转速和目标负荷及其速率，均由操作员给定。

例如，启动时运行人员根据 CRT 给出的运行指导，在操作盘上人工设定某个目标转速以及升速率，机组将自动地按要求升至目标转速。当升速至 2900r/min 时，按下相应的键，自动将主汽阀控制切换成调节汽阀控制。并网后，人工输入相应的目标负荷及升负荷率，汽轮机自动按要求达到目标负荷。在每个阶段完成后，操作人员只需通过操作盘上的按键就能完成下一个阶段的动作。

汽轮机自动控制（ATC）是最高级的一种运行方式。当投入 ATC 运行时，机组处于自动运行状态，它与操作员自动方式相比较的不同点是：目标转速和升速率、目标负荷和升负荷率均不由操作员来指令，而是控制系统根据高、中压转子应力计算的结果自动给出升速率和升负荷率，并将各阶段的目标值也按顺序自动给出。对于机组的冷态及热态启动，则是根据中压转子及第一级的金属温度是否大于 121℃ 来自动确定。此外，对各轴承的振动、温度、真空也是自动地予以处理，使其不超过极限值。在 ATC 运行时，对必要的信息可以定时显示和打印。

课题八 电液调节系统的主要装置

教学目的

掌握电液调节系统中各主要装置的作用，了解各主要装置（机构）的工作原理及其工作过程。

与液压调节系统相比，电液调节系统主要是由电子调节装置代替了转速感受机构，其次是用电液伺服装置替代了液压伺服装置。由图 4-56 可以看出，电液调节系统的主要装置由测频单元、测功单元及液压执行机构组成，现分别介绍如下。

一、测频单元

测频单元主要由磁阻发迅器和转速测量变换器组成。

1. 磁阻发迅器——转速传感器

磁阻发迅器是测量转速的传感器，它将汽轮机的转速转换为相应频率的电压信号。

图 4 - 58 是磁阻发迅器的结构图。磁阻发迅器由
测速齿盘和测速头两部分组成。测速盘装在汽轮机
轴上，测速头固定在齿盘旁边的支架上，处于齿盘
径向位置。测速头内装有永久磁钢、铁芯和线圈。
铁芯端部与齿盘的齿顶之间留有约 1mm 的间隙。当
齿盘随主轴转动时，铁芯与齿盘之间的间隙便交替
变化，从一个齿到另一个齿，气隙磁阻交变一次，
相应的线圈中的磁通量交变一次，套在铁芯上的线
圈就感应出一个交变电势，此感应电势即为测速头
的输出信号。

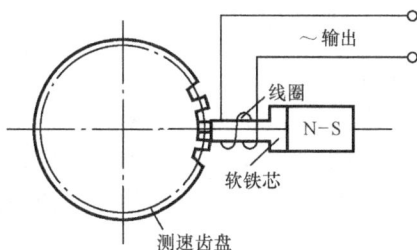

图 4 - 58　磁阻发迅器

设齿盘齿数为 z，汽轮机轴的转速为 n，则输出信号的频率为

$$f = \frac{nz}{60} \tag{4-12}$$

当齿数一定时，频率 f 与汽轮机转速成正比。一般取 $z = 60$，所以 $f = n$。例如当 $n =$
3000r/min 时，输出信号频率 $f = 3000$（Hz），即测速头每秒钟输出信号的频率在数值上等
于汽轮机每分钟的转数，因而可以方便地将 f 作为转速 n 的信号。

2. 转速测量变换器（频率变送器）

转速测量变换器是将汽轮机磁阻发迅器测得的转速脉冲信号转换成电液调节系统的转
速信号。模拟式电液调节系统中，频率变送器采用数模转换器，把频率形式的数字量输
入，转换成直流模拟电压。数字式电液调节系统中，采用 DEH 专用的转速测量卡将转速
脉冲信号转换，经通信方式送到主计算机，作为电液调节系统的转速控制信号，并通过
CRT 显示汽轮机实际转速。有的转速测量卡能输出与实际转速相对应的模拟直流电压供
指示或显示用。

二、测功单元

测功单元的功能包括发电机有功功率的测量和放大，以及不平衡功率的校正。

汽轮机电液调节系统中的功率负反馈信号，本应测取汽轮机的实发功率，由于技术上的
困难，实际上多用发电机的实发功率代替。测量发电机输出功率作为调节信号的功率变送
器，通常应用较广的是霍尔效应测功器。

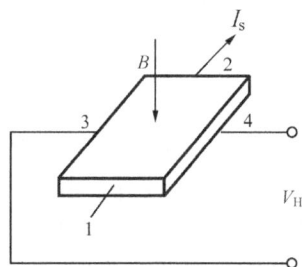

图 4 - 59　霍尔测功原理

霍尔效应功率变送器是利用霍尔效应制成的测功器，
将电压互感器与电流互感器接至霍尔片，利用霍尔元件
的输出比例于两个输入量的乘积，在霍尔片中获得的霍
尔电动势的平均值正比于有功功率，其原理如图 4 - 59 所
示。

将一矩形半导体薄片置于磁感应强度为 B 的磁场中，
当沿薄片的一对边 1、2 通以电流 I_s 时，则另一对边 3、
4 就会产生电动势 V_H，这一效应就称为霍尔效应，该半
导体薄片被称为霍尔元件，电动势 V_H 称为霍尔电动势。

当霍尔元件用于测量发电机功率时，将发电机出线电压经电压互感器转换成电流 I_s，另
将发电机电流经电流互感器后，接在励磁绕组上，产生磁场 B。电动势 V_H 的幅值正比于

电流和磁场强度的乘积，也就是正比于发电机电流和电压的乘积。因此，V_H 可作为电功率测量信号，此信号较弱，经过放大后再输出。三相功率要用三个霍尔元件来分别测量，其值相加。

三、EH 液压执行机构

在 DEH 系统中，数字部分的输出、经过数/模转换后，进入电液伺服执行机构，该机构由伺服放大器、电液转换器、油动机及其位移反馈（LVDT）组成，是 DEH 的放大和执行机构。

图 4-60 所示为引进型 300MW 机组 DEH 的液压系统。大机组的控制油系统和润滑油系统多为分开的独立系统。这里介绍控制油系统。

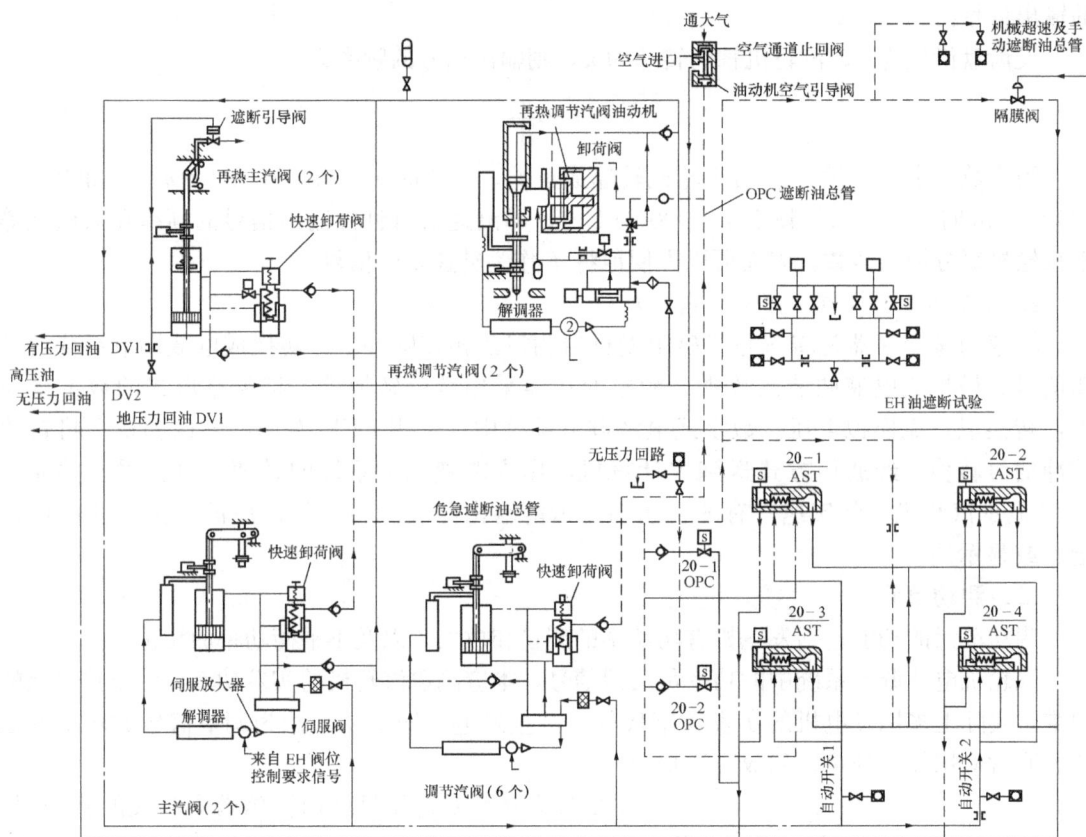

图 4-60 引进型 300MW 机组 DEH 的液压系统

液压系统由四部分组成。图的右下方为保护和遮断系统，用于机组保护；右上方为遮断试验系统，用于系统的试验；左上方为再热主汽阀（2 个）和再热调节阀（2 个）控制系统；左下方为高压主汽阀（2 个）和高压调节汽阀（6 个）控制系统。各油动机及其相应的汽阀称为 DEH 系统的执行机构，整个控制系统有 12 个这种机构。其中，高压主汽阀和高、中压调节汽阀属于控制型执行机构，它们可以将汽阀控制在任意开度以适应调节进汽量的需要。而中压主汽阀属于开关型执行机构，只有全开和全关两个位置。由于其调节对象和任务各不相同，其结构形式和调节规律也不相同，但从整体看，四种执行机构具有以下相同的特点。

（1）所有控制系统都有一套独立的汽阀、油动机、隔绝阀、电液伺服阀（开关型汽阀例外）、快速卸荷阀、止回阀和滤油器等，各自独立执行任务。

（2）所有油动机都是单侧进油油动机，其开启是依靠高压抗燃油的动力，关闭是依靠弹簧力，这是一种安全型机构，例如在系统漏油时，油动机向关闭方向动作。

（3）执行机构是一种组合阀门结构，在油动机的油缸上有一个控制块的接口，在控制块上装有隔绝阀、快速卸荷阀和止回阀及其附件，形成了具有控制和快关功能的组合阀门机构。

四种执行机构具有的不同点如下：

（1）高压主汽阀具有两种功能。首先它和一般机组的自动主汽阀相同，当机组发生故障紧急停机时，安全油失压而自动关闭；其次，它又具有调节功能：在启动升速时，由主汽阀控制转速（调节汽阀大开），当升速到96％的额定转速时，主汽阀大开，切换为调节汽阀控制。正常运行时，机组的负荷调节则仍由调节汽阀完成。

（2）高压调节汽阀根据运行方式的不同要求，可以用节流调节方式（也称之为单阀控制，即6个调节汽阀同时开或关）；也可以用喷嘴调节方式（也称之为顺序阀控制，即各调节汽阀顺序开启或关小）。

（3）中压主汽阀在全部运行过程中均处于全开位置，在机组发生事故需要停机时，则迅速关闭。

（4）中压调节汽阀受调节系统控制，根据不同负荷而改变开度。但在30％的额定负荷以上时，中压调节汽阀处于全开位置，不参与调节。

（一）高压主汽阀（TV）和高压调节汽阀（GV）的执行机构

这两种执行机构除组成部件的尺寸大小不同之外，它们的工作原理和部件型式完全相同。高压主汽阀和高压调节汽阀的执行机构如图4-61所示，它由电液伺服阀、快速卸荷阀、隔离阀、止回阀、线性位移差动变送器等部件组成。

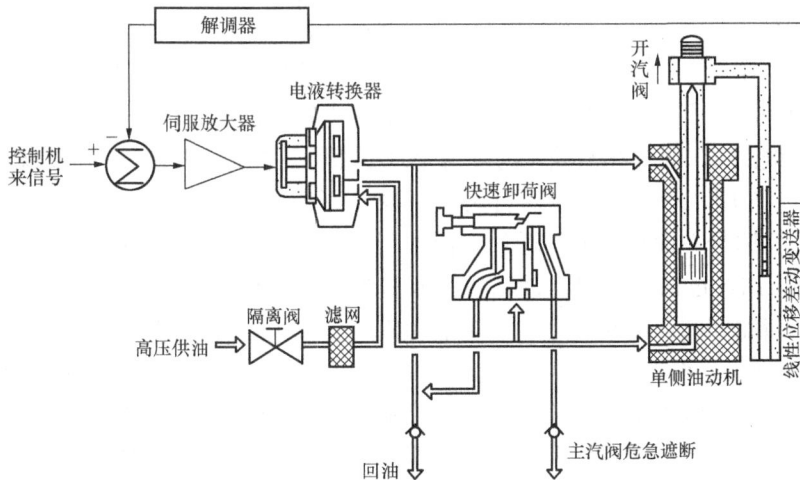

图 4-61 高压主汽阀、调节汽阀的工作原理

1. 控制型执行机构的工作原理

经计算机运算处理的开度信号即开大关小调节汽阀或主汽阀的电气信号，经伺服放大器

放大后，在电液伺服阀中将电气信号转换为液压信号，使电液伺服阀中心滑阀移动。同时，液压信号经放大后，使高压油进入油动机活塞下腔室，油动机活塞上移，带动阀门开大；或者使高压油自油动机活塞下腔室中泄去，借助弹簧力使活塞下移，带动阀门关小。在油动机活塞移动的同时，带动线性位移差动变送器，将油动机的机械位移信号转换为电气信号，将其作为负反馈信号与前面计算机处理送来的原电气信号相抵消，当输入伺服放大器的两种信号相加为零时，电液伺服阀处于中间位置，油动机不再进油或泄油，此时阀门便停留在一个新的工作开度上。

2. 电液伺服阀（电液转换器）

电液伺服阀的作用是将开大或关小阀门的电气信号转变为液压信号，控制油动机的进油或泄油使其产生位移。图4-62所示为电液伺服阀的工作原理。

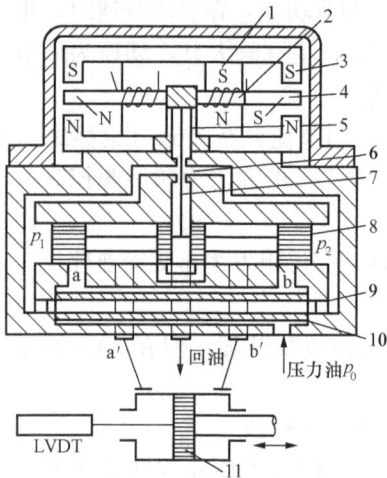

图4-62 电液伺服阀工作原理
1—永久磁铁；2—线圈；3—导磁体；4—衔铁；
5—弹簧管；6—喷嘴；7—反馈杆；
8—滑阀；9—节流孔；10—滤网；
11—油动机活塞

电液伺服阀由一个极化了的电磁力矩电动机和带有机械反馈的二级液压放大部件组成。第一级液压放大由双喷嘴6和单挡板（反馈杆7）组成，挡板固定在衔铁的中点，并在两个喷嘴之间穿过，使喷嘴与挡板间形成两个可变的节流孔，由挡板及喷嘴控制的油压通到第二级滑阀8两端的端面上。第二级液压放大为断流式四通滑阀结构，当滑阀两侧产生压差时，滑阀输出的流量与其油口的开度成正比。一个悬臂反馈弹簧（反馈杆7）固定在挡板上，并嵌入滑阀中心的一个槽内。

在初始稳定工况下，挡板（反馈杆7正对喷嘴部分）对两个喷嘴油流的节流程度相同，因此不存在引起滑阀位移的压差。滑阀凸肩封住四个油口，油动机活塞11维持在一定的位置上，阀门处于一定的开度。当有阀位偏差信号作用在电磁力矩电动机上时，即伺服放大器输出的电流信号作用于线圈2，假定在衔铁4的左端呈现N极，右端呈现S极，则衔铁因受永久磁铁1的吸引和排斥作用，产生一个顺时针力矩，减小了反馈杆7左面的喷油面积，使油压p_1增加；对应的反馈杆右面喷油面积增加，使油压p_2下降。在压差作用下滑阀向右移动，打开油口b，高压油经过油口b'进入油动机活塞右侧，而左端压力油经油口a'排出，油动机活塞向左移动。与此同时，滑阀对电磁力矩电动机产生一个逆时针方向的力矩，反馈杆传递此力矩，并与顺时针方向的力矩叠加，直至合力矩为零时，滑阀达到一个新的平衡位置，在这一位置，滑阀位移与输入电流增量成正比。当输入信号相反时，滑阀位移方向也随之相反。随着油动机活塞的位移，阀位反馈信号逐渐增强，当阀位反馈信号将阀位偏差信号削弱至零时，滑阀便回到原来的中间位置，重新遮断通向油动机的进、出油口，油动机在新的位置上保持平衡。

3. 快速卸荷阀

快速卸荷阀的作用是当机组发生故障时，快速泄去油动机的高压油（安全油），而使汽阀快速关闭，实现紧急停机。高压主汽阀的快速卸荷阀直接受 AST 油压控制，高压调节汽阀的快速卸荷阀受 OPC 油压控制。

图 4-63 所示为快速卸荷阀的工作原理。该阀安装在油动机板块上，它的上部装有一杯状滑阀，滑阀下部的腔室与油动机活塞下部的高压油路相通，并受到高压油的作用。在滑阀底部的中间有一个小孔，使少量的压力油通到滑阀上部的油室。该室有两条油路，一路经过止回阀与危急遮断油路相通，正常运行时由于遮断油总管上的油压高于高压油的油压，它顶着止回阀并使之关闭，滑阀上的压力油不能由此油路泄去；另一路是经针形阀控制的缩孔，控制通到油动机活塞上腔的油通道，调整针形阀的开度，可以调整滑阀上的油压，以供调试整定之用。

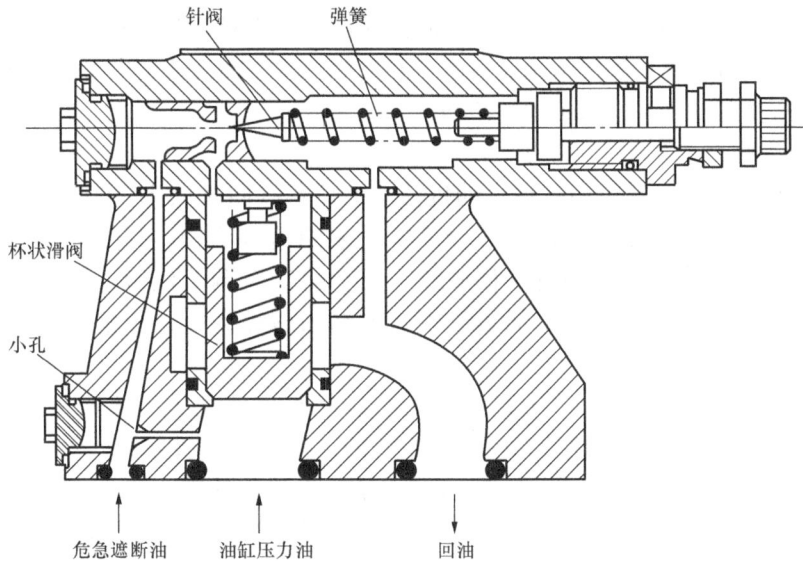

图 4-63 快速卸荷阀的工作原理

正常运行时，滑阀上部的油压作用力加上弹簧的作用力，大于滑阀下部高压油的作用力，使杯形滑阀压在底座上，连接回油油路的油口被关闭。当汽轮机故障、AST 电磁阀动作，遮断油总管失压时，作用在杯形滑阀上的压力油顶开止回阀并泄油，使滑阀上部的油压急剧下降，下部的高压油推动滑阀上移，滑阀套的泄油口被打开，从而油动机的高压油失压，并在弹簧力的作用下迅速下降，关闭所有阀门，实现紧急停机。当 OPC 电磁阀动作时，同样引起控制调节汽阀的快速卸载阀动作，关闭所有调节汽阀。

快速卸荷阀也可用作调节汽阀或主汽阀的手动关闭。在手动关闭任何一个汽阀时，首先要关断隔绝阀，以防止快速卸荷阀泄去大量的高压油，然后将压力整定调整杆反向慢慢旋出，从而改变针形阀控制的泄油口，缓慢改变快速卸荷阀中杯形滑阀上部的油压，使杯形滑阀上移，开启快速卸油口，改变油动机活塞下腔室的动力油压，使相应汽阀慢慢关闭。此后，如要重新打开汽阀，应首先将压力调整杆调到最高油压位置，然后慢慢打开隔绝阀。

4. 隔绝阀

隔绝阀也称为隔离阀。用于切断通往油动机的高压油。工作时该阀全开，运行中关断该阀，可以对油动机、电液伺服阀、快速卸荷阀和位移变送器进行不停机检修，以及清理或更换过滤器等。

5. 止回阀

在油动机的控制油路上，共有两个止回阀，如图 4 - 61 所示。一个是通向危急遮断油总管的止回阀，当对该机构进行检修时，此执行机构的隔绝阀应关闭，油动机活塞下部的油压消失，由于其他油动机还在工作，此止回阀的作用就是防止高压油倒流入油动机；另一个止回阀装在回油管路上，其作用是防止在油动机检修期间，回油管中的油倒流至处于检修中的执行机构中去。两阀共同保证了油动机的不停机检修。

6. 过滤器

为了保证经过伺服阀的油的清洁度，保证阀内节流孔喷嘴和滑阀能正常工作，所有进入电液伺服阀的高压油，均须经过 $10\mu m$ 的过滤器的过滤。滤网要求每 6 个月更换一次，被更换下来的滤网，当有合适的滤网清洗设备时，在彻底清洗干净后还可以再次使用。此外，电液伺服阀内还有一道滤网，以保证油的清洁。

7. 线性位移差动变送器（LVDT）

线性位移差动变送器的作用是把油动机活塞的位移（同时也代表调节汽阀的开度）转换成电压信号反馈到伺服放大器前，与计算机送来的信号比较，其差值经伺服放大器功率放大并转换成电流值后，驱动电液伺服阀、油动机直至调节汽阀。当调节汽阀的开度满足了计算机输入信号的要求时，伺服放大器的输入偏差为零，于是调节汽阀处于新的稳定位置。

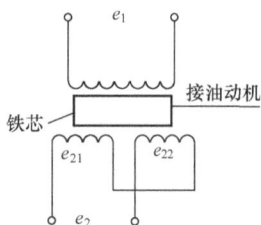

图 4 - 64　LVDT 工作原理

LVDT 由芯杆、线圈、外壳等组成，如图 4 - 64 所示，在外壳中有 3 个线圈，一个是初级线圈，供给交流电源；在中心点的两侧各绕有一个次级线圈，这两个线圈是反向连接，因此，次级线圈的静输出是该两线圈所感应的电动势之差。当线圈内的铁芯处于中间位置时，两个次级线圈所感应的电动势相等，变送器输出信号为零。当铁芯与线圈有相对位移时，例如铁芯向左移动，则左半部线圈所感应的电动势较右半部线圈感应的电动势大，其输出的电压代表左半部的极性。次级线圈感应的电动势经整形滤波后，转变为铁芯与线圈间相对位移的电信号输出。在实际装置中，外壳是固定不动的，铁芯通过杠杆与油动机活塞连杆连接，这样，输出的信号便可模拟油动机的位移，于是，也就代表了调节汽阀当前的开度。

（二）中压主汽阀（RSV）执行机构

中压主汽阀也称再热蒸汽主汽阀。该执行机构的组成与上述高压调节阀类似，但由于该执行机构是一种开关型执行机构，没有控制功能，因此与高压主汽阀执行机构相比，具有以下的不同特点：

（1）由于没有控制功能，所以不必装设电液伺服阀及其相应的伺服放大器。

（2）增设一个二位二通电磁阀，用以开关中压主汽阀以及定期进行阀杆的活动试验，保证该汽阀处于良好的工作状态。当电磁阀动作时，能迅速地泄去中压主汽阀的危急遮断油，使快速卸荷阀动作，紧急关闭主汽阀。

该机构安装在中压缸主汽阀的弹簧室上,其油动机的活塞杆与该主汽阀的阀杆直接相连,因此,油动机向上运动时为开启中压主汽阀,油动机向下运动时为关闭中压主汽阀。油动机是单侧进油油动机,高压抗燃油提供开启汽阀的动力,快速卸荷阀泄油可使油动机下腔室的动力油失压,依靠弹簧力的作用,快速关闭中压主汽阀。

图 4-65 所示为中压主汽阀执行机构的工作原理。高压动力油自隔绝阀引入,经过一个固定节流孔板后,直接进入油动机的下腔室,该节流孔板是用来限制油动机进油的,其作用之一是开阀时可使汽阀开启速度变缓,避免冲击;作用之二是在危急遮断系统动作、大量泄去油动机下腔室的高压油并关闭主汽阀时,避免大量的高压油又自隔绝阀涌入,使中压主汽阀的关闭速度减慢而使机组超速。

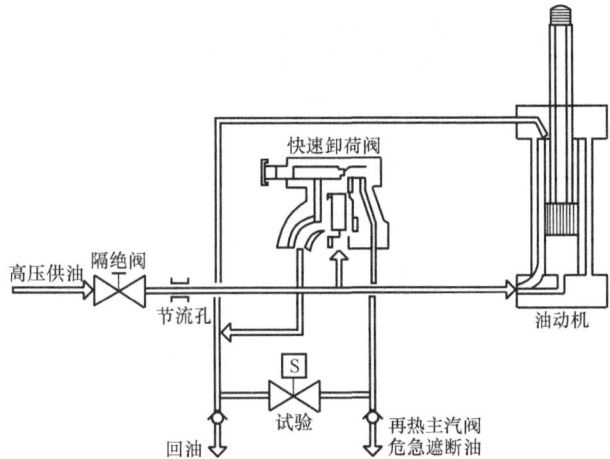

图 4-65 中压主汽阀执行机构的工作原理

快速卸荷阀是由危急遮断总管油压控制的,当该总管油压被迫遮断时,通过快速卸荷阀迅速关闭中压主汽阀。该汽阀关闭的动力来自中压油动机中弹簧的约束力。此外,快速卸荷阀的回油管与油动机的上腔室相连,因而瞬间排油也不会引起回油管的过载。

二位二通电磁阀用于遥控,它的开启可把遮断油泄去,使快速卸荷阀杯形滑阀上部的油压失压,并将与油动机连通的油路泄油,从而使油动机迅速关闭。同样,进行试验时将旁路阀打开,也可使油动机关小或关闭。此外,手动压力调整螺杆,也可以打开或关闭油动机。

由于中压主汽阀只处于全开或全关位置,因此不设置 LVDT 变送器,而且该阀在安装后一般不做特殊的调整工作。同样,对于每一个中压主汽阀的组合机构,只要关断隔绝阀的进油,并有止回阀阻止回油的倒流,都可以进行不停机检修,保证机组仍可继续运行。

(三)中压调节汽阀(IV)的执行机构

中压调节汽阀也称为再热蒸汽调节阀,是一种控制型的执行机构,可在它的控制范围内,把阀门控制在所需要的任意中间位置上,并能按比例进行控制。

图 4-66 所示为中压调节汽阀执行机构的工作原理,高压抗燃油通过隔绝阀和过滤器进入电液伺服阀,其输出油压控制油动机和调节汽阀,油动机向上运动时,中压调节汽阀开启;向下运动时则关闭。

图 4-66 中来自隔绝阀和滤油器的高压油,经过未通电的电磁阀进入快速卸荷阀上部的腔室,快速卸荷阀处于关闭位置,切断油动机活塞下腔室的回油通道,于是油动机处于油压作用的工作位置。

电液伺服阀接受计算机输出信号的控制,其位置与输入的阀位信号相对应。电液伺服阀滑阀的移动,控制着油动机进油量的大小,当调节汽阀开启到所需位置时,伺服放大器的输

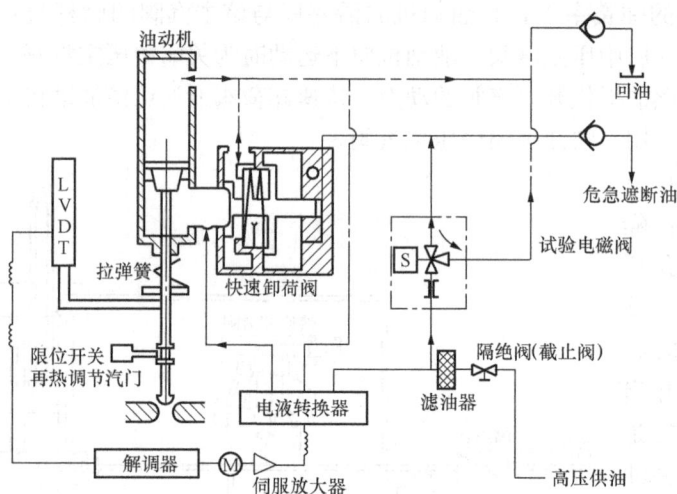

图 4-66　中压调节汽阀执行机构的工作原理

入偏差为零，电液伺服阀回到中间位置。

线性位移差动变送器的输出代表中压调节汽阀实际位移的反馈信号，该信号送到控制柜与计算机输出的信号进行比较，经伺服放大后，作为输入电液伺服阀的控制信号，输出油压控制油动机，使调节汽阀处于与计算机输出信号相对应的、新的平衡位置。

一般而言，处于平衡位置的油动机应处于断流状态，但设计时需要考虑有少量油流往油动机的上油室，以用来弥补油动机活塞和快速卸荷阀的漏油，从而保证只要外界负荷不变，汽阀的开度就不会改变。此外，油动机上、下腔室中的油，通过回油和高压油系统分别与主油泵的进油和出油相连接，能有效地抑制因高压油压力波动而引起油动机的活塞晃动，从而保证油动机运行的稳定性。

试验电磁阀为二位三通阀，装在油动机板块上，用于遥控关闭中压调节汽阀。正常运行时，电磁阀是断电的，使高压油能直接通到快速卸荷阀的上部腔室并为遮断油管补油；当电磁阀通电时，回油通道被打开并切断高压油的供应。因此，通过该电磁阀便可进行中压调节汽阀的阀门活动试验。

课题九　供热式机组的调节

🔖 **教学目的**

了解背压式、调节抽汽式机组调节系统的组成及调节原理。

供热式机组有两种基本形式，即背压式和调节抽汽式。由于供热式机组不仅有电负荷而且还有热负荷，因此供热式汽轮机的调节系统除具有一般凝汽式汽轮机的转速自动调节功能外，还具有供热蒸汽压力的自动调节功能。

一、背压式汽轮机的调节

背压式汽轮机是供热式汽轮机的一种。进入汽轮机的蒸汽在做完功后，以高于大气的压力排出，排汽既可供工业生产用汽，又可作采暖用汽，还可将排汽作为中、低压参数汽轮机的新蒸汽（这种背压式汽轮机称为前置式汽轮机）。

显然，背压式汽轮机进汽量的变化不仅改变机组的功率，而且改变了供热量。然而，热用户所需要的蒸汽量和电用户对汽轮机功率的要求是不可能完全一致的。因此，背压式汽轮机无法满足热、电两种负荷同时变化的需要。在一般情况下，被压式汽轮机是按照热负荷运行的，也就是根据热用户的需要决定汽轮机的运行工况，此时汽轮机的进汽量由热用户所需要的蒸汽量决定，并随供热量的变化作相应的改变，汽轮机的功率将随热负荷而变化，而电网频率将由电网中并列运行的其他凝汽式机组维持。

背压式汽轮机进汽量的调节由调压器来实现。当热用户消耗的蒸汽量（热负荷）增大时，供热压力降低，调压器接受这一压力信号后，通过中间放大机构开大调节汽阀，以增加汽轮机的进汽量；若热负荷减小，则供热压力升高，调压器动作后相应关小调节汽阀。由于调压器的作用，背压式汽轮机的排汽压力将维持在一定范围内。

图 4-67 所示为背压式汽轮机的调节系统。该系统只是比径向泵调速系统多了一个波纹筒调压器。调压器工作原理与压力变换器基本相同，用波纹筒将汽侧和油侧隔开，是为了防止油中进水。压力油经固定节流孔 a_{01} 进入控制油路，然后分别从压力变换器油口 a_φ、调压器油口 a_p 和反馈油口 a_m 流出。机组启动时，在背压升高到向热用户供热前，调压器是退出的（转动凸轮 c），用同步器控制进行。当转动凸轮 c 使调压器投入（同时将同步器退至零位），则汽轮机将按热负荷运行。

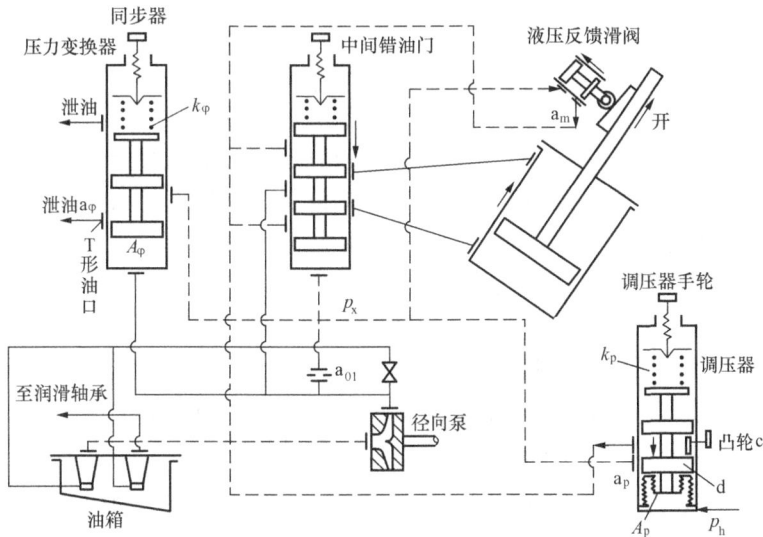

图 4-67　背压式汽轮机调节系统

假设热负荷增加，则背压 p_h 降低，作用在调压器下部波纹筒上的力减小，在上部弹簧的作用下，调压器活塞下移，开大调压器油口 a_p，使控制油压 p_x 下降，调节汽阀开大。同时反馈油口 a_m 关小，使控制油压 p_x 恢复，系统稳定在新的工作点。

值得注意的是，背压式汽轮机突然甩负荷时，转速迅速升高，调速器动作并关小调节汽阀。但与此同时，因背压 p_h 减小，调压器将力求开大调节汽阀，增加进汽量，因此调压器对调速器存在一个反作用，此反作用易使汽轮机超速。为消除此影响，将压力变换器的油口 a_φ 做成 T 形。正常运行时，活塞在窄段移动，甩负荷时，转速信号很大，活塞移至宽段，克服调压器的反作用，使控制油压 p_x 迅速上升，调节阀迅速关闭。

调压系统的静态特性和调速系统静态特性相仿，机组的排汽压力 p 相当于机组的转速 n，蒸汽流量 D 则相当于机组功率 P。由此可得调压系统的不等率 δ_p，即压力不等率，它表示最小蒸汽流量时的最高背压与最大蒸汽流量时的最低背压之差与额定压力之比。通常 δ_p 可达 $10\%\sim20\%$，甚至更大。

二、一次调节抽汽式汽轮机的调节

(一) 一次调节抽汽式汽轮机概述

一次调节抽汽式汽轮机是指将作过功的一部分蒸汽从汽轮机中抽出供给热用户，其余蒸汽继续膨胀做功，最后排至凝汽器。从效果上看，它相当于一台背压式和一台凝汽式汽轮机的并列运行，可同时满足热电两种负荷的需要。其热力系统简图如图 4-68 所示。

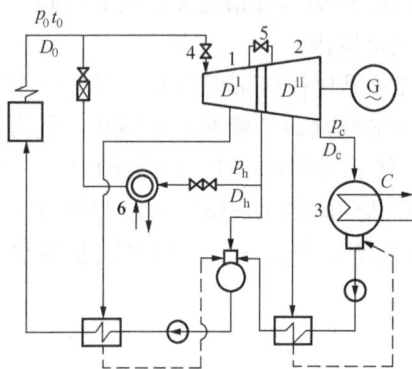

图 4-68 一次调节抽汽式汽轮机的热力系统
1—高压部分；2—低压部分；3—凝汽器；
4—调节阀；5—中压调节阀；6—热用户

一次调节抽汽式汽轮机由高压段 1 和低压段 2 组成。新蒸汽通过调节阀 4 进入高压段膨胀做功，流量为 D^I，压力降到 p_h，然后分成两段，一股 D_h 经止回阀和截止阀供热用户 6，另一股 D^{II} 经中压调节阀 5 进入低压段继续膨胀做功，然后排入凝汽器 3。中压调节阀可以采用外置调节阀，也可以采用旋转隔板。前者用于容量较大的多缸供热机组，后者用于容量较小的供热机组上，可以将高压段和低压段置于一个汽缸内而成单缸结构。由于有调节抽汽，使流经高压段和低压段的流量相差较大，而且工况变化范围大，很难使两段均在设计工况附近工作，故一般发电效率较低。

当热负荷为零时，一次调节抽汽式汽轮机变为凝汽式汽轮机，仍可满发额定功率。有热负荷时，高压段流量大于低压段流量，热电负荷都可在很大范围内变动，互不影响，这是调节抽汽式汽轮机优于背压式汽轮机之处，但前者有冷源损失，热经济性低于后者。也就是说，调节抽汽式汽轮机牺牲了一些经济性，却换来了运行调节上的灵活性。

(二) 一次调节抽汽式汽轮机的调节

为了同时保证热电负荷调节的需要，汽轮机调节系统设计是使高压调节阀和中压调节阀既受调速器控制又受调压器控制。

例如，当外界电负荷不变、热负荷减小时，因抽汽量 D_h 减小，供汽压力会有所升高，调压器动作，控制高压调节阀关小而中压调节阀开大，使高压段少发的功率等于低压段多发的功率，以维持电功率不变；同时使高压段减少的蒸汽量加上低压段增加的蒸汽量，等于减少的抽汽量。

当外界热负荷不变、电负荷减小时，汽轮机转速升高使调速器动作，控制高压调节阀和低压调节阀同时关小，高、低压段减小的蒸汽流量相等，供热量不变；同时高、低压段减小的功率之和等于全机功率的减小值。

图 4-69 所示为液压式一次调节抽汽式汽轮机调节系统。其动作过程分析如下：

当热负荷不变，而电负荷减小时，转速升高，压力变换器活塞上移，高、中压控制油路泄油口 $a_{\varphi1}$、$a_{\varphi2}$ 均关小，高压脉冲油压 p_{x1} 和中压脉冲油压 p_{x2} 均增大，高、中压油动机上移，同时关小高、中压调节阀，高、中压段流量同时减小，抽汽量不变，而电功率减小。这一调节过程中各元件运动方向如图 4-69 中实线箭头所示。

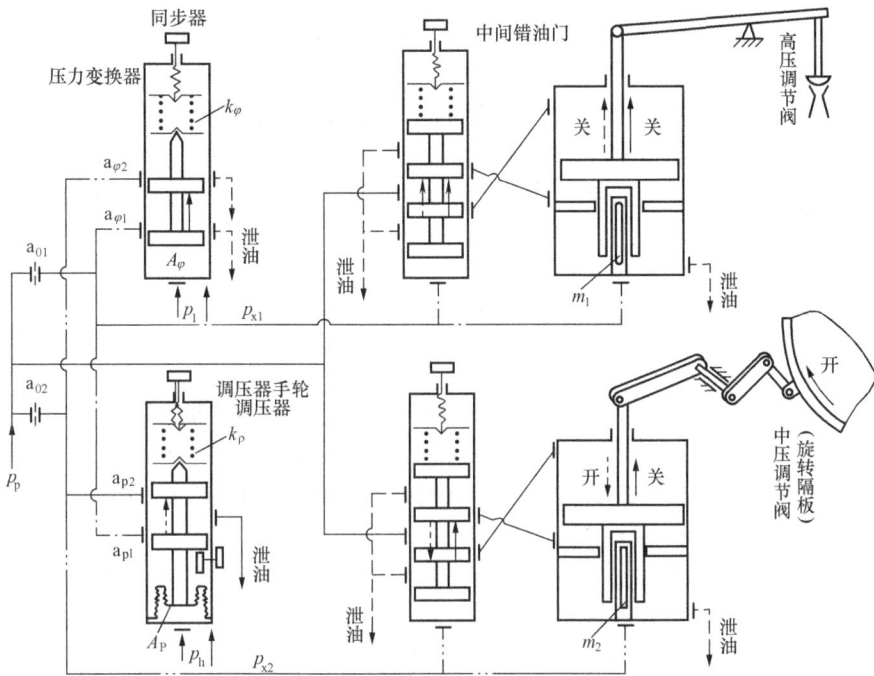

图 4 - 69　一次调节抽汽式汽轮机的调节系统

当电负荷不变，而热负荷降低时，热用户用汽量减小，抽汽压力 p_h 升高，调压器活塞上移，高压控制油路泄油口 a_{p1} 关小、中压控制油路泄油口 a_{p2} 开大，高压脉冲油压 p_{x1} 增大、中压脉冲油压 p_{x2} 减小，高压油动机上移，并关小高压调节阀，中压油动机下移，并开大中压调节阀。高压段流量减小，而中压段流量增大，抽汽量减小，而保持电功率不变。这一调节过程中各元件运动方向如图 4 - 69 中虚线箭头所示。

为防止甩电负荷时调压器的反作用引起超速，压力变换器所控制的高压控制油路泄油口 $a_{\varphi1}$ 也设计成 T 字型。

三、二次调节抽汽式汽轮机的调节

二次调节抽汽式汽轮机，其热力系统如图 4 - 70 所示。它相当于把一次调节抽汽式汽轮机的低压段分为中、低压两段，从中再抽出一股蒸汽量 D_{h2}。二次调节抽汽式汽轮机结构更为复杂，但其工作原理与一次调节抽汽式汽轮机基本相同。抽汽量 D_{h1} 的供汽压力 p_{h1} 较高，一般供工业用户；抽汽量 D_{h2} 的供汽压力 p_{h2} 较低，一般供采暖用户。

该机设有高、中、低压三层调节阀，三者都要同时受调速器和 p_{h1}、p_{h2} 的调压器控制，以保证电功率和两种热负荷可分别自由变动，所以调节系统相当复杂。例如，当两种热负荷都不变，电负荷减小时，调速器动作，

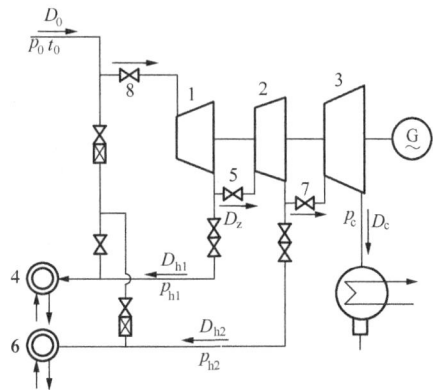

图 4 - 70　二次调节抽汽式汽轮机的热力系统
1—高压部分；2—中压部分；3—低压部分；
4、6—热用户；5、7、8—调节阀

同时关小高、中、低三个调阀，使高、中、低三段的流量减小量相等，这时 D_{h1} 与 D_{h2} 不变，三段少发的功率之和应等于外界减小的电负荷。当电负荷和采暖热负荷不变，工业热负荷减小时，p_{h1} 的调压器动作，高压调节阀关小，中、低压调节阀开大，中、低压段流量增加量相等，以保持 D_{h2} 不变，中、低压段多发的电功率应等于高压段少发的电功率，以使电功率不变。电负荷和工业热负荷不变，采暖热负荷变化时的情况可以类推。

二次调节抽汽式汽轮机的调节原理与一次调节抽汽式汽轮机的调节原理基本相同，在此不再赘述。

小　　结

1. 汽轮机调节系统的主要任务是满足电用户在用电数量和质量两方面的要求。

2. 调节系统由感应机构、传动放大机构和配汽机构组成，各组成机构的静态特性决定了调节系统的静态特性。其静态特性曲线形状的是否合理、速度变动率和迟缓率的大小，对机组工作的质量和安全均有极大的影响。

3. 同步器是平移调节系统静特性曲线的装置，它在调节系统进行一次调频的同时进行二次调频，从而确保机组功率在满足用电量需要的前提下，维持机组转速不变。

4. 调节系统从一个稳定状态过渡到另一个稳定状态过程中所呈现的特性，称之为调节系统的动态特性，其品质的好坏也是衡量调节系统性能的重要指标。

5. 大功率机组由于采用了中间再热，给汽轮机的调节带来了新的问题。为此，再热机组采用了旁路系统、动态过调及设置了中压主汽阀和中压调节汽阀来解决这些问题。

6. 随着计算机应用的普及，现代大型机组多采用数字式功频电液调节系统，简称DEH。该系统由 DEH 控制器、操作系统、EH 液压控制系统、危急遮断系统等组成。具有自动控制、自动调节、自动保护以及监视功能。运行方式上则有操作员自动、汽轮机自动及手动操作等方式。

7. 供热机组有背压式和调节抽汽式两种形式，由于它们都既有电负荷又有热负荷，因此在其调节系统不仅要感受机组转速的变化，还要感受供热压力的变化，所以系统中不仅设有调速器还设有调压器。

复 习 思 考 题

1. 汽轮机调节系统的任务是什么？由哪几个机构所组成？是否必须要有负反馈装置？为什么？

2. 传动放大机构由哪几部分所组成？其信号放大装置和功率放大装置各有哪些类型？提高其灵敏度的措施有哪些？

3. 何谓阀门的重叠度？对其的要求怎样？

4. 何谓调节系统的静态特性？

5. 画出调节系统静态特性曲线的合理的形状，并加以解释？

6. 何谓调节系统的速度变动率，速度变动率对机组的运行有哪些影响？

7. 何谓调节系统的迟缓率？它们对机组的运行有什么影响？

8. 同步器的作用是什么？其工作范围是如何确定的？

9. 解释一次调频、二次调频的概念；画图分析当外界负荷增加时，两台并列运行机组的一次调频、二次调频过程。

10. 何谓调节系统动态特性？衡量其品质好坏的指标是什么？影响动态特性的因素有哪些？

11. 大机组采用中间再热后，给汽轮机的调节带来哪些问题？如何解决？

12. DEH 调节系统由哪几部分组成？其主要功能有哪些？

13. 画出的 DEH 调节的原理方框图。

14. 讨论 DEH 调节系统中，设置功率回路和调节级压力回路的意义。

15. 电调系统中是否还设置同步器？它是如何实现二次调频的？

16. 数字电液调节系统与液压调节系统相比具有哪些优点？

17. 简述控制型阀门执行机构的工作过程。

18. 简述执行机构中电液伺服阀、快速泄载阀的作用。

19. 简述背压式汽轮机和一次调节抽汽式汽轮机的调节特点。

汽轮机的保护装置和供油系统

────内 容 提 要────

> 本单元主要介绍汽轮机的各类保护装置以及汽轮机的供油系统。

为保证汽轮机设备的安全可靠，除要求调节系统稳定可靠外，还需要具备必要的保护装置，当调节系统出现故障或设备发生事故，而使保护参数大于给定值时，保护装置应能及时动作，使汽轮机减小负荷或是迅速停机，避免事故的扩大或设备的损坏。

课题一　自 动 主 汽 阀

教学目的

了解自动主汽阀的作用、构造及工作过程。

一、自动主汽阀的作用和要求

自动主汽阀位于调节汽阀之前，正常运行时保持全开状态。当汽轮机的任一个保护装置动作时，自动主汽阀都迅速关闭，切断汽轮机进汽，紧急停机。

对自动主汽阀的要求如下：

（1）关闭可靠。当机组发生故障时，必须保证自动主汽阀能可靠关闭。为此，控制自动主汽阀的油动机都采用了单侧进油油动机，以保证关闭可靠。同时还都设有正常运行时活动主汽阀的装置，以防止主汽阀卡涩。

（2）关闭迅速。在正常进、排汽参数工况下，从保护装置动作到主汽阀全关的时间应不大于 0.5～0.8s（300MW 机组为 0.1～0.3s）。

（3）密封性良好。在调节汽阀全开条件下，当主汽阀全关后，机组转速应能降到规定转速（通常为 1000r/min 左右）以下。

（4）阻力损失小，提升力小。阀门汽动性要好，以减小节流损失；采用有预启阀的结构形式，以减小提升力。

二、自动主汽阀的构造及工作过程

自动主汽阀有卧式、立式及与调节汽阀连成一体的联合式等形式。其结构由主汽阀及其操纵装置（称操纵座或自动关闭器）两部分组成。

图 5-1 所示为一立式高压自动主汽阀，自动关闭器装在主汽阀的下部，可避免因漏油而引起火灾。主汽阀由预启阀 5、主汽阀芯 6、门杆 7、阀座 8、滤汽网外壳、压盖和导套等组成。操纵装置（自动关闭器）由托盘 1、活塞 2、弹簧 3、阻尼弹簧 4、外壳和下盖等构成。

其工作过程为当安全油进入托盘 1 的下部后，将托盘托起至顶住座圈，油路 a 被托盘堵住。此时，压力油进入活塞 2 的下部，克服弹簧 3 的弹簧力使活塞上移。随着活塞杆（门杆

7）的上移，预启阀 5 首先开启，蒸汽流入主汽阀，阀门前、后压差减小。预启阀全开后，主汽阀芯逐渐开启至全开位置。

当汽轮机的任一保护装置动作后，都将使安全油接通排油管路而泄掉，随着安全油压的降低，托盘在弹簧力和自重的作用下迅速下落，压力油经 a 油路流至活塞上部油室，使活塞上、下油压差迅速变小，在弹簧力作用下，活塞迅速下移，关闭主汽阀。当主汽阀接近完全关闭时，阻尼弹簧 4 使其关闭速度放缓，减小了阀芯与阀座间的撞击力。

油口 b 是用来做阀门活动试验的。当稍开油口 b 放掉部分压力油时，活塞向上稍有移动，关闭 b 油口，活塞又逐渐复位。此法的目的是在运行中活动阀门，以免出现阀杆卡涩。

图 5-2 所示为引进型 300、600MW 机组的主汽阀结构。在"蒸汽出口"连接着同一锻件的调节汽阀。主汽阀为卧式布置、水平方向操作，阀体与蒸汽室一体。执行部分的油动机装在弹簧支架上，并通过销轴 1 与杠杆 2 相连，杠杆通过销轴 51 及连接件与主汽阀杆 32 连接。

主汽阀结构为双阀内旁通式，即由两个单座平衡式球形阀 34（主阀）和 37（预启阀或称旁通阀）组成，37 置于 34 内部，图示位置为关闭状态，蒸

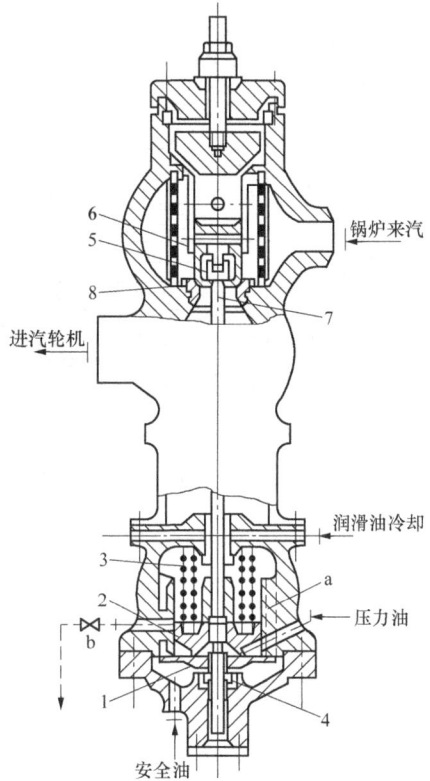

图 5-1　立式高压自动主汽阀
1—托盘；2—活塞；3—弹簧；4—阻尼弹簧；5—预启阀；6—主汽阀芯；7—门杆；8—阀座

汽压力和弹簧 16～18 的作用力一起通过主汽阀杆 32 使阀门紧紧关闭，这种结构的优点是密封性能好。

预启阀由阀碟和阀杆两部分组成，相互间为挠性连接。关闭时，预启阀阀碟的密封面在主阀碟内能自动对中。若主汽阀杆 32 被油动机带动向开启方向移动时，预启阀首先打开，可减小主阀前、后的压力差。阀杆继续移动时，主汽阀杆 32 与导向套筒 35 在"X"处接触，从而移动主阀。当主阀开启时，预启阀背面紧紧抵住套筒而密封，不会发生漏汽。这种结构称为自密封结构，即所谓反落座。同理，当主阀到达全开位置时，主阀的导向套筒 35 的升端与阀杆套筒 30 在"Y"处接触，即背面反落座，以减少阀杆漏汽。

主阀全开背面落座的反阀座结构，能有效地阻止蒸汽沿阀杆泄漏。如果出现过量泄漏，就能判断是因结垢、碎片剥落或过量磨损所致。但无论是哪种情况所造成的泄漏，都必须尽快予以修复。

阀杆密封件由紧密配合的阀杆套筒 30 组成，它开有相应的两个泄漏口，一个靠近高压侧，将漏汽接到高、中压缸；另一个靠近大气侧，将漏汽接入轴封加热器。筒形蒸汽滤网嵌在阀体周围，以防止异物进入通流部分。

综上所述，主汽阀和高压调节汽阀联合组件的结构特点是：①由于主汽阀和调节汽阀相组合，阀体总体积减小，布置紧凑；②所有部件均高于运行平台，运行维护比较方便；③主

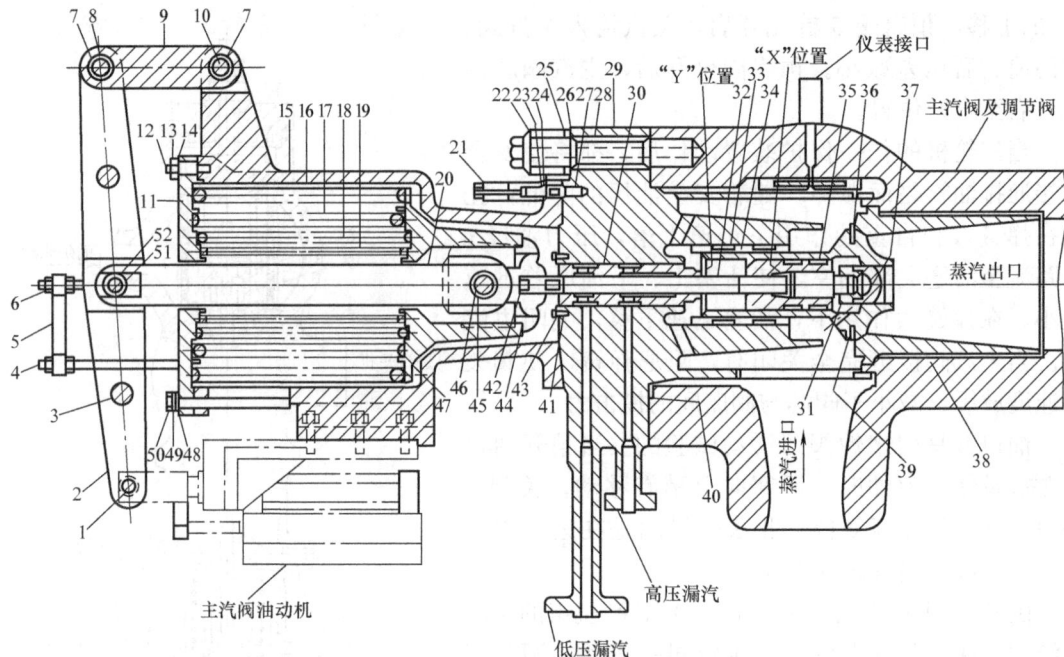

图 5-2 引进型机组主汽阀

1—销轴；2—杠杆；3—双头螺栓；4—螺杆；5—支板；6—螺母；7—套筒；8、10—销轴；9—连杆；11—弹
簧座；12—螺栓；13—螺母；14—弹簧垫圈；15—壳体；16～19—弹簧；20—连杆；21、22—罩螺母；
23、25—凸形垫圈；24、26—凹形垫圈；27、28—双头螺栓；29—阀芯；30—阀杆套筒；31—螺母；
32—主汽阀杆；33—套筒；34—主阀；35—导向套筒；36—环；37—预启阀；38—主汽阀座；
39—定位螺钉；40—单片；41—内六角螺钉；42—销；43—阀杆套筒；44—环座；45—套筒；
46—销轴；47—弹簧座；48、49—球面垫圈；50—长螺栓；51—销轴；52—套筒

汽阀采用卧式布置，使蒸汽流动的总角度减至最小程度，汽动特性好，阻力损失小；④在主汽阀关闭状态下，预启阀在额定压力下能开启至大约通过 25% 的额定蒸汽量，当汽轮机利用预启阀启动时，在全周进汽、均匀加热的条件下能精确控制机组转速，并接带部分负荷，直至切换成调节汽阀控制后主汽阀才全开，这样有利于机组快速启动。

课题二 汽轮机危急遮断系统

教学目的

了解汽轮机危急遮断系统的任务和基本原理；掌握汽轮机自动保护系统液压执行机构的组成及工作过程。

汽轮机危急遮断系统（emergency trip system，ETS）。汽轮机危急遮断系统的任务是在汽轮机出现险情时，使所有进汽阀门跳闸关闭，目的是保护汽轮机设备的安全。

一、汽轮机危急遮断系统的保护项目及基本工作原理

（一）危急遮断系统的保护项目

危急遮断系统监视汽轮机的某些重要参数，当这些参数超过其运行限制值时，该系统就关闭所有汽轮机蒸汽进汽阀门。

引进型 300MW 机组的 ETS 的保护项目如下：

（1）超速保护；

（2）轴向位移保护；

（3）轴承润滑油压低保护；

（4）凝汽器真空低保护；

（5）抗燃油压低保护；

（6）用户要求的遥控脱扣保护。

上述（1）～（5）项保护功能是由各自通道接受控制继电器或逻辑开关触点信号直接引发 ETS 保护动作的，而第（6）项所包含的保护内容，则由用户根据机组各系统的连锁保护来确定，通常包含以下项目：

（1）汽轮机手动停机；

（2）主燃料跳闸（MFT）；

（3）锅炉手动停炉；

（4）发电机跳闸；

（5）高压缸排汽压力高；

（6）汽轮机振动大；

（7）DEH 直流电源故障。

以上信号源自各个保护系统，"手动停机"和"手动停炉"信号由操作员在运行操作台上手动提供。它们通过外部继电器信号组合后，送入 ETS 遥控接口——用户要求的遥控脱扣保护信号接入，它们当中，任何一个参数超越极限值，就将驱使 ETS 送出紧急停机跳闸指令，泄放 EH 油压，关闭汽轮机所有的进汽阀门，迫使汽轮机紧急跳闸。

图 5-3 所示为 ETS 保护系统的逻辑关系。

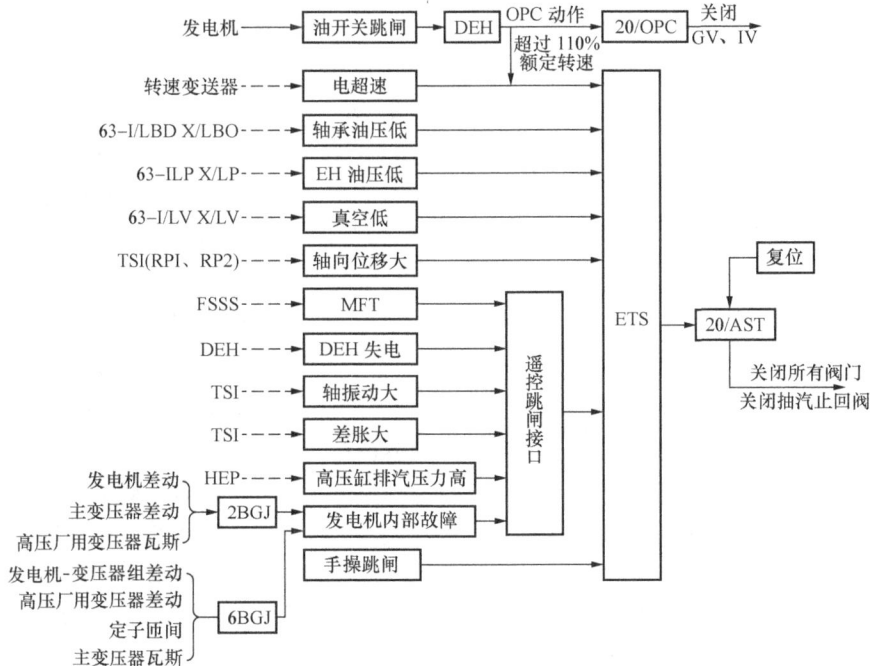

图 5-3　ETS 保护系统逻辑关系

(二) 危急遮断系统基本原理

图 5-4 所示为国产引进型 300MW 汽轮机保护系统示意。

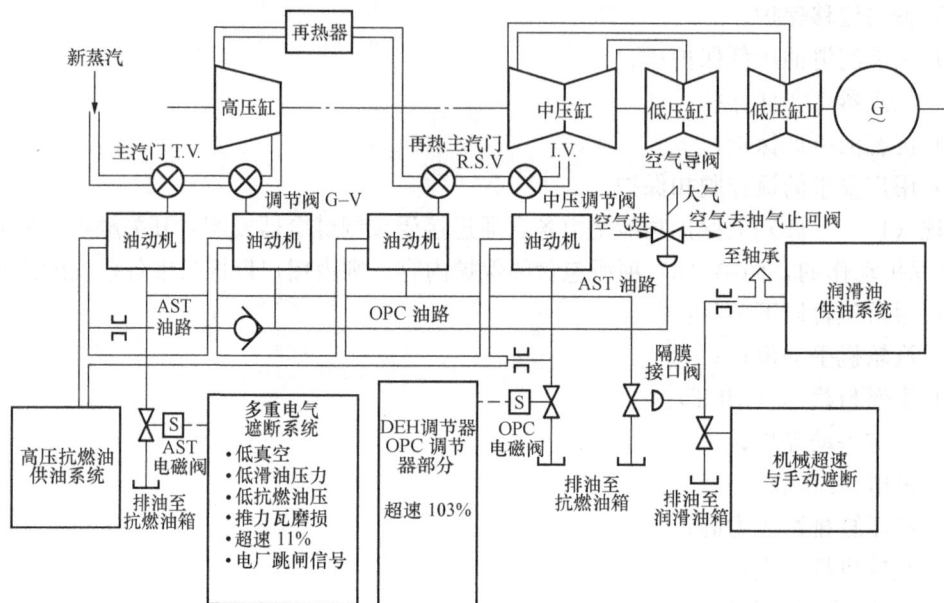

图 5-4　国产引进型 300MW 汽轮机保护系统示意

由图 5-4 可见，汽轮机保护系统由电气危急遮断系统、机械超速遮断系统、超速保护控制器（OPC）组成。电气跳闸系统动作，会使危急遮断油总管（AST 油路）泄油，高压主汽阀、高压调节阀、中压主汽阀、中压调节阀同时关闭。机械超速跳闸装置动作，首先是使隔膜阀动作，然后才使危急遮断油总管泄油，各汽阀关闭。OPC 动作，仅使高压调节汽阀和中压调节汽阀关闭。

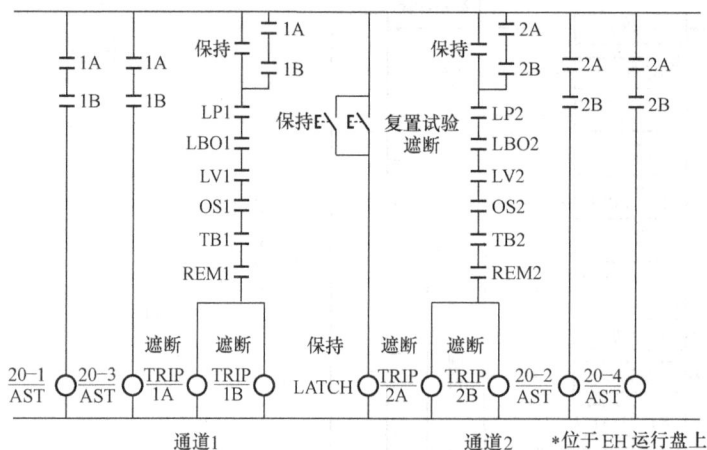

图 5-5　300MW 机组电气危急遮断逻辑的总系统图

(三) 电气危急遮断逻辑的总系统

图 5-5 所示为 300MW 机组电气危急遮断逻辑的总系统图。

机组的所有电气遮断信号，均通过该系统去遮断汽轮机。该电气系统的组件，布置于 EH 运行盘上的遮断电气柜内。

为了提高保护的可靠性，系统采用了双通道连接方式，即奇数通道电磁阀（20-1）/AST 和（20-3）/AST；偶数通道电磁阀（20-2）/AST 和（20-4）/AST。每一通道内均由遮断项目的相应继电器控制。当机组正常运行时，脱扣继电器 A、B 的触点闭合，使系统处于通电状态，各 AST 电磁阀因通电而关闭，危急遮断油总管即可建立安全油压。当遮断项目中的任一个处于遮断水平或外部接口请求遮断时，对应项目遮断继电器的触点，由原来的闭合状态转为断开状态。此时，A、B 继电器的线圈失电，AST 电磁阀紧急打开排油通道，泄去危急遮断总管的安全油，从而紧急关闭所有的主汽阀和调节阀，实现紧急停机。

二、汽轮机自动保护系统的液压执行机构

（一）自动保护系统液压执行机构的组成

汽轮机自动保护系统是 OPC 保护、ETS 和机械超速保护系统的总称，它的液压构件称为保护系统的执行机构，用于关闭汽阀并防止超速或遮断汽轮机。下面介绍设备组成。

1. 超速保护和危急遮断组合机构

超速保护和危急遮断组合机构，统称为控制块，如图 5-6 所示。

控制块布置在汽轮机前轴承箱的右侧，其主要组成是控制块壳体 1、两个 OPC 电磁阀 19、四个 AST 电磁阀 17 和两个止回阀 5，它们均组装在控制块上，为 OPC 和 AST 总管以及其他管件提供接口，这种组合结构因大大简化外部连接管道而提高了整体的可靠性，同时也有结构紧凑的特点。

图 5-7 所示为电磁阀及控制块系统原理。下面结合该图对主要部件的工作过程作一说明。

（1）超速保护电磁阀（20/OPC，2 个）该阀由 DEH 调节器 OPC 系统所控制。其作用是：当机组甩大于 30% 的额定负荷，或者是任意情况下（如电网频率变化）转速达到 103% 的额定转速时，OPC 电磁阀通电开启，使 OPC 保护油母管油压消失，高、中压调节汽阀快速关闭，同时机组的目标转速自动给定在 3000r/min 上。延时 4～5s 后，中压调节汽阀首先开启，高压调节汽阀则在转速小于 3000r/min 后，重新开启，维持机组在额定转速下运行。机组正常运行时，该阀是关闭的，切断了 OPC 总管的泄油通道，使高压和中压调节汽阀油动机活塞的下腔室能建立油压，起正常调节作用。

（2）危急遮断电磁阀（20/AST，4 个），该阀受 ETS 系统控制。机组正常运行时，它们是关闭的，切断了自动停机危急遮断总管上的高压油的泄油通道，使所有主汽阀和调节汽阀油动机的下腔室能建立油压，行使正常的控制任务。当被测参数有遮断请求时，该电磁阀被保护项目中相应参数的超限信号所激励而打开，使遮断总管迅速泄油，通过快速卸荷阀，关闭所有的主汽阀和调节汽阀，实现紧急停机。

（3）止回阀（2 个），止回阀即逆止阀，分别安装在自动停机危急遮断油路 AST 和超速保护控制油路 OPC 之间。当 OPC 电磁阀动作、AST 电磁阀不动作时，单向阀维持 AST 油路的油压，使高、中压主汽阀保持全开。当 AST 电磁阀动作、OPC 电磁阀不动作时，AST 油路的油压下降，两个止回阀被推开，OPC 油路通过两个止回阀泄油，油压下降，关闭所有的进汽阀和抽汽阀，进行停机。

2. 隔膜阀

隔膜阀装在前轴承箱的侧面，用于机械超速系统与 ETS 的动作联系，其作用使机械超速系统动作、润滑油压下降时，泄去危急遮断油总管上的安全油，遮断汽轮机。当汽轮机正常运行时，润滑油系统的汽轮机油通入阀盖内隔膜阀的上部腔室中，其作用力大于弹簧的约束力，使隔膜阀处于关闭位置，切断危急遮断总管通向回油的通道，使调节系统正常工作。当机械超速机构动作或手动遮断时，通过危急遮断滑阀泄油，可使机械超速与手动遮断母管的油压下降或消失，压弹簧打开隔膜阀，泄去危急遮断总管上的安全油，

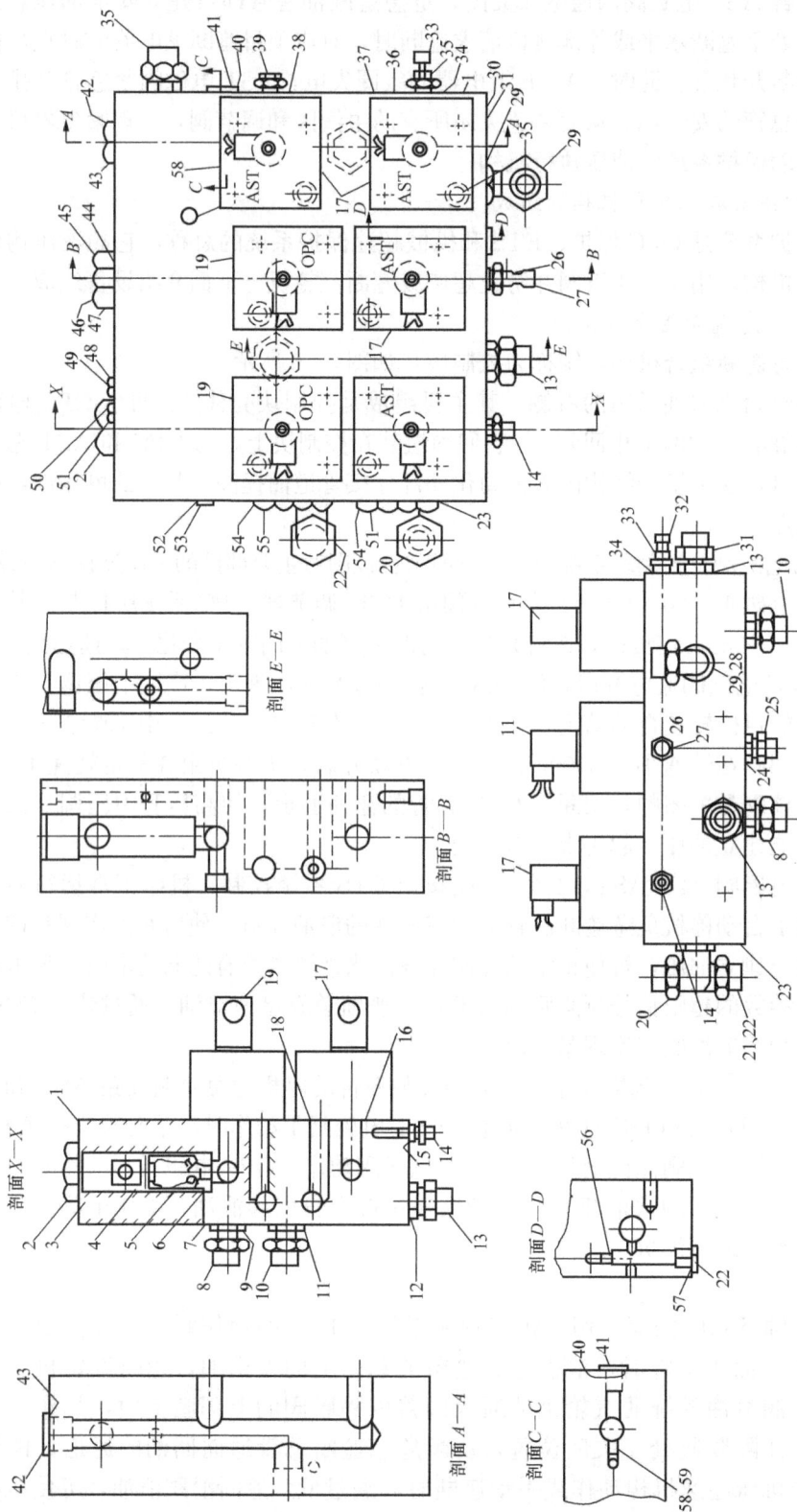

图 5 - 6 超速保护和危急遮断控制块

1—控制块；4—阀的定位圈；5—止回阀(2 个)；8,10,13,14,20,22,25,27,29,31,32,39—直通管接头；
17—AST 电磁阀(4 个)；19—OPC 电磁阀(2 个)；26,33,59,58—节流孔；
其余分别为螺塞、O 形圈等紧固件和密封件

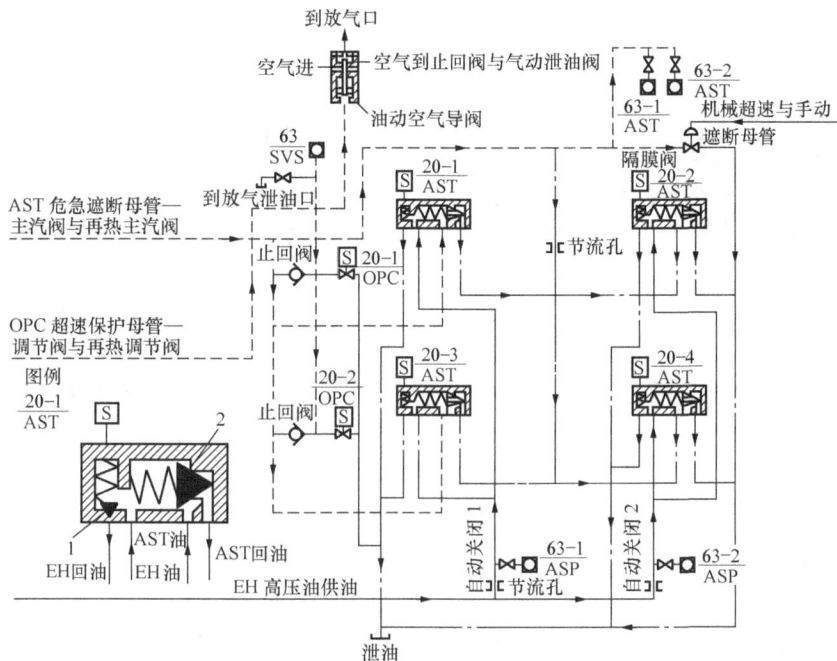

图 5-7 电磁阀及控制块系统原理图
1—第一级滑阀；2—第二级滑阀

通过快速卸载阀，快速关闭所有的进汽阀和抽汽阀，实现紧急停机。图 5-8 为隔膜阀的结构。对膜片式隔膜阀来说，正常运行时，EH 油压为 14.5MPa，汽轮机油压为 1.1MPa，当汽轮机油压力跌到约 0.4MPa 时，隔膜阀打开；当 AST 油压为零，汽轮机油压升到约 0.2MPa 时，隔膜阀复位。

3. 空气引导阀

空气引导阀用于控制给气动抽汽逆止阀的压缩空气。该阀由一个油缸和一个带弹簧的青铜阀体组成，如图 5-9 所示。油缸控制阀门打开时，弹簧提供关闭阀门所需的力。

当 OPC 母管有压力时，油缸活塞往外伸出，空气引导阀的提升头便封住了通大气的孔口，使压缩空气通过此阀进入抽汽止回阀的通道，打开抽汽止回阀。当 OPC 母管失压时，该阀由于弹簧力的作用而关闭，提升头封住了压缩空气源的出口通路，截留到去抽汽止回阀管道中的压缩空气，经过排大气阀孔口排放，这使得抽汽止回阀快速关闭。

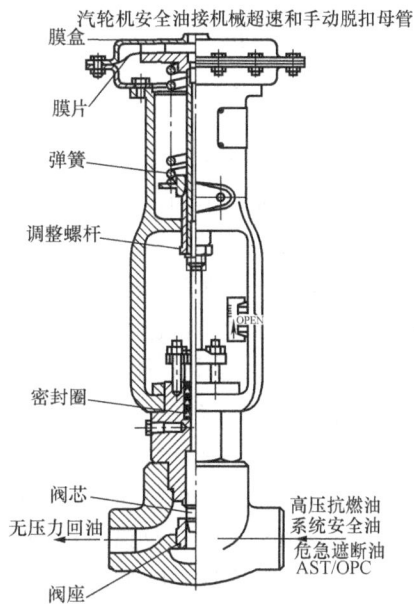

图 5-8 隔膜阀

（二）OPC 电磁阀的连接及工作原理

由图 5-7 可以看出，超速保护系统的 2 个 OPC 电磁阀采用并联连接，其中只要有一路动作，便可通过高、中压油动机的快速卸载阀，释放油动机内的控制油，快速关闭调节汽

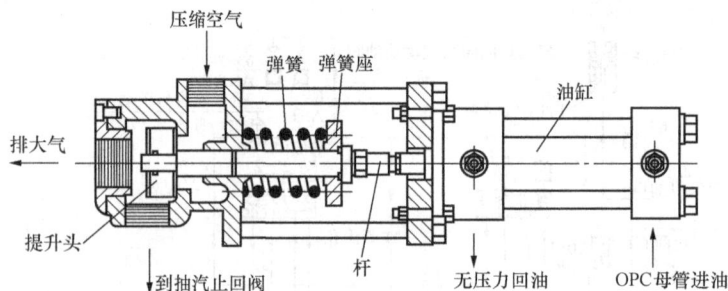

图 5-9　空气引导阀

阀，防止超速。何时重新开启，是由 DEH 调节器根据故障分析结果，然后发出指令进行的。这种连接方法可以做到：

（1）一路 OPC 不起作用时，另一路仍可工作，确保系统的可靠和机组的安全；

（2）可以进行在线试验，即当 1 个回路进行在线试验时，另一回路仍具有连续的保护功能，避免保护系统失控。

OPC 电磁阀只对 DEH 调节器来的信号产生响应，例如机组负荷下跌，引起机组突然升速，或其他原因使机组转速达到 103% 的额定转速时，由 DEH 调节器对电磁阀发出指令，使 OPC 电磁阀动作，并通过快速卸荷阀，关闭高、中压调节阀，防止继续超速而引起 AST 电磁阀动作。与此同时，由于止回阀的逆止作用，AST 遮断母管不会泄油，因此主汽阀仍然保持全开状态。待机组的转速下降，DEH 重新发出指令，关闭 OPC 电磁阀，OPC 总管建立油压，调节汽阀才能恢复控制任务。该方法可避免机组停机，减少重新启动的损失，节约时间，间接地提高了电厂运行的经济性。

（三）AST 电磁阀的连接及其工作原理

自动停机脱扣系统，可认为是 OPC 的上一层保护，因为此时要涉及停机，所以要求更加可靠和准确地工作，为此，四个 AST 电磁阀采用串联和并联混合连接系统，其连接方式可简化为图 5-10。

从图 5-10 中可以看出，该连接的特点如下：

（1）串联油路中的任何一路电磁阀〔（20-1）/AST，（20-2）/AST 或（20-3）/AST，（20-4）/AST〕动作，都可以进行停机，而任何一个电磁阀误动作，也不会引起错误停机；

（2）并联油路中，任何一个奇数号电磁阀〔（20-1）/AST，（20-3）/AST〕和任何一个偶数号电磁阀〔（20-2）/AST，（20-4）/AST〕动作，系统都可顺序或交叉动作并停机。

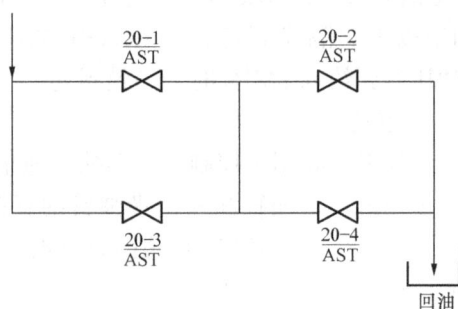

图 5-10　AST 电磁阀的
混合连接简化图

这样，由于采取了双路双阀门的顺序或交叉连接系统，不仅确保系统的动作可靠，而且当任何一个阀门不动作或作在线试验时，系统仍然具有保护功能。换言之，该系统只有在一对奇数号或偶数号电磁阀都不起作用的双重故障下，保护系统才会失效，这种机会显然很小。

综观前面所述，从液压系统看四个 AST 电磁阀为混合串联并联连接系统，而从继电器控制逻辑系统看又是双通道〔（20-1）/AST，（20-3）/AST 和（20-2）/AST，（20-4）/AST〕系统，因此，可使保护系统中的任意一个电气或液压元件发生故障时，都保证系统能可靠地工作，而且误动作的可能性也减至最小。

四个 AST 电磁阀结构相同，都是二级阀。现以 20-1/AST（见图 5-7）说明它的工作原理。正常运行时，第一级阀 1 动作，为通电关闭。高压抗燃油（EH 油）经节流孔至第一级阀，通过导阀窗口进入阀门。由于电磁阀正处于通电关闭状态，隔断回油通道，因此，在第二级阀 2（称为提升头）左边作用着高压抗燃油，产生一个不平衡力，此力和弹簧的附加力使第二级滑阀紧紧地压在阀座上，从而阻止自动停机遮断母管的油到回油而泄出，汽轮机的高、中压油动机活塞下才能建立起油压。当 ETS 系统中的任一参数处于遮断水平时，控制逻辑总系统中的相应继电器把电路断开，AST 电磁阀失电，第一级阀打开，高压抗燃油经第一级阀至回油管路，高压抗燃油在第二级滑阀左边提供的不平衡力随即消失，第二级滑阀在右边的 AST 油压作用下，克服弹簧力向左移动，于是第二级阀打开，泄掉自动停机遮断母管（AST）的油，使高、中压主汽阀和调节汽阀关闭而停机。

（四）机械超速遮断系统与 ETS 系统的联动原理

机械超速遮断系统，也可以认为是更上一级的保护，即当 OPC 保护系统、电气超速遮断系统（ETS）均不起作用时，由机械超速遮断系统行使保护机组的任务。因此，它的动作转速，应整定得比电超速遮断的转速略高。

机械超速遮断系统使用的润滑油与 EH 系统的抗燃油互不相干，它与危急遮断安全油系统的唯一联系是隔膜阀。因此，它没有独立的液压执行机构，而是在该系统动作、使隔膜阀的上部油压消失时，依靠压弹簧的张力打开隔膜阀，泄去危急遮断总管上的安全油，使快速卸载阀动作而实现停机。

课题三　汽轮机的超速保护装置

教学目的

掌握汽轮机机械超速保护装置及电气超速的作用、组成及工作过程。了解机械超速遮断系统的试验及调整。

汽轮机转动部件上的离心力与转速的平方成正比。当转速增加时，离心力产生的应力迅速增大，若应力超出材料的许用应力，将造成设备的损坏。汽轮机转子一般是按额定转速的 115%～120% 来设计的，一旦转速超过该极限值，将造成叶片断裂、叶轮松脱、动静部件相碰而发生严重事故。为确保机组安全，汽轮机均设置了超速保护装置。当汽轮机的速度达到其额定转速的 110%～112% 时，超速保护装置动作，迅速关闭自动主汽阀和调节汽阀，紧急停机。

引进型 300、600MW 汽轮机超速保护装置设置有机械超速遮断和电气超速遮断两套系统，如图 5-4 所示。

（1）机械超速与手动遮断保护。当机组转速达到 111% 的额定转速时动作，通过隔膜阀将自动停机遮断油路（AST）泄压，高、中压主汽阀关闭。同时止回阀被顶开，超速保护油路泄压，高、中压调节汽阀关闭，紧急停机。

（2）电气超速遮断保护。当机组转速达到 110% 的额定转速时，自动停机遮断油路（AST）电磁阀动作，自动停机遮断油路泄压，高、中压主汽阀关闭。同时止回阀被顶开，超速保护油路（OPC）泄压，高、中压调节汽阀关闭，紧急停机。但此时机械超速及手动遮断未泄压，仍保持正常油压状态。

（3）当机组甩大于30％的额定负荷或是转速达到103％的额定转速时，超速保护油路（OPC）电磁阀动作，仅高、中压调节汽阀暂时关闭，待故障消除后，高、中压调节汽阀仍继续开启。由于止回阀关闭，所以高、中主汽阀正常开启，机械超速与手动遮断油压也保持正常。

下面对机械超速遮断保护系统和电气超速遮断保护系统进行介绍。

一、机械超速遮断系统

机械超速保护系统主要由危急遮断器（危急遮断器）和危急遮断滑阀组成。

（一）危急遮断器

危机遮断器实质上是转速超限时的危急信号发送器。按其结构形式可分为飞锤式和飞环式两种，其工作原理完全相同。

1. 飞锤式危急遮断器

飞锤式危急遮断器应用较为广泛，其原理如图5-11所示。

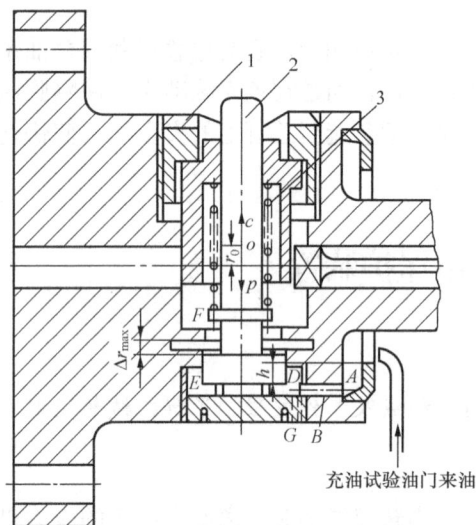

图5-11　飞锤式危急遮断器
1—调整螺帽；2—偏心飞锤；3—压弹簧

它装在主轴的前端，主要由飞锤、压弹簧、调整螺帽等组成。飞锤的质心与轴心存有一定的偏心距，所以又称为偏心飞锤。当其随主轴旋转时，作用在偏心飞锤上的离心力使其产生向外移动的趋势，而弹簧3的压力则阻止其外移。在正常运行时，机组转速低于危急遮断器的动作转速，弹簧力大于偏心飞锤上的离心力，飞锤不移动；若机组转速超过危急保安器的动作转速时，飞锤上的离心力大于弹簧压力，使飞锤向外移动，随着飞锤的外移，偏心距增大使离心力又增大，而弹簧受压缩对飞锤的压力也增加，但离心力的增加量大于弹簧压力的增加量，因此，飞锤一旦飞出就会迅速走完全行程。

飞锤击出后，通过危急遮断油门泄去安全油，关闭主汽门。汽轮机转速开始下降，飞锤的离心力减小，当转速降到一定值时，弹簧的压力将大于飞锤的离心力，飞锤开始复位。此时的转速称为复位转速。随着飞锤的复位，偏心距减小，离心力和弹簧力同时减小，但离心力的减小速度大于弹簧力，所以飞锤一旦回复便一直运动到原来位置。一般危急遮断器的复位转速设计为略高于额定转速，以避免为使飞锤复位而必须将机组的转速降到额定转速以下。

与调速器相比较而言，危急遮断器飞锤的位置与转速没有一一对应关系。因此，可以把调速器称为稳定调速器，而把危急遮断器称为不稳定调速器。

旋转调整螺帽1，可以改变弹簧的预紧力，从而改变飞锤的动作转速。

2. 飞环式危急遮断器

飞环式危急遮断器如图5-12所示。

偏心飞环与汽轮机主轴一起旋转，当汽轮机转速升高到额定转速的110％～112％时，偏心飞环1的离心力克服弹簧4的压紧力，向外飞出，撞击危急遮断油门后，紧急停机。调整螺帽2用来调整弹簧4的预紧力，以调整危急遮断器的动作转速。偏心飞环式危急遮断器的原理与偏心飞锤式相同，只是用具有偏心质量的飞环1代替了偏心飞锤。

（二）危急遮断滑阀

1. 上汽机组采用的危急遮断滑阀

如图5-13所示，飞锤飞出，撞击危急遮断滑阀上的碰钩，危急遮断滑阀动作。当碰钩1受撞击产生逆时针转动时，推动危急遮断滑阀7右移，带动蝶阀4右移而离开阀座，将机械超速与手动遮断母管中的油从挡油板上的排油孔泄掉，此时手动遮断与复位杠杆移到遮断位置。

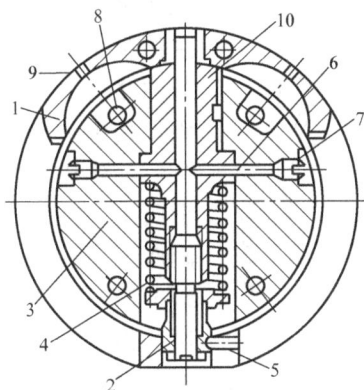

图5-12　偏心飞环式危急遮断器
1—飞环；2—调整螺帽；3—主轴；4—弹
簧；5—螺钉；6—圆柱销；7—螺钉；
8—油孔；9—排油口；10—套筒

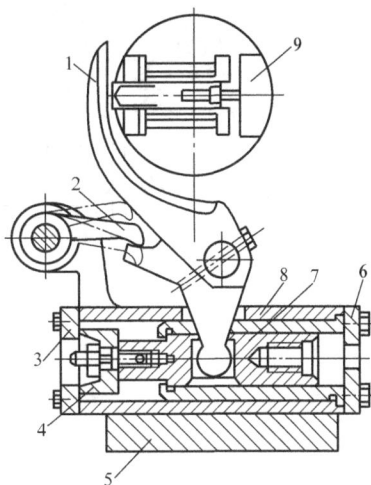

图5-13　上汽机组危急遮断滑阀
1—碰钩；2—复位连杆；3—阀座；4—蝶阀；
5—安装板；6—盖板；7—滑阀；8—壳体；
9—危急保安器

超速遮断系统也能手动遮断，即用手将装于前轴承座侧的手动遮断与复位杠杆从正常位置推到遮断位置，使复位连杆推动碰钩产生位移。

2. 哈汽机组采用的危急遮断滑阀

如图5-14所示，哈汽机组危急遮断滑阀分别由错油门1、上盖2、芯杆3等组成。汽轮机正常运行时，错油门1的上部端面紧贴在上盖2的断面上。为了保证严密，两表面经过研磨。由于错油门1的上下直径差异，在压差的作用下，错油门1位于上止点。当机组超速，危急保安器动作后，杠杆4压下危急遮断器的芯杆3，压力油就经过油口A作用在错油门1的上表面上，将错油门1压落到下止点位置。从而将安全油经过油口B与回油接通，关闭主汽门和调节汽门。

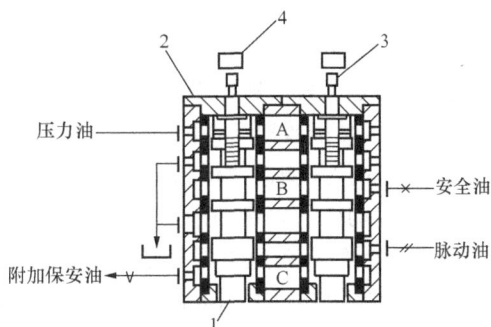

图5-14　哈汽机组危急遮断滑阀
1—错油门；2—上盖；3—芯杆；4—杠杆

要想重新启动，首先要使油室A的油压下降，错油门1在下部附加保安油的作用下，回到上止点位置，使安全油与回油切断。

(三) 典型机械超速遮断系统介绍

机械超速保护系统由危急遮断器、危急遮断油门、手动停机装置、隔膜阀、超速试验装置等组成。下面分别以国内普遍采用的上海汽轮机厂引进型 300MW 机组和哈尔滨汽轮机厂 200MW 机组的机械超速保护系统为例进行介绍。

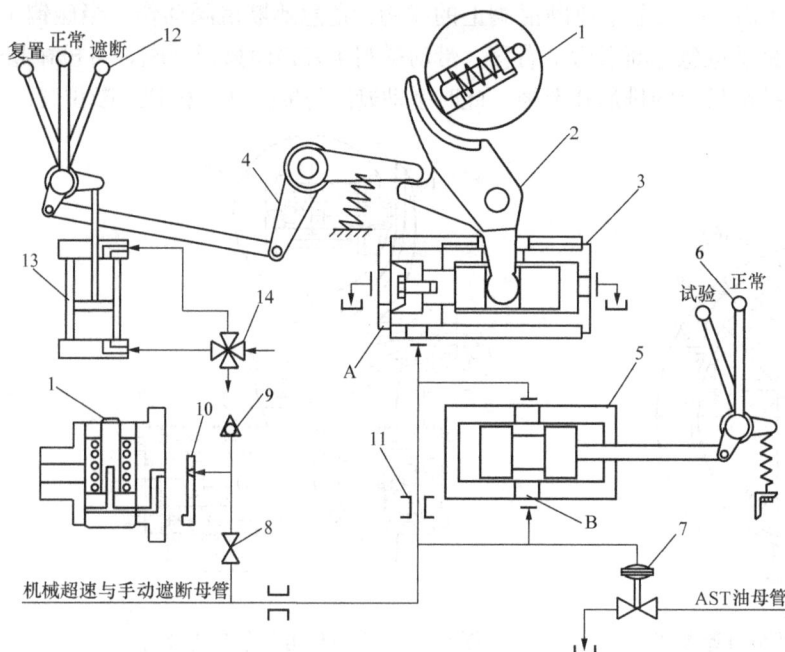

图 5 - 15 所示为典型上汽机组危急遮断系统。机组正常运行时，危急遮断器 1 在其弹簧作用下，保持在主轴内。脱扣油母管中的油，自主油泵出口管经节流后分两路进入危急遮断滑阀，其中一路经二级节流后，作用在危急遮断滑阀上，并使之紧压在阀座上；另一路只经一级节流，引入超速保护试验滑阀，再进入危急遮断滑阀。油压的作用力把滑阀推向左侧，使蝶阀紧压在阀座上，堵住了泄油孔 A。碰钩 2 和危急遮断滑阀 3 在复位位置，泄油口 A 关闭。

图 5 - 15 引进型 300MW 上汽机组机械超速遮断系统原理
1—危急遮断器；2—碰钩；3—危急遮断滑阀；4—遮断复置连杆；5—试验滑润；6—超速试验手柄；7—隔膜阀；8—试验截止阀；9—压力表；10—喷油嘴；11—节流孔；12—复位手柄；13—汽缸；14—电磁阀

闭。隔膜阀 7 在机械超速与手动遮断母管油压的作用下，也处于关闭位置，堵住了高压抗燃油安全油 AST 的泄油通道。遮断系统处于等待备用状态。

当汽轮机转速超过 110%额定转速时，随汽轮机旋转的危急遮断器 1 向外飞出，击打碰钩 2，使碰钩 2 逆时针旋转，带动危急遮断滑阀 3 向右移动，打开机械超速与手动遮断母管的泄油口 A，从而使隔膜阀 7 在内部膜片和上下压差的作用下打开，泄去高压抗燃油的安全油 AST 油压，所有阀门关闭，使机组紧急遮断。从图 5 - 15 可以看出，也可以通过就地手动遮断手柄 12，直接动作危急遮断滑阀 3，使机组遮断。手动遮断复位手柄移动到"遮断"位置。

机组遮断后，转速下降，危急遮断器 1 缩回轴内。挂闸时，可以通过就地手拉复位手柄 12。将手动遮断复位手柄扳向"复位"位置，并保持一会儿，该手柄带动遮断复置连杆 4，使遮断复置杠杆 4 逆时针旋转，推动碰钩 2，带动危急遮断滑阀 3 向左移动，重新封闭机械超速与手动遮断母管的泄油口 A，使隔膜阀 7 上部的油压上升，隔膜阀下部的 AST 油压建立，机组复置。

另外，系统中还设计了遥控复置电磁阀 14 和复置汽缸 13，可以在集控室内，实现远方挂闸。通过给电磁阀 14 通电，压缩空气通过该四通电磁阀，进入气缸 13 的下部，气缸上部通大气，气缸活塞向上移动，推动遮断复位手柄 12 动作。当限位开关检测到气缸行程终了时，电磁阀断电，气缸活塞返回，挂闸后，手动遮断复位手柄 12 自动回到"正常"位置。

图 5-16 所示为典型哈汽机组机械超速危急遮断系统。该机组采用双危急遮断器和双支危急遮断油门。

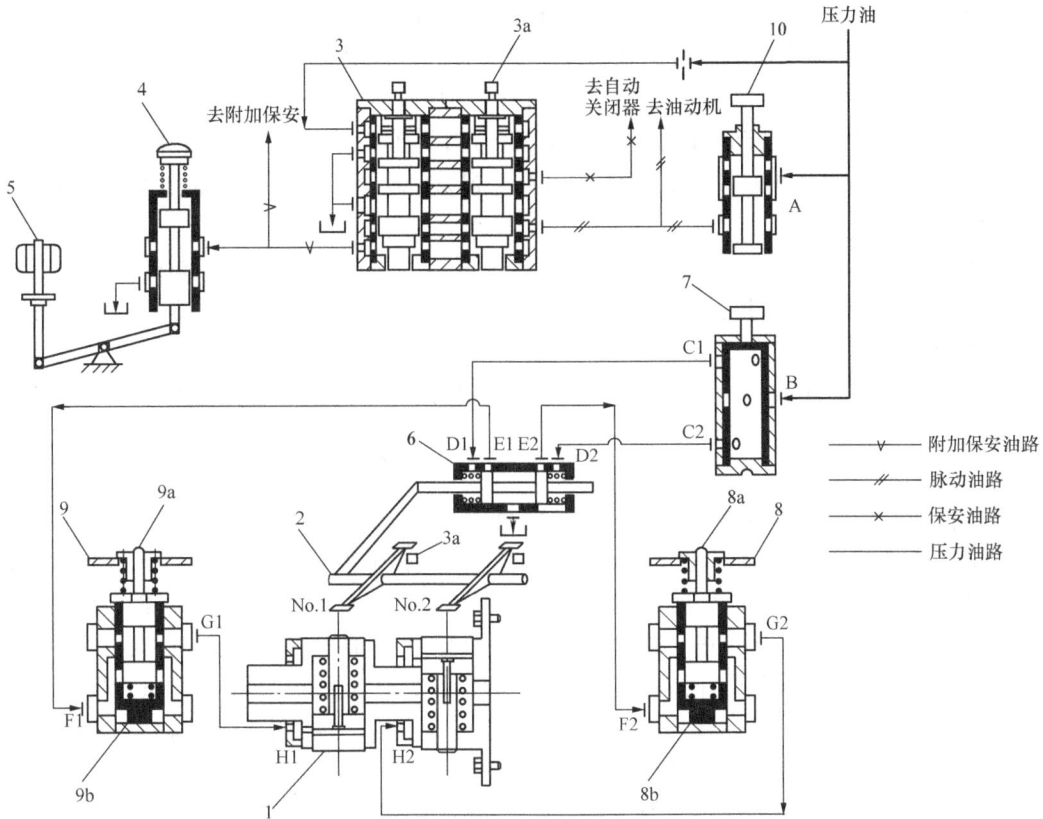

图 5-16　哈汽机组机械超速危急遮断系统

1—危急遮断器；2—杠杆；3a—危急遮断油门；4—手动停机错油门；5—电磁解脱器；6—试验活塞；7—操作错油门；8、9—喷油试验错油门；8a、9a—小错油门；8b、9b—小错油门套筒；10—超速试验错油门

当机组超速时，偏心飞锤击出，飞锤打击杠杆 2，杠杆 2 翻转后，压下危急遮断滑阀的心杆 3a，压力油进入错油门的上表面，将错油门压至下止点位置。从而将安全油压泄掉，关闭主汽门和调节汽门。

在图 5-16 所示的系统中，也可以通过手动停机错油门 4 或遥控电磁解脱器 5 泄去附加保安油，使危急遮断滑阀下移，泄掉安全油，遮断机组。

（四）危急遮断器的试验与调整

危急遮断器可能出现的主要故障是飞锤卡涩或动作转速不准确。为了保证危急遮断系统的可靠性，一些较大机组中安装了两只危急遮断器和对应的危急遮断油门，其中任意一个危急遮断器动作，都能够关闭汽轮机的所有进汽阀门，紧急停机。

由于机组正常运行时，危急保安器长期处于不动作的状态，卡涩的可能性很大。因此有必要对危急遮断器能否正常动作进行试验。试验分为注油试验、超速试验和联合方式三种形式。

在做机械超速试验时，当转速缓慢升高到遮断值时，应密切注意汽轮机的转速。一个司机应站在就地手动遮断装置的旁边，如果转速达到额定转速的111％，而不能自动遮断时，应立即手动遮断。

图5-16哈汽机组危急遮断系统的试验方法如下。

1. 超速试验

超速试验的目的是实际测取危急保安器的动作转速。这项试验可以单独试验飞锤No.1或飞锤No.2的实际动作情况。机组在额定转速下运行时，转动操作错油门7，使油口C2与油口B相通，试验活塞6油口D2对应的油室压力升高，活塞带动杠杆2左移，从飞锤No.2上移开。然后通过转动超速试验错油门10，打开油口A，逐渐增加脉动油的进油量，提高脉动油压，使机组升速，随着转速的升高，No.1试验飞锤飞出，通过危急遮断油门，关闭主汽门和调节汽门。

如果飞锤动作转速在110％～112％之间，则可认为飞锤试验合格。同样，可进行另外一个飞锤的试验。也可通过提升转速，来同时直接试验两个飞锤，并记录哪一个先动作及其动作时的转速。

危急遮断器的超速试验，一般每一飞锤应连续作两次，两次的动作转速差不超过额定转速的0.6％。

2. 注油试验

机组在并网情况下运行时，可进行在线喷油试验，以活动危急保安器。

如果试验飞锤No.1，则通过转动操作错油门7，使其从中间位置转动到指向No.1飞锤，这时，油口C1与油口B相通，试验活塞6油口D1对应的油室压力升高，活塞带动杠杆2右移，从No.1飞锤上移开。杠杆移开后，油口D1与油口E1相通，D1中的压力油经过油口E1进入喷油试验错油门9的油口F1，当用力按下小错油门9a时，压力油进入油室G1，并经喷油管喷入No.1飞锤底部，No.1试验飞锤在压力油的作用下向外飞出，由于此时杠杆2已经移开，因此不会关闭主汽门和调节汽门。对No.2飞锤可同样进行上述试验。

如果飞锤试验的结果不能达到预先的要求，则必须进行全面检查和调整，飞锤的动作转速可以通过旋转遮断器中的调整螺帽，改变弹簧的预紧力来调整。具体的调整圈数与增加的转速之间的关系参考汽轮机厂的说明书。

上海汽轮机厂引进型300MW机组的危急遮断系统，如图5-15所示。该系统只配置了一只危急遮断器，因此其超速试验与哈汽机组单独试验飞锤的方法基本相同，而在做飞锤的注油试验时，与哈汽机组略有不同，方法如下：

机组在并网运行或额定转速下，首先将超速试验手柄6扳向"试验"位置，并用手推住，此时通往危急遮断油门3的油路被切断。逐渐打开试验截止阀8，压力油通过管路和喷油嘴10进入危急遮断器，注意观察压力表9的读数。随着供油量的增加，危急遮断器1飞锤下的压力逐渐升高，当压力达到一定值时，飞锤飞出，撞击碰钩2，危急遮断油门动作，手动遮断复位杠杆12会移动到"遮断"位置，但危急遮断母管油压不会跌落。因此机组运行不受影响。记录此时的压力表读数，并与前次同样试验的动作油压比较，以判断飞锤调整是否合适。这项试验必须保证两次试验的转速相同。试验结束后，将手动遮断复位手柄12扳向"复位"位置，并逐渐放松，机组重新挂闸。

二、电超速遮断保护

电超速遮断保护系统由一个安装在盘车齿轮附近的转速发讯器、安装在机柜内的转速检测、判断卡件等组成。转速发讯器可以采用磁阻式，也可以采用涡流式，多数情况下采用磁阻式。与 DEH 系统的转速探头一样，磁阻发讯器输出一个正比于汽轮机转速的频率信号。该信号在转速测量卡件内被转换为模拟电压或数字量，并与设定电压或数字整定值相比较，如果超过整定值，则驱动控制继电器，导致机组跳闸。

为防止汽轮机小轴断裂事故，造成机组超速保护功能消失，一般应尽量将电超速保护的探头安装在汽轮机后汽缸与发电机连接处的盘车齿轮上，同时为了防止单个元件故障，一般都设置双重或三重冗余。

图 5-17 所示为采用模拟电路实现的电超速保护组件原理。

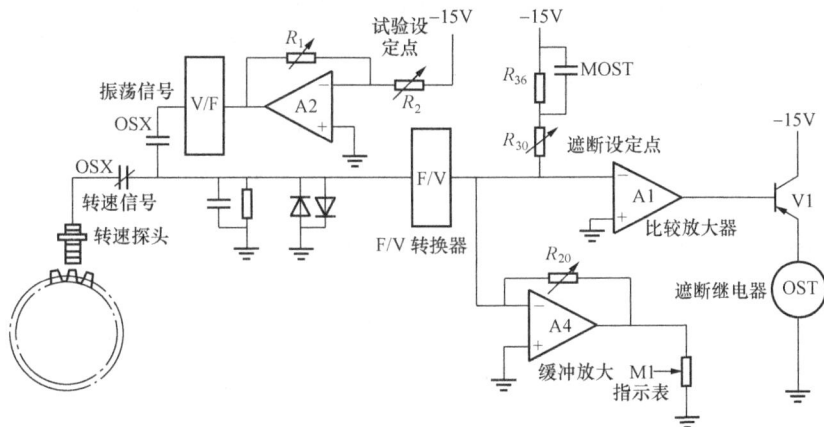

图 5-17　电超速保护组件原理

从测速探头来的转速脉冲信号经过限幅、整形后，形成巨形脉冲波，再经 F/V 频率电压转换单元，转变为一个与频率成正比的直流电压，该电压与 R_{36}、R_{30} 提供的遮断整定电压相比较；同时，该转速信号也被送到一个缓冲放大器，放大器的输出送到一个指示表，指示转速值。在正常情况下，比较器 A1 的输入电压为负值，其输出电压为正值，因此三极管 V1 截止。当汽轮机转速超过遮断整定值时，输入比较器 A1 的电压为正值，其输出电压为负值，因此三极管 V1 导通。引起继电器 OST 动作，从而使遮断控制系统中的继电器失电而遮断停机。

电超速保护回路允许进行在线试验，当继电器 OSX 动作时，由 R_1、R_2 调整频率的振荡器输出，代替现场来的实际转速信号，送入 F/V 转换器，以检验转速测量、判断、执行回路是否正常。

电超速保护回路也可以被禁止，从而允许进行机械超速试验。图 5-17 中，当进行机械超速试验时，接点 MOST 闭合，将电阻 R_{36} 短路，从而提高了电超速的遮断整定值，这样机械超速试验时，就不会引起电超速遮断了。

电超速控制遮断继电器逻辑如图 5-18 所示。

机组正常运行时，继电器 S1 和 S2 的触点是闭合的，触点 OST 断开，线圈 OS1 和 OS2 带动 ETS 逻辑总系统的触点闭合。当机组转速达到遮断转速

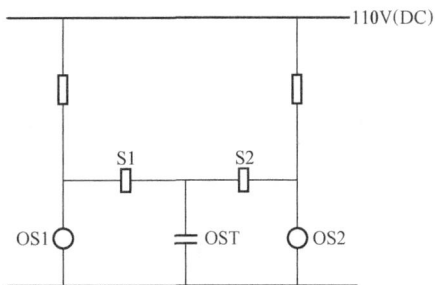

图 5-18　电超速控制遮断继电器逻辑

时，OST 线圈通电，其触点闭合，这就分别使相应于自动停机通道 1 和 2 的遮断控制继电器 OS1 和 OS2 短接，断开了 ETS 上相应的触点，将导致 AST 电磁阀动作，遮断汽轮机。

课题四　汽轮机的其他保护装置

汽轮机除设置超速保护外，尚需设置一些其他保护装置，常见的有轴向位移保护、低油压保护和低真空保护等。

一、轴向位移保护

汽轮机转动与静止部件之间的轴向间隙很小，若因负荷变化等原因产生过大的轴向推力时，可能会导致推力轴承轴瓦上的乌金层熔化，动、静间隙消失，使设备产生摩擦而损坏。因此，有必要对轴向位移进行监视和保护。

轴向位移保护装置的作用为，当机组的轴向位移达到一定数值时，发出报警信号；当轴向位移达到危险值时，保护装置动作，迅速关闭自动主汽阀和调节汽阀，断汽停机，保护机组安全。

轴向位移保护装置主要有液压式和电磁式两大类。

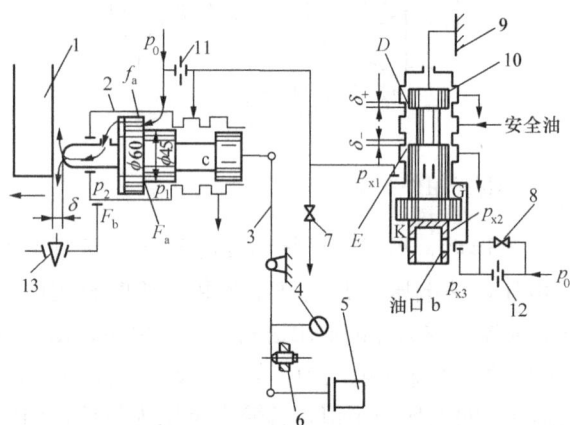

图 5-19　液压式轴向位移保护装置原理

1—主轴上的凸缘；2—随动滑阀；3—杠杆；4—指示仪；5—位移
传感器；6—调整螺钉；7—调零小阀；8—调幅小阀；9—刻度盘；
10—轴向位移遮断阀；11、12—节流孔板；13—节流阀

（一）液压式轴向位移保护

图 5-19 所示为液压式轴向位移保护装置原理。

一路压力油 p_0 进入随动滑阀 2，经喷油口与主轴凸缘 1 的间隙 δ 流出，利用滑阀两侧油压相等（$p_1 F_a = p_2 F_b$）的原理使 δ 保持不变，因而随动滑阀的位移量就等于主轴被测端面的位移量。在杠杆 3 上装有指示表 4，可直接显示位移量，杠杆端部的位移传感器 5 则将位移量转变成电压信号，进行远方指示和报警。

另一路压力油 p_0 经节流孔 11 后，再分别经控制油口 c 及调零小阀 7 泄油而形成的油压 p_{x1}，这路油进入轴向位移遮断阀 10 的油室 G。还有一路压力油 p_0 经节流孔 12 和小阀 8 进入 K 油室，再从 b 油口排出，在 K 油室形成油压 p_{x2}，当活塞处于平衡位置时，$p_{x1} = p_{x2}$。

当汽轮机轴向位移变化时，随动滑阀随之向左或右移动，控制油口 c 的开度发生变化，使 p_{x1} 增高或者降低，从而使遮断阀活塞产生移动。若轴向位移达到 $+1.2$mm 或 -1.65mm 时，遮断阀活塞位移超过 δ_+ 或 δ_-，排油口 D 或者 E 打开，泄掉安全油，汽轮机停机。同时，遮断阀活塞的移动使油口 b 的泄油面积改变，油压 p_{x2} 随之改变，直至 $p_{x2} = p_{x1}$ 时活塞才停止移动。可见，油压 p_{x2} 总是跟踪油压 p_{x1} 的变化。小阀 7 调整遮断阀活塞的零位；小阀 8 调整 p_{x1} 变化量与遮断阀活塞位移变化量之间的信号放大关系；小阀 13 则用于静态试验。

该装置的特点是采用了无接触式感应元件，提高了测量精度和工作的可靠性。

（二）电磁式轴向位移保护

图 5-20 所示为电磁式轴向位移保护装置的测量原理。

该装置由山字形铁芯和线圈组成。采用差动式电磁感应变
压器作为位移发讯器。在山字形铁芯中心的导磁柱上绕有初级
线圈，通以交流电以产生磁场。两侧次级线圈的匝数相同，对
称反接在两个侧柱之上。当主轴凸肩位于铁芯中间位置时，两
个线圈所感应的电动势大小相等、方向相反，其输出电动势为
零。当汽轮机发生轴向位移时，一侧间隙减小，使磁阻减小，
感应电动势增大；另一侧则间隙增大，感应电动势减小，在线
圈 A、B 间就有一电动势值输出，该电动势经放大后，控制磁
力断路滑阀的电磁铁。当轴向位移超过一定数值后，电磁铁拉
动磁力断路滑阀，保护系统动作，断汽停机。

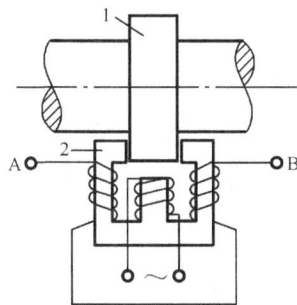

图 5-20　电磁式轴向位移
保护装置的测量原理
1—主轴；2—轴向
位移测量元件

引进型 300MW 机组的轴向位移保护装置如图 5-21 所示，是在转子上设一个专用测量
圆盘，圆盘左、右两侧端面分别装两只位移传感器（图中仅示出 1 只的安装情况，其余 3 只
的安装皆与此相同），用来测量转子相对于两侧的轴向位移量。为准确监视推力轴承的磨损
情况，圆盘要位于推力轴承附近，并要求圆盘被测表面光洁，不得有锤击、擦伤、小孔、缝
隙等，表面不可电镀。为提高保护装置的可靠性，防止出现误动或拒动，该装置采用两个独
立通道，相邻两只传感器组成一对，分别与两个相同的 TSI 轴向位移监控器相连，如任一
传感器测得的位移量超过报警位移值，就会通过灯光和报警继电器触电而发出警报。然而，
若要发出遮断警报并通过 ETS 遮断汽轮机，就必须是一对中的两只传感器所测得的轴向位
移都超过遮断位移，因此，单个或有缺陷的传感器不会引起误停机。另外，推力轴承遮断装
置与 ETS 结合起来，具有在线试验整个推力轴承遮断系统各通道的能力。

该装置的轴向位移传感器为涡流式，其原理如图 5-22 所示。

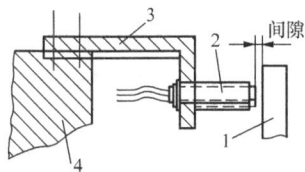

图 5-21　300MW 机组轴向位移保护装置
1—圆盘；2—轴向位移探头；3—支架；4—活塞杆

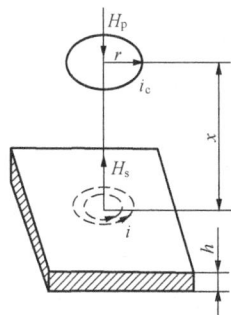

图 5-22　涡流式轴位
移传感器原理

该传感器中心为软铁芯，其周围绕有通以高频电流 i_C 的线圈，线圈周围产生高频磁场
H_p。线圈附近的金属板（转子圆盘）在交变磁场作用下，其表面会感应出电流 i（涡流）。
涡流电流也将产生一个交变磁场 H_s，其方向与原磁场方向相反，从而削弱检测线圈的磁
场。两个磁场的相互叠加，改变了原线圈的阻抗 Z，其变化的大小取决于电流 i 的大小，而
i 值与金属板的导电率 ρ、磁导率 μ、激励电流强度 i_C 及其频率 ω、线圈半径 r 和线圈到金
属板的距离 x 等密切相关，当其他值不变时，可认为阻抗 z 为距离 x 的单值函数。

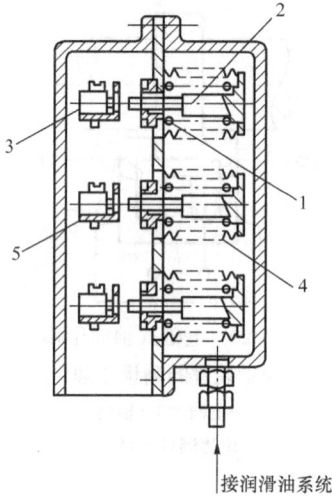

图 5-23　低润滑油压保护装置
1—弹簧；2—芯杆；3—微型开关；
4—波纹管；5—角钢架

接润滑油系统

二、低油压保护

润滑油系统必须具有一定的油压，若油压过低时，会导致润滑油膜破坏，严重时造成轴瓦磨损、乌金熔化等事故。为此，在汽轮机的供油系统中都设有防止润滑油压过低的保护装置。图 5-23 所示为其中的一种类型，它由三组继电器组成，油压感应元件为波纹管及弹簧元件，这些弹性元件根据不同油压下变形量的不同，分别接通不同的电触点。三个微型开关所整定的油压值不相同，所起的作用也不相同。

（1）当润滑油压低至 0.05MPa 时，启动交流润滑油泵，并发出报警信号；

（2）当润滑油压低至 0.04MPa 时，自动投入直流润滑油泵，并接通磁力遮断装置电路，紧急停机；

（3）当润滑油压低至 0.03MPa 时，盘车装置停止运行。

三、低真空保护

凝汽器真空下降，不仅会使机组功率下降及热经济性降低，还会使反动度增大而导致轴向推力变化，影响机组的安全。此外，真空下降使排汽温度升高，严重时会造成汽轮机末级叶片和凝汽器铜管过热损坏、低压缸变形及轴承座抬起，导致机组发生振动，为此，大型机组均设有低真空保护装置。

图 5-24 所示为金属单筒波纹管式低真空保护装置。

当机组正常运行时，凝汽器内真空为设计值，其测点通过连接螺母 6 与波纹管及外壳之间的空隙相通，其压力则与波纹筒内的弹簧力相平衡。此时，芯杆 3 的端头 7 与微型开关 4 断开，而支架 8 上的触头 9 则与微型开关 5 相闭合。当凝汽器真空降低（即压力升高）时，波纹管受压下移，芯杆随之下移，支架 8 下移。当真空降低到报警值后，支架下移使触点 9 与开关 5 断开，发出报警信号；当真空值继续下降到极限值时，芯杆的下移使触点 7 与微型开关 4 闭合，接通磁力断路油门的电磁电路，将电磁铁芯吸上，从而关闭自动主汽阀和调节汽阀，报警装置也同时发出声、光信号。

假若低真空保护失灵，真空降低到排汽压力超过大气压力时，对汽轮机的安全会构成严重威胁，极易造成低压缸损坏等重大事故。为此，很

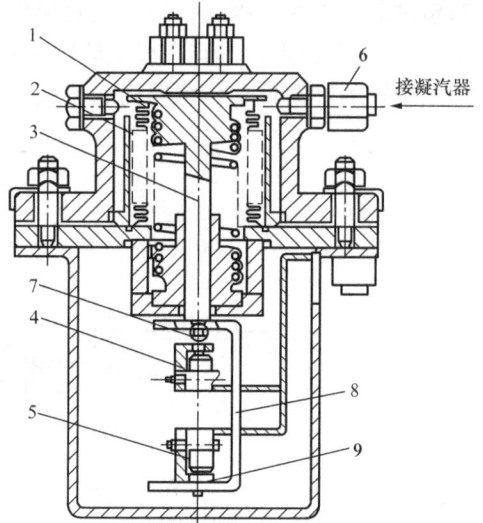

图 5-24　波纹管式低真空保护装置
1—伸缩弹簧；2—金属波纹管；3—芯杆；4、5—微型开关；6—连接螺母；7—端头；8—支架；9—触头

多机组都在低压排汽缸上设置了排大气装置以保证机组的安全。如图 5-25 所示的排大气阀是将一个环形铅质薄片 5 用螺钉 4 固定在排汽缸法兰上，其内圈则用螺钉 3 与圆形承压板 1 相连。在正常运行时，由于低压排汽缸内压力低于大气压力，圆形承压板在大气压力下向内

压，承压板外围受到低压缸法兰的支撑使环形铅片受力很小而不会被剪破。当排汽压力高于大气压力时，承压板被推向外侧，承压板传给铅环上的力超过铅环的剪切强度后，在螺钉3、4之间薄铅片裂开，排汽阀打开，蒸汽向外排出，以避免发生设备严重损坏的事故。在排大气阀四周装设有阀盖7，目的是防止承压板飞出。

引进型 300、600MW 汽轮机的低润滑油压、低真空和低抗燃油压保护装置具有很多的共同点，综述如下：

(1) 三者的感应元件都是触点式压力

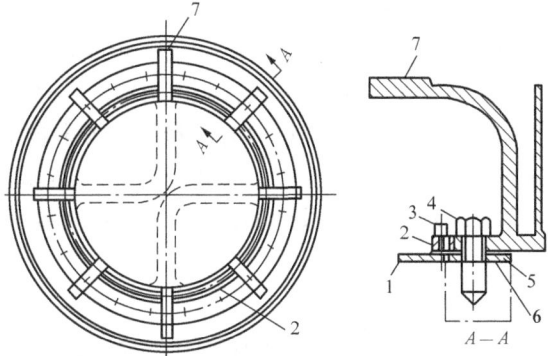

图 5-25 排大气阀
1—承压板；2—压环；3—内六角螺钉；4—六角螺钉；
5—铅质薄膜片；6—环形垫片；7—阀盖和支架

表，当被监视值（油压或真空）降低到遮断值时，触点断开，发出信号。

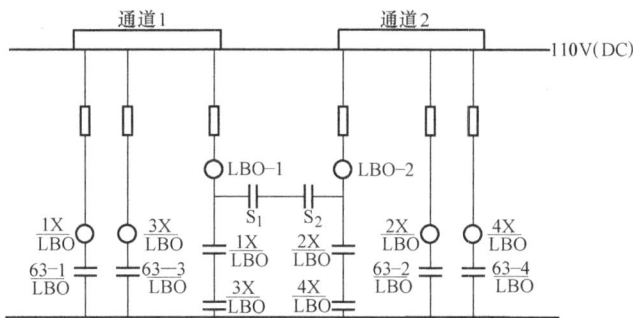

图 5-26 引进型机组低真空、低（润滑、抗燃）油压遮断控制继电器逻辑电路

(2) 遮断控制继电器逻辑电路的中间继电器接受信号并动作，最后使危急遮断系统（ETS）自动停机遮断油路（AST）的继电器动作，自动停机遮断油路（AST）泄压，止回阀开启，超速保护油路（OPC）泄压，主汽阀与调节汽阀关闭。

(3) 三者的遮断控制继电器逻辑电路完全相同，如图 5-26 所示。

由图 5-26 可见，该逻辑电路有两个独立的通道，当一个通道作试验时，另一个通道仍然起保护作用。故只要一个通道的压力触点断开，就可使汽轮机紧急停机。

现以低油压保护为例说明它们的工作原理。当汽轮机正常运行时，通道 1 的压力表开关 63-1/LBO 和 63-3/LBO 的接点是闭合的。因而中间继电器 1X/LBO 和 3X/LBO 带电正常地动作，而继电器接点 1X/LBO 和 3X/LBO 与遮断控制继电器 LBO-1 串联成闭合回路。在油压正常时，接点 1X/LBO 和 3X/LBO 都是闭合的，遮断控制继电器 LBO-1 带电处于正常运行状态。当油压过低时，压力开关 63-1/LBO 和 63-3/LBO 接点断开，中间继电器 1X/LBO 和 3X/LBO 断电，使继电器接点 1X/LBO 和 3X/LBO 以及遮断控制继电器 LBO-1 断电而动作，自动停机遮断电磁阀（AST）动作。自动停机遮断油路（AST）和超速保护油路（OPC）相继泄压，遮断汽轮机进汽而停机。通道 2 亦具有相同的元件及功能。

概括起来，采用双通道的优点之一是，可以防止一个通道拒动或误动，另一个通道仍能起保护作用，增加了保护的可靠性。如在通道 1，只有奇数的两个压力表开关同时断开，在其后的两个中间继电器同时断电，才能使遮断控制继电器 LBO-1 断电，自动停机遮断电磁阀（AST）动作而遮断停机。或者在任一通道中只要各有一只压力开关打开而表明轴承油压过低，那么遮断控制继电器 LBO—1 和 LBO—2 就将释放，引起自动停机通道 1 和 2 遮断。优点之二是便于试验检查，当一个通道进行试验时，另一个通道仍起保护作用。如在通道 1 试验时，可将选择开关接点 s_1 打开（正常运行时，接点 s_1、s_2 都闭合）。开启的接点 s_1 允许继电器 LBO—1 在试验时被释放而继电器 LBO—2 不释放。缓慢打开电动泄放阀或手动泄放阀，泄放压力表 63—1/LBO 和 63—3/LBO 所在油路的油量。当油压降低后，压力开关 63—1/LBO 和 63—3/LBO 断开，中间继电器等动作，监视油路上压力表的变化，即可检查保护是否正常。

课题五　汽轮机的供油系统

📖 **教学目的**

掌握供油系统及其组成设备的作用、类型特点，了解氢冷密封油系统的工作过程，了解 EH 液压控制系统。

一、供油系统的作用

供油系统的主要作用如下：

（1）向调节系统和保护装置提供压力油；

（2）向机组各轴承及运动副机构提供润滑油；

（3）向盘车装置及顶轴装置等供油；

（4）对氢冷发电机提供氢密封用油。

供油系统的工作是否正常对机组运行的安全与否具有着重大的意义。在任何情况下，都要保质保量地提供系统所需用油，否则将会出现严重的后果。

二、供油系统的主要设备

国产机组的供油系统多为单工质（透平油）供油系统；引进型机组一般则为双工质分供式（润滑系统仍为透平油；调节、保护系统则为高压抗燃油）供油系统。

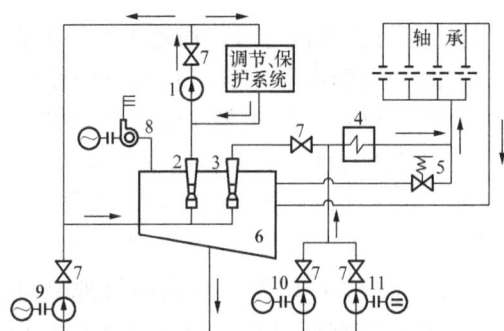

图 5-27　离心式主油泵供油系统
1—主油泵；2、3—注油器；4—冷油器；5—溢油阀；6—油箱；7—止回阀；8—排烟机；9—高压辅助油泵；10—交流润滑油泵；11—直流润滑油泵

图 5-27 所示为国产机组常见的离心式主油泵供油系统，较之其他类型的供油系统相比较，该系统具有如下优点：

（1）系统储备容量大，油量瞬时变化适应性强，供油压力稳定；

（2）油泵进、出口腔室相连，出口油压不会高于叶轮圆周速度所决定的极限值，系统工作可靠；

（3）离心泵由主轴直接带动，设备简单，系统紧凑。

该系统的缺点则是自吸能力差，吸入侧受空气影响大，需要用噪声较大的注油器向油泵正压供油。

　　国产供油系统的主要设备有：主油泵和辅助油泵、油箱、注油器、冷油器、启动排油阀、溢油阀等。

　　1. 主油泵和辅助油泵

　　油泵分为容积式和离心式两种，现代大功率机组的主油泵与辅助油泵多采用离心式泵。

　　图 5-27 中的高压辅助油泵 9 也称启动油泵或调速油泵，其作用是在主油泵不能正常工作时向调节、保护、润滑系统供油。按其拖动方式的不同又有交流电动油泵及汽动油泵之分。图中的交、直流润滑油泵 10 和 11 又可称为低压辅助油泵或事故油泵，它的作用之一是在汽轮机发生事故，导致主油泵不能供给润滑油时，向各轴承提供润滑油；作用之二是在汽轮机停机时，提供盘车装置用油。

　　2. 油箱

　　油箱的作用除储油之外，还担负着分离油中的水分、气体以及沉淀和过滤杂质的作用。其结构通常如图 5-28 所示，箱体为钢板焊接而成，底部低处装有排泄管，定期将分离出的水和沉淀杂质放掉。两层抽板式滤网将油箱分为供油净段及回油污段，通常可根据滤网两侧油位的差值大小来判断滤网及油质的清洁程度，并及时抽出滤网进行清理。油位计 3 的最高与最低油位处均设有电接点，油位过高或过低时，

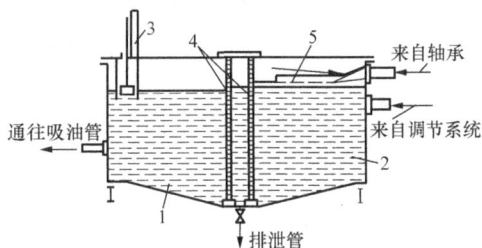

图 5-28　油箱
1—净段；2—污段；3—油位计；
4—过滤网；5—网孔导流槽

可发出报警信号。在油箱盖板上还装设有排烟机，以及时地抽出油箱内的气体，维持油箱内的微负压，保证回油畅通及油箱的安全。

　　3. 注油器

　　注油器也称射油器，属射流泵的一种。注油器的作用是将较小流量的高压油转换成大流量的低压油，以便向主油泵入口或润滑系统供油。

　　图 5-29 为注油器的结构。它由扩压管 1、进油窗 2 和喷油嘴 3 组成。高压油经喷嘴高速喷出，利用自由射流的卷吸作用将吸入室的油带入扩压管，使具有一定速度的混合油流经扩压管减速升压后送出。

　　注油器在系统中的布置方式有：①单注油器。如图 5-30（a）所示，注油器只向主油泵供油，润滑系统用油则为主油泵出口油经节流后供给。②双注油器并联。如图 5-30（b）所示，其第一级注油器出口油压较低，供主油泵油；第二级注油器出口油压较高，供润滑系统用油。③双注油器

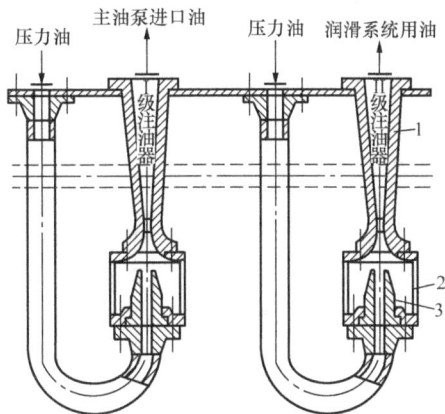

图 5-29　注油器的结构
1—扩压管；2—进油窗；3—油喷嘴

串联。如图 5-30（c）所示，其第一级注油器出口油一路供给主油泵，另一路经二级注油器升压后供润滑系统用油。

　　注油器的优点是结构简单可靠；缺点是效率低、噪声大。

图5-30　注油器在系统中的布置方式

(a) 单注油器；(b) 双注油器并联；(c) 双注油器串联

4. 冷油器

冷油器的作用是冷却流往轴承的润滑油，在正常运行时将油温保持在35～45℃范围内。

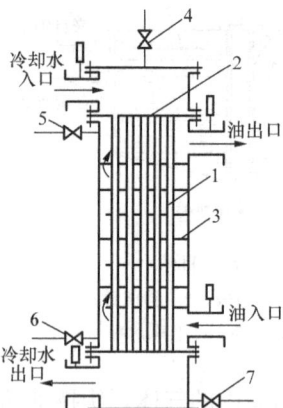

图5-31　冷油器结构示意

1—钢管；2—管板；3—隔板；
4、5—排汽阀；6—放油门；
7—放水门

冷油器的结构如图5-31所示。它由圆筒形外壳、铜管1、管板2、隔板3等组成，属逆流换热器。油从下至上沿若干隔板构成的弯曲流道流动，此举的目的是增加流程以增强冷却效果。冷却水则自上而下在铜管中流动。工作时，要求管外油侧的压力要大于管内水侧的压力，目的是防止铜管破裂时油内进水而恶化油质。装设排汽阀4、5的目的是排除水侧和油侧的空气，以免影响冷却效果。

5. 启动排油阀

在汽轮机启动过程中，高压辅助油泵代替主油泵供油，在这段时间内主油泵处于零油量下工作。由于主油泵的泵轮在油中旋转做功，使泵内的温度升高，在泵轮入口压力最低处可能会出现油的汽化现象，也就是发生汽蚀。当辅助油泵停止，主油泵投入工作时，汽蚀现象将影响主油泵的正常工作而导致不能正常供油。为防止上述现象发生，在供油系统中设置了启动排油阀。

启动排油阀的作用是确保辅助油泵与主油泵切换过程中，系统稳定供油。图5-32为启动排油阀的结构及其连接方式。当机组启动时，主油泵2的出口压力低于启动油泵4的出口压力，排油阀5的活塞处于图示位置。主油泵的油通过排油阀上的排油口流至前轴承箱里，带走主油泵内的部分热量。当启动油泵停止，主油泵投入工作时，主油泵油的压力将排油阀活塞推向下端，主油泵出口油与排油口断开。

6. 溢油阀

溢油阀通常装在冷油器出口油管路上，起着稳定润滑油压的作用。

溢油阀的结构如图5-33所示。正常工作时，活塞1上的弹簧力与下部油压的作用力相平衡。当润滑油压增高时，活塞上移使油口5开大、泄油量增加、润滑油压下降至正常值。调节螺钉3可改变弹簧的预紧力，以整定油压值。

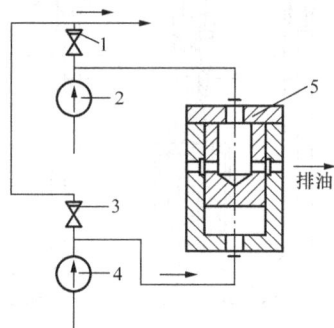

图5-32　主油泵启动排油阀

1、3—止回阀；2—主油泵；4—启
动油泵；5—启动排油阀

三、氢冷密封油系统

大功率发电机多采用氢气冷却。因为发电机内的氢气为正压运行，而发电机轴端的动、静机件之间又有间隙存在，若氢气漏入空气中的含量达到 5%～16% 范围内，就会有发生爆炸的危险。

为防止氢气外泄，在发电机两端轴伸出处的轴与轴瓦之间，供有压力高于氢气压力的密封油，该密封油还可起到润滑及冷却的作用。

图 5-34 所示为常见的双流环式密封油系统，该系统分为空气侧和氢气侧两个独立的油路，避免了因溶有空气的油流混入氢侧而使发电机内氢气纯度降低。

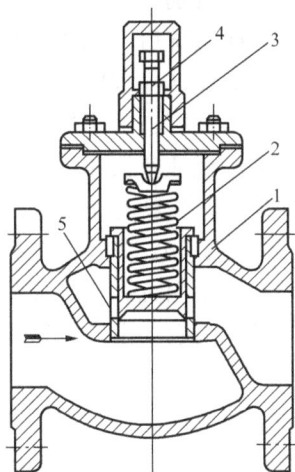

图 5-33　溢油阀

1—活塞；2—压缩弹簧；3—调节
螺钉；4—螺母；5—回油口

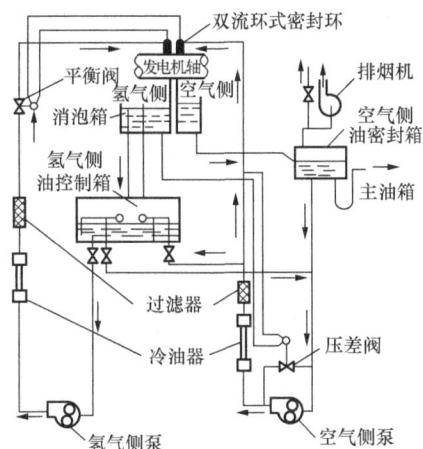

图 5-34　双流环式密封油系统原理

空气侧油泵从空气侧密封油箱吸油，氢气侧油泵从氢气侧油控制箱吸油，再分别经过加压、冷油器降温及滤油器过滤后进入密封瓦的空气侧和氢气侧环形槽内，在轴与轴瓦间形成油膜，起到密封与润滑双重作用。专门设置的压力平衡阀可自动平衡空气侧与氢气侧的油压，使两路油基本不互相窜动。空气侧油与轴承润滑油一起流至空气侧油箱，在此排出油中混入的少量氢气后流回主油箱；氢气侧油则流回氢气侧油控制箱。较长时间运行后，可能会有少量空气随着油的微量窜动而进入发电机内部，为维持 95%～98% 的氢气纯度，每进入 1L 空气则需要补充 24～100L 的纯氢气。

为避免断油事故发生，空气侧油泵备有多级备用油源，假若油与氢的压差因某种原因失控而下降，则备用压差阀自动开启，接通主油泵，自动调整油压向空气侧供密封油，同时发出报警信号。若油与氢的压差继续下降时，则启动第二后备的直流电动油泵。氢气侧油源因无后备油泵，在空气侧油泵单独工作时，可能会引起氢气纯度有所降低，但不允许低于 90%。

四、高压抗燃油系统（EH 油系统）

大功率机组因其调节、保护系统压力油与轴承润滑油二者间的油压力有很大的差距，所以两个系统的用油是分开的。如国产引进型 300、600MW 汽轮机的各进汽阀门油动机采用的是高压抗燃油系统，润滑用油及前轴承箱内的部分调节和保护部套用油则仍采用由主油泵供给的透平油系统。该系统也称为双工质分供式供油系统。

EH 油系统用来提供高压抗燃油，以驱动液压执行机构。调节系统采用高压抗燃油单独供油的方式，主要考虑了如下几个方面：

(1) 可以提高控制系统的动态反应品质。随着汽轮机功率的不断增大，大型机组要求调节系统具有优良的动态响应。一般来说，调节系统中各元件的时间常数均很小，唯独油动机时间常数较大。提高调节供油压力，则可以缩小油动机的尺寸，减小油动机时间常数，增加调节系统的灵敏度。

(2) 有利于提高调节系统的可靠性。润滑油系统涉及范围大、封闭性能差，有不少地方是敞开的，与空气相接触，并不时地有蒸汽、水等渗入，使得油易于老化变质，细小杂质颗粒也易于落入。这些因素，对调节系统的工作都有很大威胁，特别是采用高压用油时，各部件的间隙更小，因而对油的净化要求也更高。采用独立的封闭系统后，油质受空气、水等的影响降低到最低程度，而且会随着运行中反复循环过滤而提高其洁净程度。

(3) 防火问题。电站失火的原因大部分是由于漏油或高压油管道法兰垫吹裂后喷油所引起。这种破裂，有些是由于管道内发生水击现象所致。在油动机活塞快速移动时，需要大量的油，当调节阀门关闭触及其阀座时，油动机活塞就立即停止，这就易于发生水击现象。活塞速度越快，水击就越厉害。活塞移动的速度随汽轮机的蒸汽参数和功率的不断提高而加快，特别是中间再热机组和抽汽式机组更易引起火灾。因此，采用抗燃油来代替透平油是完全必要的。对于润滑油系统，因为工作油压较低，一般不可能引起水击，且这些油管道布置在远离蒸汽管道的地方，因此润滑油系统仍然可以采用汽轮机油。

(4) 目前抗燃油尚有一些毒性、对某些非金属材料的不适应性以及对油箱中油漆等的溶解性。所以，如果与润滑油合并成一个系统，要防范这些影响就比较困难。采用封闭的单独装置，就比较容易解决这些问题。

抗燃油一般有三种类型：第一类为水基抗燃液压油；第二类为水油乳化型抗燃油；第三类为磷酸酯型抗燃油。目前广泛采用的是磷酸酯型抗燃油。

抗燃油外观透明均匀，呈淡黄色。其闪点大于 240℃，自燃点一般为 600℃左右。具有很好的润滑性、抗燃性和抗磨性能，但磷酸酯有溶剂效应，能除去系统中的污垢，使之悬浮于整个系统中，所以系统必须采用精滤装置，且本身在一定条件下能水解生成有机酸，形成沉淀物。

(一) EH 抗燃油系统的工作过程

EH 抗燃油系统由供油装置、抗燃油再生装置、一套自循环滤油系统和自循环冷却系统及油管路系统组成，如图 5-35 所示。其主要功能是提供电液控制部分所需要的压力油，同时保持压力油正常理化特性和运行特性。供油装置由油箱、油泵、控制块、滤油器、磁性过滤器、卸荷阀、蓄能器、冷油器、EH 端子箱和一些对油压、油温、油位报警、指示和控制的标准设备组成。

图 5-36 所示为引进型 300MW 机组的 EH 油系统的组成原理。整个系统由功能相同的两套设备组成，一套运行，另一套备用。

系统工作时，油箱中的抗燃油通过油泵入口的滤网被吸入油泵。升压后的抗燃油经过滤油器、卸荷阀、逆止阀和过压保护阀（安全阀），进入高压集管和蓄能器，建立起系统需要的油压。当油压达到 14.48MPa 时，卸荷阀动作，切断油泵出口与高压油集管的联系，将油泵的出口油直接送回油箱。此时油泵在卸荷（无负荷）状态下工作，系统的油压由蓄能器维

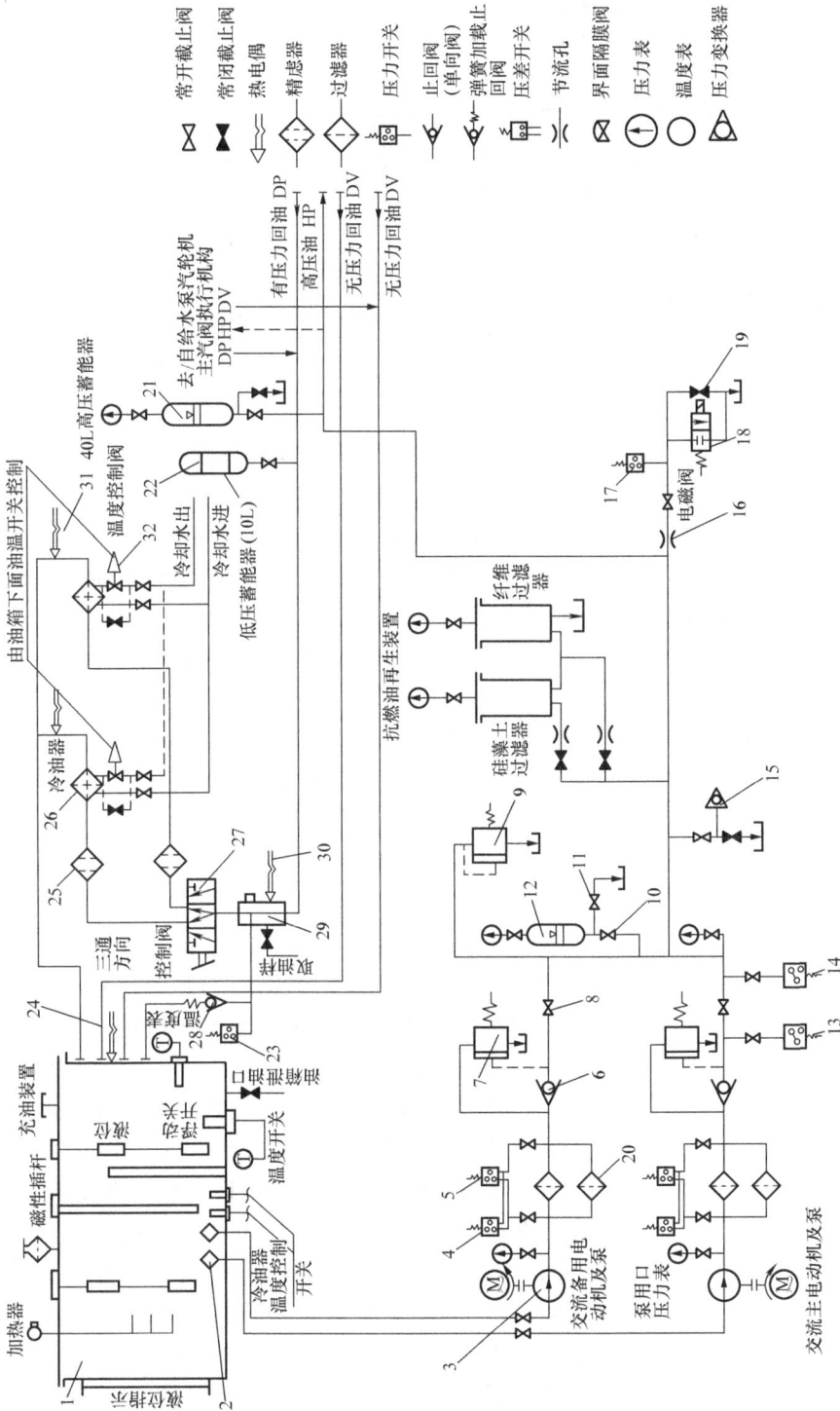

图 5-35　EH 供油系统

1—油箱;2—滤网;3—EH 油泵;4—压力开关;5—压差开关;6,28—止回阀;7—卸荷阀;8,10,11—截止阀;
9—溢流阀;12—蓄能器;13,14—压力开关;15—压力变换器;16—节流孔;17—压力开关;18—滤网;
19—手动常闭阀;20—滤网;21,22—蓄能器;23—压力开关;24—热电偶;25—滤网;
26—冷油器;27—换向器;29—三通阀;30,31—热电偶;32—温控开关

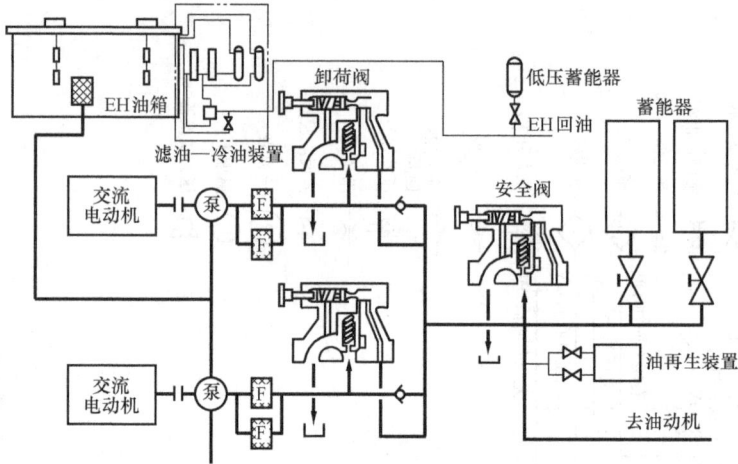

图 5-36　EH 油系统组成原理

持。在运行中，由于系统中的间隙漏油，使油压逐渐降低。当高压集管的油压降至 12.42MPa 时，卸荷阀复位，将高压油泵送出的油又供向油系统。高压油泵就这样在承载和卸载的交变工况下运行，使能量的消耗量和油温的升高量减少，因而提高油泵的工作效率和延长油泵的寿命。回油箱的抗燃油经过一组滤油器和冷油器流回油箱。抗燃油的回油管是压力回油管，回油管中的压力靠低压蓄能器维持。

　　在这种系统中，各部件均处于交变压力下工作，这对油系统中的高压蓄能器、油管接头及部件中的 O 形圈均会产生影响。同时，若 EH 供油系统处于卸荷状态，而主汽阀、调节汽阀正要打开，此时，只有蓄能器供油，系统压力降到 12.42MPa 时，再由 EH 油泵向系统供油。此外，系统的压力是由卸荷阀来控制的，卸荷阀出现故障将导致系统压力变化，这些都增加了系统出现故障的几率。因此，目前 EH 供油系统的油泵多采用柱塞泵。

(二) 系统的主要设备

1. 油箱

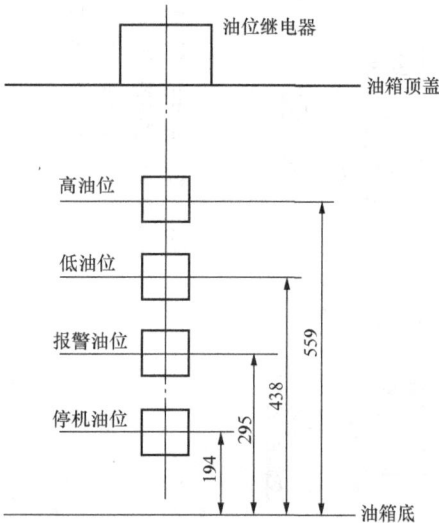

图 5-37　EH 油箱油位

　　油箱是 EH 油系统最重要的设备之一。由于抗燃油具有一定的腐蚀性，油箱用不锈钢板制成。油箱顶部装有进入式加热器、控制单元组件、各种监视仪表和维修人孔等。油箱底部有一个手动泄放阀。油箱上还装有加油组件以及供油质监督取样的取样阀。整个结构布置紧凑、工作可靠、检修方便。

　　四个装有磁棒的空心不锈钢杆全部浸泡在油中，作为磁性过滤器，以吸附油中可能存在的导磁性杂质。油箱除有就地式油位计外，还有两个浮子式油位继电器，在油位改变时，它们推动限位开关动作。其中一个用于低油位报警和低油位遮断停机，另一个则用于高油位报警和高油位遮断停机，如图 5-37 所示。

　　油箱油温由指针式温度计和温度控制继电器控制。由于抗燃油不能在低于 21℃下长期运行，而且在任何情况下不允许低于 10℃ 以下运行，故在油箱内装有三个电加热器，在油温低时进行预热。而在油温升高到 57～60℃ 时，温度控制继电器动作，发出报警信号或通过温度调节阀调节冷油器的冷却水量，保持系统在正常油温范围内运行。

2. 油泵

国产引进型 300MW 机组 EH 油系统的高压抗燃油由交流电动机驱动的高压叶片泵提供。系统中装有两台相同的油泵，流量为 75L/min，油压为 17.24MPa，正常运行时一台运行，另一台备用，当运行泵油压降低至 10.2～10.9MPa 时，通过压力开关启动备用泵。两台泵并联装在油箱下方，位置低于油箱液面，因此油泵入口能保证正压供油。两台油泵的入口共用一个安装在油箱内部的滤网，每台油泵出口装有两个箱筒式金属网过滤器，在过滤器进、出口两侧连接一压差继电器，当压差达 0.68MPa 时，继电器接通发出报警信号，表明滤网已变脏而需要清洗。

3. 油箱控制单元组件

国产引进型 300MW 机组 EH 油箱控制单元是一个组合装置，由两个卸荷阀、两个止回阀、一个过压保护阀、两个截止阀和四个金属过滤器组成，安装在 EH 油箱的顶盖上，如图 5-38 所示。高压油泵来的油首先经过控制组件中具有 10μm 金属丝网的滤芯式过滤器。对应每台油泵的出口，由两个过滤器，如图 5-35 所示。四个过滤器分开安装，可以取出清洗并再次使用。为了判断滤网是否为污物堵塞，在两台油泵出口过滤器上都装有压差开关，用于感受过滤器进出口侧的压差。当过滤器进出

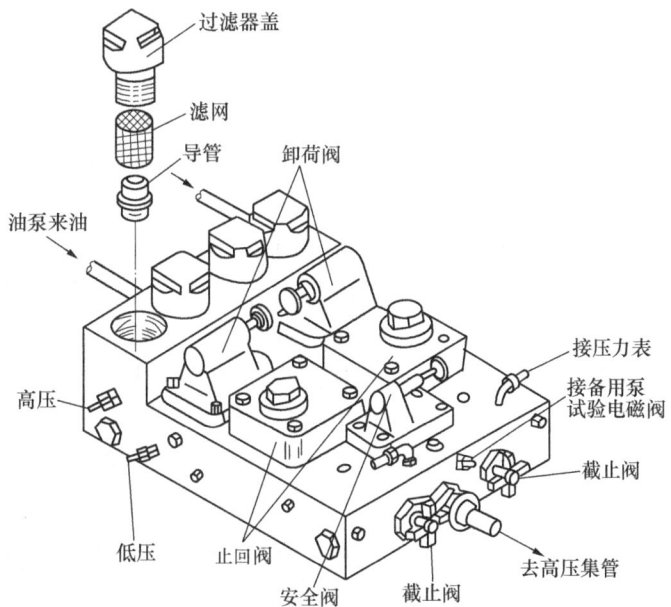

图 5-38　油箱控制单元组件

口压差达 0.689 8MPa 时，压差开关引起音响警报，表示此过滤器被堵，需要进行清洗或调换滤网。

（1）卸荷阀。卸荷阀的作用是与蓄能器共同控制油路的油压、减轻油泵负荷、减少电动机耗功并延长油泵的使用寿命。卸荷阀的结构如图 5-39 所示。

卸荷阀的控制信号油压来自于系统输油母管，母管油压作用在控制柱塞左侧，当母管油压低于 14.5MPa 且卸荷阀尚未动作时，锥形弹簧 9 将柱塞 4 推在左侧，钢球 7 堵住控制座 6 的通油口，滑阀 13 腔内的油不能排出，在弹簧 2 的作用下滑阀被推在下方，堵死套筒的泄油窗口，此时卸荷阀不放油，油泵送出的油全部送入输油母管。当母管油压达到 14.5MPa，柱塞克服锥形弹簧力而右移，将钢球 7 和球托 8 右推，控制座油口开通，滑阀内强压力油通过节流孔 14，经锥形弹簧泄油孔排至油箱。此时滑阀内腔压力低于下部油泵排油压力，滑阀下部油压作用力克服弹簧力及内腔油压作用力后，使滑阀上移，打开套筒泄油窗口，从而

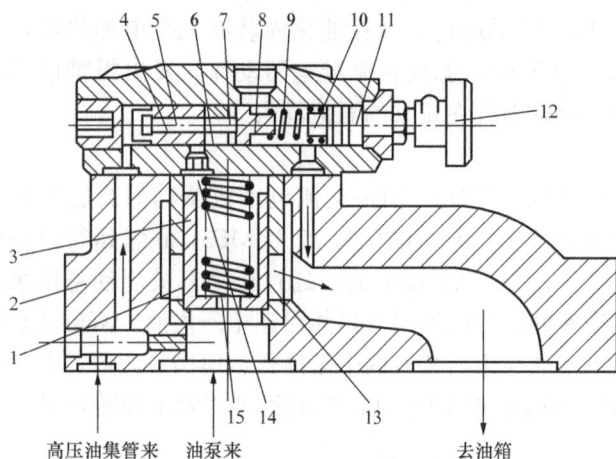

图 5-39 卸荷阀

1—滑阀弹簧；2—阀体；3—套筒；4—控制柱塞；5—控制滑块；6—控制座；7—钢球；8—球座；9—锥形弹簧；10—密封活塞；11—O形密封圈；12—调整旋钮；13—控制滑阀；14、15—节流孔

使油泵排油回入油箱。

卸荷阀的动作压力由调整旋钮 12 调整锥形弹簧 9 的压缩量来达到。增加弹簧的压缩量，则提高了卸荷阀的动作压力，减小其压缩量，则可使卸荷阀的动作压力降低。

（2）安全阀（过压保护阀）。安全阀安装于系统的高压母管上，它起防止母管超压，保护母管的作用，其结构如图 5-40 所示。

本系统安全阀设置的动作压力为 15.876～16.17MPa 时，排出的油回入油箱。安全阀在结构上和卸荷阀相似，从对母管的保护作用来说，安全阀实际上可看作是卸荷阀的备用阀。

（3）止回阀。当卸荷阀处于排油状态时，集管与油箱通过卸荷阀连通。因此为了阻止在泄荷阀排油状态下，集管内高压油通过卸荷阀倒流回油箱，控制组件上，在油泵出口管与集管之间设置有止回阀，如图 5-41 所示。当泄荷阀处于排油状态时，油泵出口与油箱连通，油压很低，因而止回阀的弹簧将阀关闭，阻止高压油集管压力油倒流回油箱。当卸荷阀复位以后，油泵出口压力建立，顶起止回阀，将油输入高压油集管。

（4）截止阀。在控制组件上还装有两个截止阀。手动关闭这两个阀门，就使得控制组件与高压集管隔绝，以便对卸荷阀、过滤器、止回阀以及泵进行维修。关闭其中一个阀门，只切断双重系统中的一路，不会影响机组的正常运行。

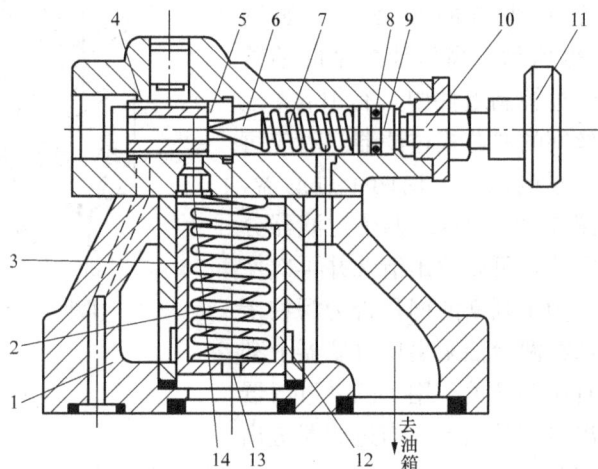

图 5-40 安全阀

1—阀座；2—弹簧；3—套筒；4—锥座垫；5—锥座；6—锥阀；7—弹簧；8—密封活塞；9—O形密封圈；10—调整螺钉；11—手轮；12—滑阀；13、14—节流孔

4. 蓄能器

蓄能器是储存高压液体的容器，用来提供液压系统中周期性或瞬时所需的大量液体能。在不采用蓄能器的系统中，当机组处于稳定运行状况时，系统用油量少，油泵的利用率很低；若采用蓄能器，就可选用小容量的油泵，节约了运行费用。

蓄能器一般有活塞式和球胆式两种形式。

图 5 - 42 所示为活塞式蓄能器结构，活塞式蓄能器也称高压蓄能器。为了维持油系统油压在卸荷阀两个动作油压之间相对稳定，以防止卸荷阀或过压保护阀反复动作，在国产引进型 300MW 机组 EH 油系统中装有 5 只高压蓄能器。其中 1 只容量较大，为 19L，安装在油箱边上，另外 4 只容量较小的安装在调节阀附近的支架上。

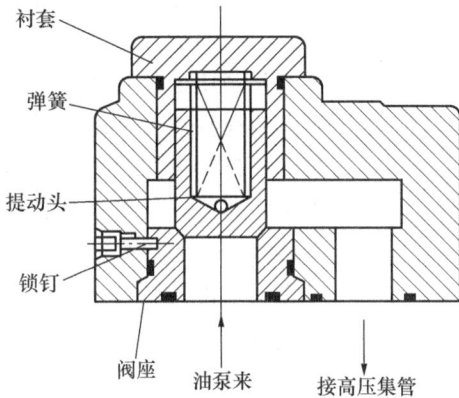

图 5 - 41　止回阀

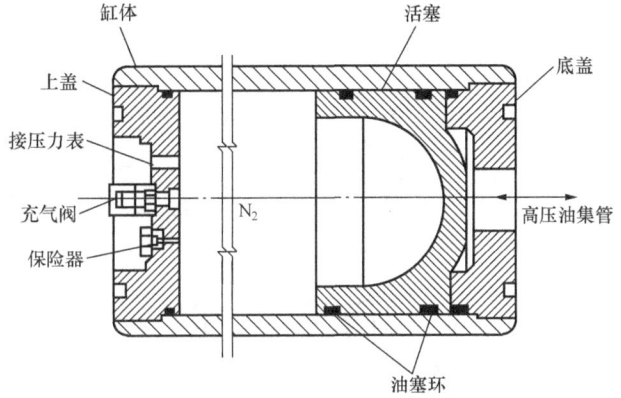

图 5 - 42　高压蓄能器

活塞式蓄能器实际上是一个有自由浮动活塞的油缸。油缸分为两个部分，上部为气室，下部为油室。油室与高压油母管相通。通过蓄能器的充气口对气室进行充气，所充气体为干燥的氮气，随着充气压力的增加，活塞右移，当气压升至 8.966MPa 时，活塞至下限位置。

当母管油压高于氮气压力时，活塞左移，油室中开始储油；同时由于气体受到压缩，气压相应升高，直到气压与油压相互平衡。当调节机构动作时，油路油压降低，氮气压力大于油压，活塞迅速右移，油室中的储油进入高压油母管，从而保证调节机构动作所需的油量及所需的动作油压。

低压蓄能器装在通向油箱的压力回油管路上。国产引进型 300MW 机组上装有四只低压蓄能器，其结构如图 5 - 43 所示。

该蓄能器的内部为合成橡胶做成的球胆，外部为不锈钢壳体。通过壳体上的充气阀向球胆内充入氮气，充气压力为 0.206 9MPa。壳体下端接压力油回油管，球胆起到了隔离油器的作用。合成橡胶球胆可以随油压的变化而任意变形。因此，低压蓄能器能在回油管中起调压室的作用，使调节系统排油管压力波动小。

机组停止运行时，系统中无油压，则会有一定量的氮气漏出。对于高压蓄能器而言，当气室压力小于 7.932MPa 时，需再次充气；低压蓄能器在气压降至 0.1655MPa 时，需再次充气。

5. 抗燃油再生装置

为延长抗燃油的使用寿命，必须保持抗燃油油质良好，使其物理和化学性能都符合规定，通常可用再生装置达到此目的。

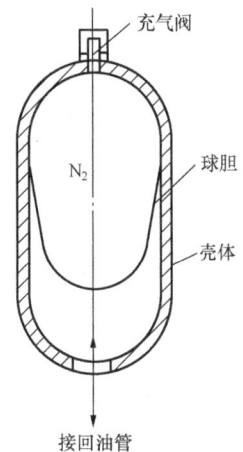

图 5 - 43　低压蓄能器

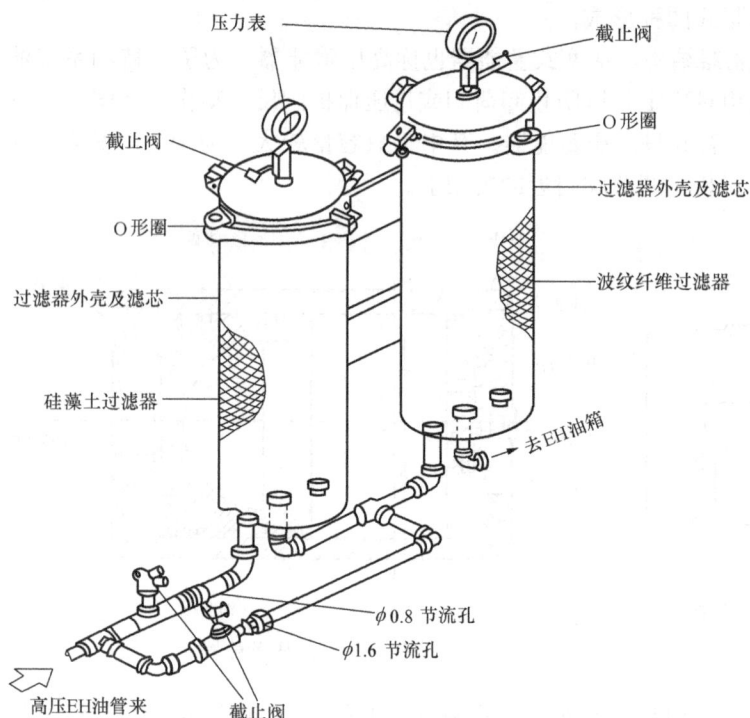

图 5 - 44　再生装置组件

抗燃油再生装置如图 5-44 所示。它是一种用来储存吸附剂和使抗燃油保持中性、去除水分等的装置。该装置主要由硅藻土滤器和精密滤器（即波纹纤维滤器）串联而成。带节流孔的管道与高压油集管相通，它们安装在独立循环滤油的管路上，打开再生装置前的截止阀，即可以使再生装置投入运行，关闭该截止阀即可停止使用再生装置。对国产引进型 300MW 机组，通过节流孔管路使每分钟大约有 3.78L 的油流过再生装置，然后进入油箱。硅藻土过滤器根据具体情况可以经旁路使油仅通过波纹纤维过滤器。再生装置的大小应适当，一般以吸附剂用量为油量的 0.5%~3%，每小时旁路流过的油量为总油量的 5%~10% 为宜，如果再生装置太小，酸值则很难维持在较低水平。

每个滤油器上还装有一个差压表，当滤油器需要检修时，此差压表就指出不正常的高压力。硅藻土滤油器以及波纹纤维滤油器均可调换滤芯的结构。

小　　结

1. 汽轮机的保护装置有超速保护、轴向位移保护、低油压保护和低真空保护等。各保护装置根据所监测目标的内容整定其动作值，当运行机组出现某种异常，使监测目标达到整定值时，保护系统动作，顺序地发出报警信号、采取相应措施直至关闭自动主汽阀而停机，目的是避免造成设备的损坏。

2. 自动主汽阀是保护装置的执行机构，多为全开和全关两种状态，属双位调节。引进型 300、600MW 机组的主汽阀则增加了具有调节性能的启动冲转功能。

3. 引进型 300、600MW 机组的超速保护装置设有机械超速遮断和电气超速遮断两套系统，使其工作更加准确可靠和方便迅速。其轴向位移保护装置采用了涡流式传感器；低真空和低油压保护则采用了触点式压力表，且均采用了双通道，使其工作的可靠性、准确性和灵敏度大为提高。

4. 汽轮机供油系统的任务是向调节、保护、润滑系统以及氢密封系统等供油。其主要设备有油泵、油箱、注油器、冷油器、溢油阀等。引进型 300、600MW 机组的供油系统则采用了双工质分供式，即各进汽阀门油动机采用一种自燃点高但价格昂贵、有一定毒性和腐蚀性的高压抗燃油为工质；润滑系统等则仍采用透平油为工质。从而消灭了漏油着火的隐患，解决了油质易劣化的弊端。此外，系统中采用了卸荷阀和蓄能器，使油泵的工作效率提高，使用寿命增长。

复 习 思 考 题

1. 叙述自动主汽阀的作用、组成结构以及对自动主汽阀的要求。

2. 汽轮机的保护装置有哪些？各自的作用是什么？

3. 引进型 300、600MW 机组超速保护装置由哪两套系统所组成？分为哪几个层次？

4. 引进型 300、600MW 机组低（润滑、抗燃）油压和低真空保护装置有哪些共同点？

5. 超速试验、注油试验的目的分别是什么？分别以上汽机组和哈汽机组的危急遮断系统为例简述其试验过程。

6. 简述危急遮断器的工作原理。

7. 隔膜阀、空气引导阀的作用是什么？

8. OPC 电磁阀、AST 电磁阀的作用是什么？OPC 与 AST 之间的逆止阀的作用是什么？

9. AST 电磁阀采用混合连接的目的是什么？

10. 汽轮机供油系统的作用是什么？对其有何要求？

11. 润滑油系统的主要设备有哪些？各起何作用？

12. 简述氢密封油系统的工作原理。

13. 为什么引进型机组要采用双工质分供式供油系统？

14. EH 油系统的主要设备有哪些？各起何作用？

汽轮机运行的基本理论

•——内 容 提 要——•

　　汽轮机由静止状态到工作状态的启动过程和从工作状态到静止状态的停机过程中，实际上是对汽轮机各零部件的加热和冷却过程，在启停过程中由于传热热阻的存在，各部件内部及各零部件之间将产生温差并因此而产生热应力、热变形及膨胀差，对机组的启停产生不利影响。本单元将结合汽轮机的启、停工况分析温差产生的原因以及由此而引起的热应力、热变形及胀差。

课题一　汽轮机的受热特点

教学目的

　　了解汽轮机启停过程中的受热特点、汽缸壁及转子产生温差的原因以及影响温差的因素。

一、汽缸壁的受热

　　汽轮机启动时，高温蒸汽进入汽轮机内部，首先加热汽缸的内壁，其传热过程是：蒸汽的热量以对流换热的方式传给汽缸内壁，热量从汽缸内壁以导热的方式传到外壁，最后经保温层散到大气。由于汽缸壁存在导热热阻，因此，汽缸内外壁之间产生温差，内壁温度高于外壁温度。停机过程则产生相反的温差，即汽缸内壁温度低于外壁温度。

　　汽缸壁的内外温差主要与下列因素有关：

　　（1）汽缸壁的厚度 δ。汽缸壁越厚，内外温差就越大。因此，大功率汽轮机的高压缸都采用了双层缸结构，以减小内外壁的温差。如 N300 - 16.7/537/537 型汽轮机的高、中压缸均采用了双缸结构。

　　（2）汽缸壁金属材料的导热性能。

　　（3）蒸汽对汽缸内壁的加热强弱。对于确定类型的汽轮机，汽缸内外壁的温差只与蒸汽与金属壁之间单位时间内的换热量有关，即单位时间内的换热量越大，汽缸内外壁的温差就越大。当蒸汽与汽缸壁之间的换热量过大时，在汽缸壁内部引起的温差会急剧增大，这时金属部件受到热冲击。在汽轮机冷态启动时的凝结放热阶段，在冲转时蒸汽温度过高，在汽轮机极热态启动时以及甩 1/2 以上负荷时，都会使汽轮机金属部件受到热冲击。

　　汽缸壁形状近似厚壁圆筒，因汽缸壁厚与其直径相差很大，可以把汽缸壁看作平板，根据加热剧烈程度的不同，沿平板壁厚度的温度分布有如下三种情况：双曲线形、抛物线形、直线形，如图 6 - 1 所示。若加热急剧，温度瞬间变化很大时，其温度分布为双曲线形，此时温差大部分发生在内壁一侧，汽轮机受到热冲击时，其温度分布接近这种情况；若稳定加热，即吸热量、放热量相等，则温度分布为直线形，这是汽轮机的稳定运行工况；实际启动时，对汽轮机的加热过程往往是缓慢加热过程，此时温度分布呈抛物线形，如图6-1（c）所示。

二、转子的受热

汽轮机转子的受热与汽缸相类似，蒸汽的热量以对流换热的方式传给转子外表面，热量再以导热的方式从外表面

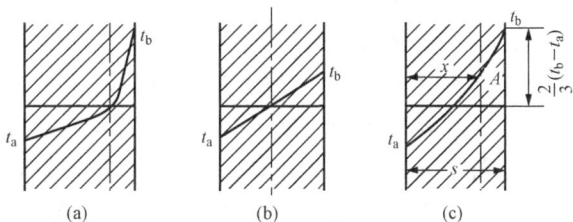

图6-1 金属平壁单向加热时沿壁厚方向温度变化

传到中心孔，通过中心空散给周围环境。由于传热热阻的存在，在转子表面和中心孔之间产生温差。该温差的大小，同样取决于转子的结构、材料的特性及蒸汽对转子的加热程度。对于不同型式的转子，其传热特性不同，在相同的蒸汽参数变化下，转子的径向厚度越大，其热量传递越慢，产生的温差越大，也就是说，对相同直径的转子，中心孔径越大，即转子厚度越小，其传热过程就越快，产生的温差越小，但中心孔的存在会使中心孔面的离心应力增大。

课题二　汽轮机的热应力

教学目的

了解热应力产生的原因、规律及影响因素，掌握不同工况下汽缸及转子的热应力状态。

一、热应力的基本知识

金属部件温度发生变化时，将发生膨胀或收缩，并因此而引起热变形。当这种热变形受到限制时，将会在金属部件内产生热应力。例如，一根金属棒，一端固定，另一端自由。在温度为t_0的情况下，长度为L_0（见图6-2）；当金属棒被均匀加热，温度由t_0升高到t_1时，金属棒自由膨胀伸长到$L_0+\Delta L$，在此情况下，金属棒内部不会产生热应力。但在如下两种情况下，金属棒内部将产生热应力：

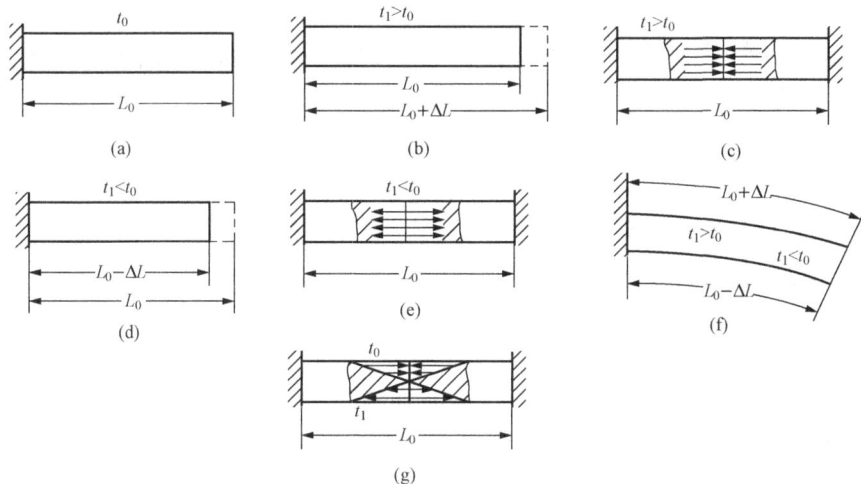

图6-2 不同情况下，金属棒内热应力示意

（1）若在温度升高前，就将金属棒的自由端紧固，使金属棒受热后不能自由膨胀，则金属棒内部将产生热压应力［见图6-2（c）］；反之，温度均匀降低时，金属棒的自由收缩受到限制，并在其内部产生热拉应力［见图6-2（e）］。以上是金属棒温度变化时，由于其热变形受到了外界物体的约束，而在其内部产生了热应力。

（2）若对金属棒的上侧加热而对其下侧冷却，则金属棒的上侧温度高于下侧，在金属棒的内部产生了温差。这将引起金属棒内部膨胀、收缩不一致，金属棒的变形受到其内部各部分之间的相互约束，即温度低的部分阻止温度高的部分膨胀，而温度高的部分则阻止温度低的部分收缩。因此，温度高的部分将产生热压应力，而温度低的部分产生热拉应力。这是由于温差存在，而在物体内部产生了热应力。汽轮机中的热应力大多是因此而引起的。

综上可知，热应力就是当物体温度变化时，它的热变形受到其他物体约束，或者受到物体内部各部分之间的相互约束所产生的应力。热应力的变化规律是温度升高的一侧产生热压应力，温度降低的一侧产生热拉应力，简称为热压冷拉。

二、汽轮机的热应力

热应力是造成汽轮机设备损坏的主要原因之一，尤其是高参数大容量的汽轮机，常因温升速度控制不当，造成热应力过大而产生汽缸裂纹、汽缸连接螺栓断裂及转子表面发生裂纹等设备损坏事故。

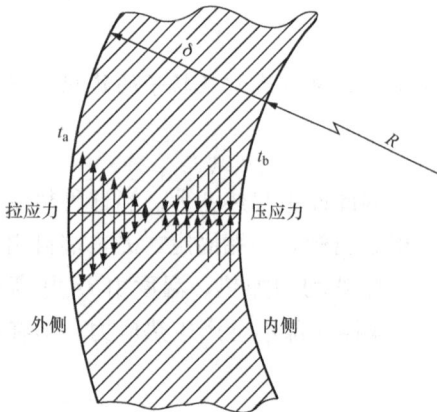

图6-3　汽缸壁内侧加热时产生的热应力示意

（一）汽缸壁的热应力

汽轮机启动时，由于汽缸内壁温度高于外壁温度，根据热应力"热压冷拉"的规律，汽缸内壁产生热压应力，汽缸外壁产生热拉应力，如图6-3所示。

启动时汽缸壁往往是缓慢加热，此时温度分布呈抛物线形，如图6-1（c）所示。根据热应力计算法则和热传导理论，可推出汽缸内壁表面最大热应力 σ_i 的计算公式为

$$\sigma_i = -\frac{2}{3}\frac{\alpha E}{1-\mu}\Delta t \tag{6-1}$$

同理可推出汽缸外壁表面的最大热应力，其计算式为

$$\sigma_o = \frac{1}{3}\frac{\alpha E}{1-\mu}\Delta t \tag{6-2}$$

式中　α——汽缸材料的线胀系数，$1/℃$；

E——汽缸材料的弹性模数，Pa；

μ——汽缸材料的泊桑比（一般钢材可取0.3）；

Δt——汽缸内外壁的温差。

应用式（6-1）和式（6-2）计算时，若是加热状态，温差 Δt 为正，则 σ_i 为负值，σ_o 为正值，表明此时汽缸内壁产生热压应力，外壁产生热拉应力；当汽缸内壁受到冷却时，温差 Δt 为负，则 σ_i 为正值，σ_o 为负值，表明此时汽缸内壁产生热拉应力，外壁产生热压应力。

由热应力的计算式分析可以看出：

（1）对一定的汽缸壁来说，其热应力的大小与汽缸壁的温差 Δt 成正比，故 Δt 可用来作为汽轮机运行中控制热应力的监视指标。汽轮机在启动、停机及负荷变化过程中，应当使汽缸的热应力不超过材料的许用应力，即要严格控制汽缸内外壁的金属温差 Δt 在允许范围内。

例如：若汽缸材料为 ZG20CrMOV 钢，工作温度为 535℃，材料的高温屈服极限 $\sigma_{0.2}^t =$ 225MPa，取安全系数 $n=2$，则该材料的许用应力 $[\sigma]$ 为：$[\sigma]=225/2=112.5$MPa。将钢的线膨胀系数 α、E、$[\sigma]$ 值代入热应力的计算式，可得到：在停机或甩负荷即汽缸受到冷却时，内外壁允许的最大温差 $\Delta t=55$℃。

（2）汽缸冷却过快比加热过快更危险。由热应力的计算式（6-1）和式（6-2）可以看出，汽缸内壁的热应力约为外壁热应力的 2 倍。在启动时，由于内壁温度比外壁温度高，内壁受热压应力，同时还受由工作蒸汽的静压力使汽缸壁产生的拉应力，虽然蒸汽静拉应力与热压应力相反，但因热压应力大得多，仍可能使内壁在热压应力最大的部分产生塑性变形，这种塑性变形在温度均匀后会留下残余的拉应力。在停机时，汽缸内壁受到冷却，内壁就同时受到蒸汽静拉应力和热拉应力的作用，再加上内壁原有的残余拉应力，就可能使内壁的应力达到危险的程度。处于热态的汽轮机，若使用低于汽缸温度的蒸汽启动，或是运行中突然甩负荷，机组是非常危险的。实际工作中汽缸出现裂纹或损坏，大多是拉应力引起的。因此运行中应避免上述情况发生。

（3）控制汽轮机金属的温升速度是控制热应力的基本方法。由影响汽缸壁温差的因素知道，温差的大小与汽缸壁受热的急剧程度有关，而加热的急剧程度又表现为汽缸壁金属的温升速度，温升速度越快，说明加热越急剧，汽缸内外壁温差越大，产生的热应力也就越大；反之，温升速度越小，热应力就越小。所以，运行中除监视汽缸内外壁温差外，还必须控制好金属温度的升降速度。汽缸壁温差与壁面金属温升速度的关系可用下式表示：

$$\Delta t = \frac{\delta^2}{2\alpha_t} b \tag{6-3}$$

式中　Δt——汽缸内、外壁温差，℃；

　　　δ——汽缸壁的厚度，m；

　　　α_t——热扩散率，$\alpha_t = \dfrac{\lambda}{c\rho}$，$m^2/h$；

　　　b——金属的温升速度，℃/h。

已知允许的最大温差 Δt 后，由式（6-3）可计算出允许的最大温升速度，一般应控制在 $3\sim4$℃/min 才安全。汽缸形状复杂，各处壁厚不尽相同，因此各处允许的温升速度也不相同。主汽阀、调节阀，由于其阀体壁厚比汽缸壁薄，故允许的温升速度略高一些。

汽缸壁金属温升速度的大小，意味着汽轮机转速和负荷变化速度的快慢。当然也意味着汽轮机启、停过程的快慢。对于高参数大功率的汽轮机，汽缸壁、法兰通常很厚，因此汽缸内壁的温升速度要严格加以控制，这也是高参数大功率机组启动时间较长的原因之一。

（二）螺栓的热应力

汽轮机启动过程中除汽缸、法兰内外壁之间存在温差外，法兰与螺栓之间也存在温差，即法兰温度高于螺栓温度，这将使螺栓产生拉伸热应力，其大小可用下式计算：

$$\sigma_{pu} = E\alpha\Delta t \tag{6-4}$$

式中 Δt——法兰与螺栓的温差,℃;

      α——螺栓材料的线膨胀系数,1/℃;

      E——螺栓材料的弹性模量,pa。

由上式可以看出,螺栓的热应力是随法兰和螺栓之间的温差增大而增大的。

实际上汽轮机启动时螺栓除了承受热拉应力外,还要承受螺栓紧固时的拉伸预应力,以及汽缸内部蒸汽压力对螺栓产生的拉应力。如果这三种拉应力之和超过了螺栓材料的强度极限,螺栓就会发生缩性变形甚至断裂。为了保证螺栓不致出现危险状态,规定法兰与螺栓的温差允许值是:中参数机组为 40~50℃,而高参数大容量机组为 20~35℃。

(三) 转子的热应力

在机组启、停过程中,转子表面和中心存在温差,启动时转子表面温度高于中心温度,而停机时转子中心温度高于表面温度。因此,在机组启、停过程中,转子中要产生相应的热应力,即启动时转子表面产生热压应力,中心产生热拉应力;停机时表面产生热拉应力,中心产生热压应力。转子中热应力的大小随温差的变化而变化,正常运行时,转子的这种径向温差变得很小,转子内的热应力也随之基本消失。

在分析转子热应力时,可把转子当作圆柱体,其表面与中心处的最大温差 Δt 可用下式表示:

$$\Delta t = \frac{R^2 b}{4\alpha_t} \tag{6-5}$$

式中 R——转子半径,m;

      b——转子表面的温升速度,℃/h;

      α_t——导温系数,m²/h。

将式 (6-3) 和式 (6-5) 进行比较可以看出:若转子半径与汽缸法兰壁厚度相等时,在同样的温升速度下,转子表面与中心的最大温差恰好为汽缸内外壁或法兰内外壁最大温差的一半。因此,对转子半径与汽缸法兰厚度相差不大的单层缸高压汽轮机来说,启动中只要按照汽轮机法兰热应力来控制最大允许的温升速度,转子热应力就不会超过允许值。但对采用双层汽缸结构的大功率汽轮机来说,情况就不同了,这时,限制启停及负荷变化的主要因素是转子的热应力,而不是汽缸法兰的热应力,主要原因如下:

(1) 大功率汽轮机转子直径大,而双层汽缸的采用,使汽缸壁厚有所减薄,致使转子半径大于汽缸壁厚度。

(2) 启动时,转子的受热条件优于汽缸。以温升速度最大处(调节级汽室处)为例,蒸汽对静止的汽缸内壁放热,但由于存在着边界层(启动中流量小,边界层厚),使汽缸内壁温度远低于蒸汽温度。而转子由于转动,边界层很薄,几乎可以不计,因此其表面温度接近于蒸汽温度,使转子表面与中心的温差很大。

(3) 对大功率汽轮机结构的改进。例如,不采用直径过大的连接螺栓,并将法兰螺栓内移,使得法兰凸缘不太明显以及圆筒形汽缸的采用,都有助于减少汽缸法兰的热应力。

(4) 启动时,转子的应力水平高于汽缸。这是因为启动时汽缸处于真空状态,蒸汽静压应力几乎不存在,而转子因转动要承受一定的离心拉应力。

还需注意的是:汽轮机每启停一次,转子表面及中心的热应力就交替变化一次,若汽轮机多次启、停,则交变热应力多次反复作用,将会引起转子金属表面出现裂纹,这种情况称为转子低频疲劳损伤。实践证明，启、停时加热或冷却越快，转子损耗的就越大。这种不正常启、停多次发生，就会加速转子材料的疲劳损伤，从而缩短转子寿命。因此大功率汽轮机必须采用合理的启停方式，并尽量减少启停次数，否则转子的使用寿命将受到影响。

课题三　汽轮机的热膨胀

📖 **教学目的**

了解汽缸和转子的膨胀特点，掌握胀差产生的原因、规律及影响因素。

一、汽缸和转子的绝对膨胀

（一）汽缸的热膨胀

汽轮机启停和工况变化时，汽缸各部分的温度将随之发生变化，引起汽缸沿长、宽、高各个方向发生膨胀或收缩。其膨胀量的大小，除了与金属材料的线胀系数和几何尺寸有关外还与汽缸各段金属温度有关。因为汽缸轴向尺寸最大，因此当温度变化时，轴向膨胀量也最大。汽缸沿各个方向的自由膨胀是由滑销系统来保证的。汽缸沿轴向的膨胀是以死点为基准的，在滑销系统的引导下其热膨胀的数值可用下式计算：

$$\Delta L_{cy} = \alpha_{cy} \Delta t_{cy} L_{cy} \tag{6-6}$$

式中　ΔL_{cy}——汽缸的轴向热膨胀值，mm；

α_{cy}——汽缸金属材料的线膨胀系数，1/℃；

Δt_{cy}——汽缸的平均温升，℃；

L_{cy}——汽缸的轴向长度，mm。

对于高压汽轮机来说，有的法兰比汽缸壁厚得多，因此汽缸的热膨胀往往取决于法兰各段的平均温升，即式（6-6）中的 Δt_{cy} 可用法兰平均温升代替。在汽轮机启动时为了使汽缸得到充分膨胀，通常用法兰加热装置来控制汽缸和法兰的温差在允许范围内。

汽轮机正常运行时，沿轴向各级金属温度分布都有一定规律，因此可以测出汽缸上各点的金属温度与汽缸热膨胀值之间的对应关系，通常选择调节级区段的法兰内壁温度作为汽缸纵向膨胀的监视点，它们之间的关系如图6-4所示，汽轮机运行中，只要监视点的温度在适当的范围内，就能保证汽缸的热膨胀在允许范围内。

汽轮机的轴向膨胀值，在汽轮机启停及正常运行中，要经常与正常值对照，当汽缸的膨胀或收缩值有跳跃式增加或减小时，则

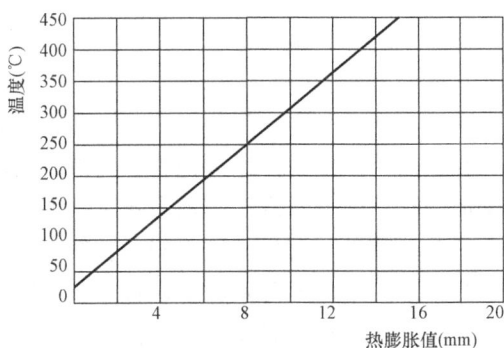

图6-4　调节级处法兰内壁温度与汽缸膨胀值之间的关系曲线

说明滑销系统存在卡涩现象，应查明原因予以处理。随着机组容量的增大，轴向尺寸增加，因此轴向膨胀量增大，所以运行中要加强对汽缸轴向膨胀值的监视。此外，还要防止汽缸左右两侧膨胀不均，以免汽缸中心偏斜，因此还应注意监视汽缸左右两侧的膨胀。

（二）转子的热膨胀

与汽缸的热膨胀原理相同，转子是以推力盘为基准沿轴向膨胀的，其热膨胀值 ΔL_{ro} 可用下式表示：

$$\Delta L_{ro} = \alpha_{ro} \Delta t_{ro} L_{ro} \tag{6-7}$$

式中　ΔL_{ro}——转子的轴向热膨胀值，mm；

　　　L_{ro}——转子长度，mm；

　　　Δt_{ro}——转子的平均温升，℃；

　　　α_{ro}——转子金属材料的线胀系数，1/℃。

二、汽缸与转子的相对膨胀

（一）相对膨胀产生的原因

汽轮机启停及工况变化时，转子和汽缸都沿轴向膨胀或收缩，但由于如下原因，会引起转子和汽缸之间产生膨胀差值：

（1）转子和汽缸的金属材料不同，它们的热膨胀系数不同。

（2）汽缸的质量大而接触蒸汽的面积小，转子质量小而接触蒸汽的面积大。

（3）转子转动时，蒸汽对转子的放热系数比对汽缸的大。

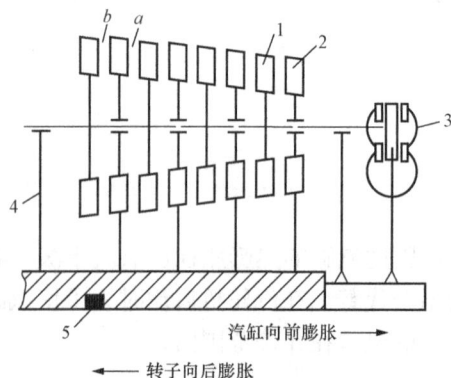

图 6-5　相对膨胀示意

由于上述原因，启动过程中，转子的温升比汽缸快，轴向膨胀值比汽缸大，从而两者产生了轴向的膨胀差值。图 6-5 所示为一台单缸汽轮机转子与汽缸的相对膨胀示意：汽缸受热膨胀时，以死点 5 为基准向高压端伸长，推动轴承座向前移动，由于推力瓦作用，转子也随之向前移动；转子受热膨胀时，以推力轴承 3 为基准向低压端伸长。因此推力瓦就间接地成为转子和汽缸轴向位置的相对固定点。若转子和汽缸某一截面至推力瓦的距离为 L，假定汽缸和转子金属材料的线胀系数均为 α，则转子与汽缸的膨胀差值为

$$\Delta L_{rel} = \alpha L (\Delta t_{ro} - \Delta t_{cy}) \tag{6-8}$$

由式（6-8）可以看出，转子与汽缸的轴向膨胀差值是由于转子和汽缸沿轴向的平均温升存在差值而产生的。通常把转子与汽缸沿轴向的相对膨胀差值简称为胀差。并规定：当转子轴向膨胀差值大于汽缸的轴向膨胀差值时，胀差为正；反之，胀差为负。实际上，转子与汽缸的胀差值沿轴向各段是不同的。若将汽轮机沿轴向分为很多段，每段的膨胀差值可由该段的长度及其平均温升差求出，置于低压缸后的胀差指示器读数是各段胀差值的代数和。

通常，汽轮机在启动及加负荷的过程中，转子温度升高比汽缸快，因而转子膨胀值大于汽缸膨胀值，胀差为正；相反，在停机或减负荷过程中，汽缸收缩比转子慢，胀差为负。因此胀差的变化规律可简称为"热正冷负"。

（二）胀差变化对汽轮机工作的影响

胀差变化主要引起汽轮机内部动静部分轴向间隙的变化。从图 6-5 可以看出：当胀差为零时，转子和汽缸的膨胀值相等，末级轴向间隙 a、b 保持正常；若胀差为正值，即转子膨胀值大于汽缸，这时转子以推力轴承为固定点，相对于汽缸向后伸长，使喷嘴出口轴向间

隙 b 增大，入口轴向间隙 a 减小；反之，若胀差为负值，则喷嘴出口轴向间隙 b 变小，入口轴向间隙 a 增大。显然，任何一侧的轴向间隙消失，都会引起动、静部分发生摩擦，造成设备损坏事故。因此，在汽轮机运行中，尤其在启动、停机过程中，应注意监视胀差的变化，并将其控制在允许范围内。

需要注意的是：为了减小汽轮机内部的漏汽损失，通常喷嘴出口的轴向间隙 b 要比动叶出口的轴向间隙 a 小一些，因此，胀差负值比正值更危险。这也是汽轮机冷却过快比加热过快更危险的原因之一。

对于多缸汽轮机尤其是采用双层缸结构的汽轮机，其胀差的变化比单缸汽轮机复杂得多，但其分析方法与单缸汽轮机相同。现举例说明：图 6-6 所示为引进型 N300 - 16.7/537/537 汽轮机的膨胀原理。该机组低压缸中心为汽轮机外缸膨胀死点，推力轴承为转子的相对固定点。由于汽缸采用了反向布置，使胀差的变化更为复杂，但不难看出：中压缸和后低压缸的动静间隙变化规律相同，即正胀差时，动叶进口间

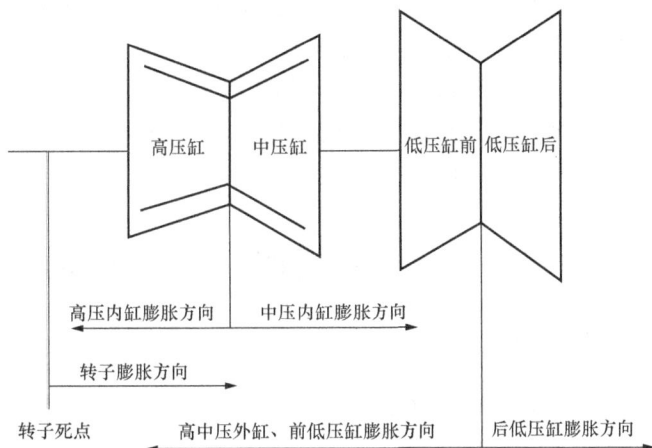

图 6-6　N300 - 16.7/537/537 汽轮机的膨胀原理

隙增大，出口间隙减小；高压缸和前低压缸的动静间隙变化规律相同，即正胀差时，动叶进口间隙减小，出口间隙增大，这和单缸汽轮机动静间隙的变化规律相反。因此，该机组在动静间隙的设计上和单缸汽轮机不同，即高压缸和前低压缸的动叶进口间隙大于出口间隙。对于这种双层缸结构的汽轮机，胀差表指示值是外缸和转子的胀差值，而动静间隙的变化是由内缸与转子的胀差值决定，且外缸和内缸的胀差值又不相同，所以胀差指示值和动静间隙的关系比较复杂，但其分析方法与单层缸相同。

（三）影响胀差的因素及控制胀差的措施

影响胀差的因素主要有以下几点：

（1）蒸汽的升降温速度及升降负荷速度。蒸汽的升降温速度或升降负荷速度越大，转子与汽缸的温差也就越大，引起的胀差也就越大。因此，在汽轮机启停及负荷变化过程中，控制蒸汽的升降温速度和升降负荷速度，是控制胀差的有效方法。

（2）法兰螺栓加热装置。使用法兰螺栓加热装置，可以提高或降低汽缸法兰和螺栓的温度，有效地减小汽缸内外壁、法兰内外、汽缸与法兰、法兰与螺栓的温差，加快汽缸的膨胀或收缩，起到控制胀差的目的。但法兰加热装置使用要得当，如果加热蒸汽的温度和压力控制不当，可能造成法兰变形或泄漏，因此，现代大功率机组，都力求从汽缸结构上加以改进，而不采用法兰螺栓加热装置，目前普遍采用的技术是选择高窄法兰或取消法兰，这些结构都有助于汽缸、转子的同步膨胀，减小汽轮机的胀差。

（3）轴封供汽温度及供汽时间。由于轴封供汽直接与汽轮机转子接触，故它直接影响转子的伸缩，对胀差带来影响。轴封供汽对胀差的影响程度，主要取决于供汽温度，其次是供

汽时间。冷态启动时为了不使胀差正值过大，应选择温度较低的汽源，并尽量缩短冲转前向轴封送汽时间；热态启动时应合理使用高温汽源，防止向轴封供汽后胀差出现负值；停机过程中，如出现负胀差过大，可向汽封送入高温汽源以减小负胀差。

（4）凝汽器真空。在汽轮机启动过程中，当机组维持一定转速或负荷时，改变凝汽器真空可以在一定范围内调整胀差。当真空降低时，欲保持机组转速和负荷不变，必须增加进汽量，使高压转子受热加快，其高压缸正胀差值增大；由于进汽量的增大，中低压缸摩擦鼓风的热量容易被蒸汽带走，因而转子被加热的程度减小，正胀差值减小。当凝汽器真空升高时，过程正好相反。应该指出，对不同的机组，不同的工况，凝汽器真空变化对汽轮机胀差的影响过程和程度是不同的。

（5）汽缸保温和疏水。由于汽缸保温不好，可能会造成汽缸温度分布不均匀且偏低，从而影响汽缸的充分膨胀，使胀差值增大；汽缸疏水不畅可能造成下缸温度偏低，影响汽缸膨胀，并容易引起汽缸变形。

课题四 汽轮机的热变形

教学目的

了解热变形产生的原因及规律，掌握汽轮机不同工况下的热变形情况。

汽轮机在启、停及负荷变化过程中，由于汽缸或转子等部件受热不均产生温差，这不仅会引起热应力、热膨胀，同时还会引起汽缸、转子等部件的热变形。

一、热变形的规律

当物体受到均匀加热或冷却时，物体则发生均匀膨胀，但并不改变其原有形状。如图 6-7（a）所示，一金属棒，均匀受热，温度由 t_0 升高到 t_1，各部分长度均增加 ΔL。当金属棒受到不均匀加热时，如图 6-7（b）所示，上侧温度高于下侧时，金属棒上侧的膨胀量就大于下侧的膨胀量，金属棒向上拱起，产生了热变形。由此看来热变形的规律是：温度高的一侧向外凸出，温度低的一侧向内凹进，即"热凸冷凹"。

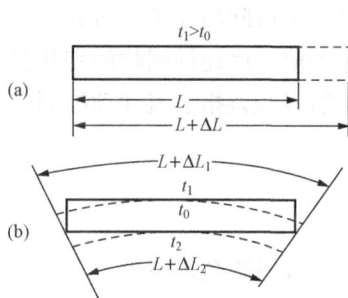

图 6-7 横截面温度变化时杆件
自由膨胀变形示意

二、上、下缸温差引起的热变形

汽轮机启动、停机过程中，上下汽缸往往出现温差，且上缸温度高于下缸温度，主要原因如下：

（1）上、下汽缸的质量和散热面积不同。下缸不仅质量大，而且因下汽缸布置有回热抽汽管道和疏水管道，散热面积也大，在同样的加热或冷却条件下，下缸加热慢而散热快。

（2）在启动时，蒸汽在汽缸内凝结形成的疏水都流经下汽缸进入疏水管道，疏水形成的水膜降低了下汽缸的受热条件，而较高温度的蒸汽则处于汽缸的上部，加热上汽缸。

（3）下汽缸处于运转平台之下，而运转平台以上的空气温度高于运转平台以下的空气温度，汽流从下向上流动，使下汽缸冷却快。

（4）下汽缸保温不良，如保温层容易与下汽缸脱离，使保温层与下汽缸之间有空隙，空气冷却下汽缸。

（5）停机后，转子在静止状态下，汽缸内残存的蒸汽积聚在汽缸的上部，而进入汽缸的冷空气则在汽缸的下部，使上下汽缸冷却条件不同。

（6）长时间低负荷或空负荷运行时，对只有上部调节阀开启的汽轮机，也会使上缸温度高于下缸温度。

上、下汽缸温差的存在，必然造成汽缸向上拱起的"拱背"变形，如图 6-8 所示，上、下缸温差的最大值通常出现在调节级附近，故汽缸的最大拱起也将出现在调节级附近。

由于汽缸产生向上拱起变形，使下部动静部件的径向间隙减小甚至消失，造成动静部分摩擦，尤其当转子也存在热弯曲时，动静部分摩擦的危险更大。汽缸发生拱背变形后，还会出现隔板和叶轮偏离正常时所在的垂直平面的现象，使轴向间隙发生变化，进而引起轴向摩擦。

上、下汽缸温差是监视和控制汽缸热

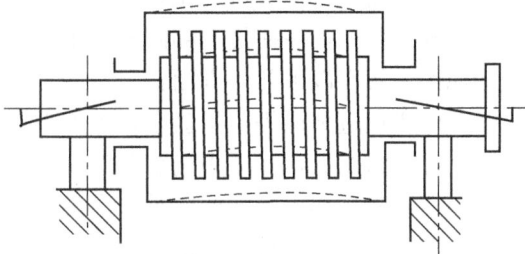

图 6-8 汽缸热拱变形示意

变形的指标，正常的温差允许范围为 35～50℃。汽轮机上下缸温差过大，常是造成转子弯曲的初始原因，故在汽轮机启停和正常运行中，必须十分重视，并且应该根据上下缸温差产生的原因采取相应的措施，如严格控制温升时间，高、低压加热器与汽轮机同时启动及改进下汽缸保温等。

三、汽缸内外壁和法兰内外壁温差引起的热变形

随着机组容量的增大，汽缸及法兰也越来越厚，在机组启停及负荷变动时，如果控制不当，就会出现较大温差，使汽缸和法兰不仅产生较大的热应力，同时还会造成汽缸法兰在水平和垂直方向的变形。

汽轮机启动时，法兰内壁温度高于外壁温度，使法兰在水平方向产生如图 6-9（a）所示的热变形。法兰的这种热变形使得汽缸中部 $A—A$ 截面由原来的圆形变为立椭圆，使该段法兰结合面出现内张口，如图 6-9（c）所示；而汽缸前后端部截面 $B—B$ 将由原来的圆形变为横椭圆，使该段法兰结合面出现外张口，如图 6-9（b）所示。前者引起汽缸左、右径向间隙减小，后者引起汽缸上、下径向间隙减小。

当法兰内外壁温差过大时，还会引起法兰在垂直方向的变形。这是因为，当法兰内壁温度高于外壁温度较多时，内壁金属的膨胀量增加了法兰结合面的热压应力，使法兰结合面局部发生缩性变形，当法兰内外壁温差消失时，原来为立椭圆的法兰结合面将发生外张口，原来为横椭圆的法兰结合面将发生内张口。这将造成汽缸结合面漏汽，还有可能会导致螺栓被拉断或螺帽结合面被压坏。

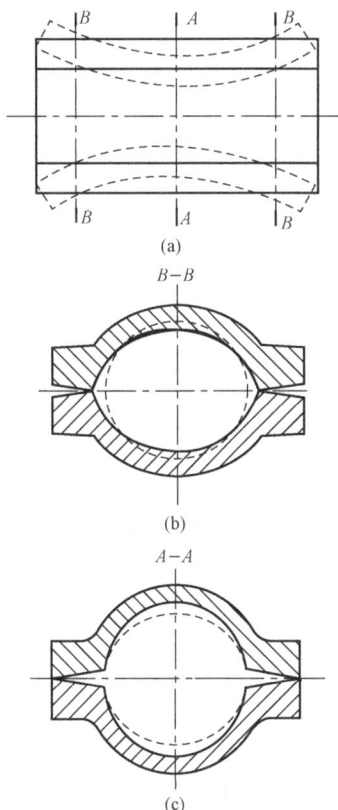

图 6-9 法兰、汽缸变形示意

为了减小法兰内外壁温差引起的热变形，在汽轮机运行中必须将法兰内外壁温差控制在允许范围内，对宽而厚的法兰可使用法兰加热装置。但是，不能将法兰加热装置使用过度，即不允许法兰外壁温度高于内壁温度，或者法兰温度高于汽缸温度，否则将出现与上述情况相反的热变形，即汽缸中段截面出现横椭圆，而两端截面出现立椭圆。此时，如果上下汽缸有较大的温差，则汽缸下部发生动静摩擦的危险性增大，因此，法兰外壁温度高于内壁温度时更危险。

四、转子的热弯曲

在汽轮机启、停及负荷变化过程中，不仅上下缸存在温差，引起汽缸的拱背变形，转子沿径向也存在温差，往往是上部温度高于下部温度，这将引起转子的热变形。转子上下温差产生的原因主要有以下几个方面：

(1) 停机后过早地停止了盘车，因上下缸温差使转子产生温差。

(2) 停止盘车后，汽缸中仍有蒸汽漏入，使转子受热不均。

(3) 启动时操作不当，如转子未盘动时就向轴封送汽。

(4) 在汽缸热变形较大的情况下冲动转子，使动静部分局部摩擦过热。

由于温差的存在，转子和汽缸一样也要发生向上拱起的热弯曲。若当上下缸温度趋于稳定时，转子径向温差消失后，弯曲也随之消失，则这种弯曲称为塑性弯曲；当径向温差过大，引起较大的弯曲时，温差消失后，转子并不能恢复原状，这种弯曲称为塑性弯曲。运行中应使转子均匀地加热或冷却，减小径向温差，避免产生塑性弯曲。

运行中通常用直接测量的方法来求得转子的热弯曲值。一般在高压转子的前轴封处，或在前轴承箱中安装千分表，通过测量转子的晃度值来间接地得出转子的热弯曲最大值 f_{max}（见图 6-10），即

$$f_{max} = 0.25 \frac{L}{l} f_n \qquad (6-9)$$

式中　f_n——千分表所测得轴的晃度值的一半，mm；

　　　L——两轴承间转子的长度，mm；

　　　l——千分表与轴承间的距离，mm。

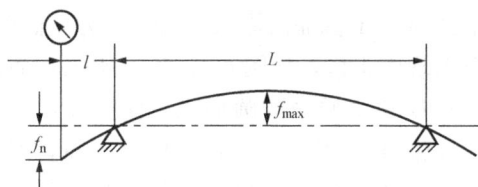

图 6-10　用千分表测定转子的弹性弯曲

当转子弯曲较大时，也正是汽缸拱起较大时，这时汽轮机动、静部件之间的间隙有可能消失，此时如果转动转子，其弯曲部位将与隔板汽封发生摩擦，造成汽封磨损，同时使转子弯曲部位温度升高，进一步加大转子的弯曲，摩擦加剧，机组振动增大，甚至使转子产生永久变形。因此，汽轮机在启动前盘车过程中，必须测量转子的弯曲情况，其弯曲值在允许范围内方可启动。

小　　结

1. 汽轮机的启停过程实际上分别是对汽轮的加热和冷却过程，在启停过程中，由于存在温差，因此在汽轮机中将产生热应力、胀差及热变形。

2.启动过程是对汽轮机的加热过程,汽缸内壁温度高于外壁温度,因此内壁产生热压应力,外壁产生热拉应力;停机过程的热应力分布情况相反。控制热应力的有效措施是控制金属的温升速度,实际上就是控制机组的启停速度。

3.在汽轮机启停过程中由于转子和汽缸的受热条件不同,在两者之间产生了膨胀差值,即胀差。胀差的存在使汽轮机动静部分之间的轴向间隙发生改变,严重时可引起动静部分摩擦。因此机组启停过程中应采取措施控制胀差的变化。

4.在汽轮机的启停过程中,由于上下缸温差引起汽缸的热拱变形;由于法兰内外壁温差引起汽缸横截面形状变化,严重时可使法兰结合面产生张口、螺栓拉断或压坏螺帽等事故;在启停过程中如果操作不当,在转子的径向也会出现较大的温差,引起转子的热变形,严重时可造成转子的永久变形。当转子的晃动值超过允许值禁止启动汽轮机。

复 习 思 考 题

1.何谓热应力? 热应力产生的原因是什么? 如何控制热应力?

2.分析汽轮机启动、停机过程中汽缸和转子的热应力分布情况。

3.何谓胀差? 胀差的规律是什么? 产生胀差的原因和胀差造成的影响分别是什么?

4.影响胀差的因素有哪些? 运行中如何控制胀差?

5.引起转子热变形的原因有哪些? 应如何避免?

6.分析汽轮机停机过快比启动过快更危险的原因。

7.分别分析启动、停机过程中由于法兰内外壁温差引起的汽缸变形情况。

汽 轮 机 运 行

•——内 容 提 要——•

本单元以 300MW 汽轮机为典型机组，主要介绍了汽轮机启动、停机、正常运行的监视与维护、汽轮机事故处理四部分的内容。

课题一 汽轮机的启动

教学目的

了解汽轮机启动过程的分类，熟悉汽轮机冷态启动的基本过程，理解热态启动的操作特点及注意事项。

汽轮机的启动是指汽轮机转子从静止状态升速至额定转速，并将负荷加到额定负荷的过程。在启动过程中，汽轮机各部件的金属温度将发生十分剧烈的变化，从冷态或温度较低的状态加热到对应负荷下运行的高温工作状态，故启动过程实质上是对汽轮机各金属部件的加热过程。

一、汽轮机启动方式的分类

汽轮机启动的方式较多，归纳起来大致有四种分类方法。

（一）按新蒸汽参数分类

1. 额定参数启动

在启动过程中，电动主汽门前的新汽参数始终保持额定值不变的启动方式称额定参数启动。这种启动方式要求锅炉先启动，当其出口蒸汽参数达到额定值后，汽轮机才开始启动，因此总的启动时间较长。冲转时，由于蒸汽参数高，所需进汽量小，使得蒸汽经过冲转阀门时受到节流产生节流损失，加之启动过程中汽水的热能损失较大，故经济性较差。同时因为进汽量小，汽缸和转子受热不均匀，因此热应力较大。这种启动方式的唯一优点是机、炉分别启动，相互干扰小。所以一般用于母管制供汽的汽轮机，大容量汽轮机几乎都不采用此种方式启动。故本课题对此种启动方式不做介绍。

2. 滑参数启动

在启动过程中，电动主汽门前的新汽参数随机组转速和负荷的变化而滑升的启动方式称滑参数启动。对采用喷嘴调节法的汽轮机，定速后调节汽门保持全开位置。这种启动方式汽轮机可以充分利用锅炉启动过程中产生的蒸汽进行能量转换，热能和汽水损失较小，经济性好。此外，启动时蒸汽流量大，又是全周进汽，使汽缸和转子受热均匀，可以在保证安全的前提下，加快启动速度，缩短启动时间，被大容量机组广泛采用。

滑参数启动又可分为真空法和压力法两种。

（1）真空法启动。启动时锅炉至汽轮机之间的蒸汽管道上的所有阀门全部打开。启动抽气器，使整台汽轮机和锅炉汽包都处于真空状态。锅炉点火后，产生的蒸汽冲动转子，转子的转速随蒸汽参数的逐渐升高而滑升，使汽轮机带负荷，全部的启动过程都由锅炉控制。此种方式操作简单，但锅炉控制不当时，可能使过热器内的积水和新蒸汽管道内的疏水进入汽轮机，造成水冲击事故。此外，真空法启动时，真空系统庞大，抽真空时间长，且汽轮机的转速不易控制，故目前很少采用。本课题对真空法滑参数启动的过程不作介绍。

（2）压力法滑参数启动。汽轮机冲转时，主汽门前的蒸汽具有一定的压力（$p_0 >$ 1MPa）和一定的过热度（50℃以上）。在升速过程和低负荷时采用逐渐开大调节汽门的方法增加进汽量，直至调节汽门全开（或留一个未开）后，保持开度不变。此后增加锅炉负荷，使汽轮机负荷随蒸汽参数的增加而滑增，当主蒸汽参数升至额定值时汽轮机功率也达到额定值。

（二）按冲转时进汽方式分类

1. 高中压缸启动

高中压缸启动时，蒸汽同时进入高压缸和中压缸冲动转子。此种启动方式虽然简单，但因冲转前再热蒸汽参数低于主蒸汽参数，中压缸及转子的温升速度减慢，汽缸膨胀迟缓，故延长了启动时间。对于高中压合缸的机组，可以使分缸处受热均匀，减小热应力，缩短启动时间。

2. 中压缸启动

中压缸启动时，冲动转子时高压缸不进汽而中压缸进汽，高压缸处于暖缸状态，主蒸汽经高压旁路进入再热器，当再热蒸汽参数达到机组冲转要求的数值后，开中压主汽门，用中压调节汽门控制进汽冲转，待转速升至 2500～2600r/min 或并网带一定负荷后，再切换为高、中压缸同时进汽。这种启动方式可使再热蒸汽参数容易达到冲转要求，同时高压缸在暖缸过程中可以提高金属温度水平使进汽时金属温度与主蒸汽温度匹配，解决了汽轮机启动冲转时主蒸汽、再热蒸汽温度与高、中压缸金属温度难以匹配的问题，具有降低高、中压转子的寿命损耗，改善汽缸热膨胀和缩短启动时间等优点。但要求启动参数的选择合理，以避免高压缸进汽时产生较大的热冲击。

（三）按控制进汽量的阀门分类

1. 用调节汽门启动

用调节汽门启动时，电动主汽门和自动主汽门全部开启，进入汽轮机的蒸汽流量由调节汽门来控制。为减少蒸汽的节流损失，可选用部分进汽方式（顺序阀控制），但冲转时只有部分调节汽门开启，蒸汽只通过汽缸某一弧段，容易使汽缸受热不均匀，各部分温差较大。因此纯电调机组上，调节汽门启动时均采用全周进汽（单阀控制）方式，以保证汽轮机受热均匀。

2. 自动主汽门启动

用自动主汽门启动时，调节汽门全开，进入汽轮机的蒸汽流量由自动主汽门控制，汽轮机转速达到 2900r/min 时切换为调节汽门控制。这种启动方式可使汽轮机全周进汽，受热均匀，但易造成自动主汽门冲刷，使自动主汽门关闭不严，一定程度上降低了自动主汽门的保护作用。这种方式操作灵活，大多数进口机组和使用纯电调的国产机组采用此方式。

3. 电动主汽门旁路门启动

用电动主汽门旁路门启动时，自动主汽门和调节汽门全开，电动主汽门全关，缓缓开启旁路门冲转。这种方式既具有全周进汽、加热均匀的优点，又能避免自动主汽门的冲刷，缺点是操作不灵活，因而很少采用。

（四）按启动前汽轮机金属温度水平分类

（1）冷态启动：上汽缸调节级金属温度低于 150～180℃时启动称为冷态启动。

（2）温态启动：金属温度在 180～350℃之间时启动称为温态启动。

（3）热态启动：金属温度在 350～450℃之间时启动称为热态启动。

（4）极热态启动：金属温度在 450℃以上时启动称为极热态启动。

有的国家是按停机后的时间划分的，即停机一周为冷态，48h 为温态，8h 为热态，2h 为极热态。

国产引进型 300MW 汽轮机冷态和热态的划分是以汽轮机高压缸调节级后金属温度或中压第一级静叶持环温度大于和小于 121℃为基准的，即大于或等于 121℃为热态，小于 121℃为冷态启动。

我国的大功率中间再热式机组广泛采用滑参数压力法，高中压缸同时进汽的启动方式。

二、压力法冷态滑参数启动

冷态启动是汽轮机各种启动中最重要的启动，是汽轮机最大的动态过程，在冷态启动中汽轮机从冷状态到热状态、从静止到额定转速转动、从空负荷到满负荷。这个过程中，各种参数的变化最大，运行人员的操作最多，需要掌握好很多关键问题。不仅关系到汽轮发电机组的经济性和安全性，而且关系到汽轮发电机组转子的寿命，所以应给予极大的重视。

（一）压力法冷态滑参数启动的主要程序

压力法滑参数启动的主要程序一般可分为启动前的准备、锅炉点火与暖管、冲动转子及升速暖机、并网、带负荷等几个阶段。

1. 启动前的准备

（1）设备和系统检查。在接到机组准备启动的命令后，首先要对本机组范围内的设备、系统和各种监测仪表进行仔细检查，确认现场一切维护检查工作结束、设备和系统完好、仪表齐全、各阀门开闭位置正确。通知热工和电气部门送电，投入监测仪表和自动控制装置及保护、连锁和热工信号系统。记录汽轮机转子轴向位移、相对胀差、汽缸膨胀量及各测点金属温度的初始值。确保机组的主、辅设备和各系统均处在备用状态，可以投入运行。

（2）投入冷却水系统。机组的凝汽器、冷油器和发电机的冷却都需要冷却水。对于单元制机组，需要先启动一台循环水泵（另一台处于备用）供水。

（3）向凝汽器和闭式冷却系统注入化学补充水。要求化学水处理车间提前准备足够的符合要求的补给水；启动补水泵向凝汽器补水，使其热井水位达到要求值。对于采用闭式冷却系统的大型机组，同时向闭式冷却系统注入化学补给水，启动闭式冷却泵。

（4）启动供油系统和投入盘车装置：在投入盘车前必须启动润滑油供油系统，向轴承供油。此时启动交流润滑油泵向系统充油，进行油循环，并进行低油压保护的联动试验，试验后直流事故油泵处于备用状态。当油温、油压正常后，启动发电机的密封油泵，向发电机充氢。为了减小盘车功率，避免轴承磨损，大型机组均配有顶轴油泵。启动顶轴油泵，投入盘车装置。盘车装置投入后，应测取转子偏心率（晃度）的初始值，并检查汽轮机动、静部分有无摩擦。投入 EH 油系统，调整油温、油压正常。

（5）除氧器投入运行：向除氧器补水至正常值，并用辅助蒸汽给除氧器加热至锅炉上水温度，向锅炉上水。

（6）启动真空系统：启动真空泵抽真空，真空增长缓慢时投入轴封供汽。机组冷态启动时抽真空和供汽封的先后可依据规程规定进行。

2. 锅炉点火与暖管

完成上述操作并正常后，通知锅炉点火，锅炉点火见压后，利用锅炉产生的蒸汽进行电动主汽门前的暖管与疏水工作，并根据锅炉要求开启高低压旁路将过热器中的积水、蒸汽管道的疏水及蒸汽排入凝汽器，同时协助锅炉控制主、再热蒸汽参数。

3. 冲动转子及升速暖机

（1）冲转参数的选择。

1）主蒸汽参数。汽轮机冷态启动前，汽缸、转子等金属温度比较低（相当于室温），选择冲转参数时要防止热冲击，蒸汽温度应与金属温度相匹配，同时还需要考虑到机组在选定参数下能顺利地通过临界转速并达到定速，故冲转时压力不宜过高。

为了防止前几级落入湿蒸汽区域，改善叶栅的工作条件，要求主蒸汽温度应具有一定的过热度，一般规定至少应有 50℃ 的过热度。

2）再热蒸汽参数。再热汽温应与中压缸进汽室的温度相匹配，为了防止蒸汽带水，再热蒸汽也应有 50℃ 的过热度。对高中压缸合缸的机组，为了防止高中压缸分缸处温度差和热应力过大，再热蒸汽温度不能低于主蒸汽温度 30℃。

3）凝汽器真空的选择。凝汽式汽轮机凝汽器的真空度对启动过程有很大影响。在冲转的瞬间，大量的蒸汽进入汽轮机内，因为蒸汽的凝结需要有个过程，所以真空会有不同程度的降低。如果真空过低，在冲转瞬间会有使排汽安全门动作的危险。此外，还会引起排汽温度大幅度升高，使凝汽器铜管受热急剧膨胀造成胀口松弛，导致凝汽器漏水。但如果要求真空过高，不仅会因为要达到较高真空而延长启动时间，而且还会因进汽量小，降低暖机效果。冲转前真空的具体数值可根据机组的特点来确定。表 7-1 给出几种典型 300MW 机组的冲转参数供参考。

表 7-1　　　　　　　　　　　几种典型 300MW 机组的冲转参数

机组类型	上海汽轮机厂早期机组	上海汽轮机厂改进型机组	东方汽轮机厂机组	引进（西屋）专利机组	日本三菱机组	法国阿尔斯通机组
主蒸汽压力（MPa）	1.0～1.5	1.5～2.0	2～2.5	5～6	4.2	5.88	7.84
主蒸汽温度（℃）	250～300	300～350	280～320	330～360	320	360	380
再热蒸汽温度（℃）	150～200	＞250	＞230	（压力 0.1～0.2）300～360			（压力 1.47）360
真空（kPa）	50～55	72	55～65	＞87	≥94	＞90	

（2）冲转的必备条件。

1）主蒸汽及再热蒸汽参数符合要求。

2）真空达到规定值。

3）EH 油压、润滑油压及轴承回油正常，冷油器出口油温为 35～45℃。

4）转子轴颈晃度在允许范围内。

当冲转条件完全具备后，做好冲转前的各项记录即可开始冲转。一般 300MW 机组冷态启动多采用主汽门冲转暖机。转子冲动后，应关闭调节汽门（转子不能静止），在无汽流的情况下，用听针或其他专用设备检查汽缸内部有无动静摩擦（简称"摩检"）。确认无异常情况后，重新开启调节汽门，维持 400～600r/min 的转速下，对汽轮机组进行全面检查。检查的主要项目有轴瓦回油、发电机密封油和冷却水压力，盘车装置自动脱开后，应将电源及连锁开关置于停止位置。当全面检查和有关操作完成后即可提高转速进行中速暖机。一般中速暖机转速可选用 2000～2080r/min，中速暖机一定要充分，且一定要迅速通过临界转速，并注意机组振动的变化。

中速暖机结束后即可继续提升转速，以 150r/min 左右的速度升速到 2900r/min 左右，检查主油泵是否投入工作，确认工作正常后停辅助油泵。进行阀门切换，由主汽门控制切换为调节汽门控制，继续将机组转速升高到 3000r/min。

4. 并网、带负荷

汽轮机定速后，经检查确认设备正常，做完规定的试验后，立即进行并网操作，并接 5%～10%的额定负荷进行低负荷暖机。汽轮机接带部分负荷时，蒸汽对金属的加热比较剧烈，可能出现较大的温升速度、温差和胀差，因此要进行低负荷暖机。

低负荷暖机后，锅炉开始加强燃烧，按预先制订的冷态滑参数启动曲线升温、升压，逐渐增加负荷，并根据需要在不同负荷下进行暖机。当主蒸汽参数接近额定参数时，随蒸汽参数的升高，保持负荷不变逐渐关小调节汽门，当蒸汽参数提高到额定值后，再增加到满负荷。

随着机组负荷的增加，要按规程相应地进行有关操作，如凝结水的回收，调整除氧器、轴封汽源，关疏水，投入高、低压加热器（有的机组高、低压加热器是随机启动的）等。

（二）启动过程中的注意事项

（1）在下列情况下禁止运行或启动汽轮机：

1）危急保安器动作不正常；自动主汽门、调节汽门、抽汽止回阀卡涩不能关闭严密；自动主汽门、调节汽门严密性试验不合格。

2）调速系统不能维持汽轮机空负荷运行（或甩负荷后不能维持转速在危急保安器动作转速之内）。

3）汽轮机转子弯曲值超过规定。

4）高压缸调节级处上下缸温差大于 35～50℃。

5）盘车时发现机组内部有明显的摩擦声。

6）任何一台油泵或盘车装置失灵时。

7）油质不合格或油温低于规定值，油箱油位低于规定值时。

8）汽轮机各系统中有严重泄漏，保温设备不合格或不完整时。

9）保护装置失灵和主要电动门（如电动主汽门、高压加热器进汽门、进水门等）失灵时。

10）主要仪表失灵，包括转速表、挠度表、振动表、热膨胀表、胀差表、轴向位移表、调速和润滑油压表、密封油压表、推力瓦块和密封瓦块温度表、氢油压差表、氢压表、冷却水压力表、主蒸汽或再热蒸汽压力表和温度表、汽缸金属温度表、真空表等。

（2）为防止启动过程中由于加热不均使金属部件产生过大热应力、热变形引起的动静部分摩擦，应按制造厂规定，严格控制以下指标：蒸汽的温升速度，上、下缸温差，汽缸内、外壁温差，法兰内、外壁温差，法兰与螺栓的温差，汽缸与转子的相对胀差等，尤其是蒸汽的温升速度更应严格控制。

（3）当启动中出现较大胀差时，应停止升压升温，使机组在稳定负荷或转速下停留暖机，并可采用调整真空、增大法兰加热装置进汽量或调整汽封供汽汽温的方法来进行调整。

（4）在启动过程中，要注意检查机组振动、转子挠度、油温和发电机风温的变化，并及时投入冷却水。如发现振动异常应查明原因及时处理，若振动值达 0.05mm 必须打闸停机。在临界转速时，汽轮机轴承振动值不应超过 0.1～0.15mm，严禁硬闯临界转速或降速暖机。此时运行人员必须处理果断，因为此时运行人员的任何犹豫和观望都会使转子的这种暂时的弹性弯曲迅速发展，以致形成永久弯曲。

（5）在启动和升速过程中，应按规定的启动曲线控制蒸汽参数的变化，使汽缸金属温度不大于运行规程的要求，并保持一定的过热度。如有不符，运行值班人员应及时与锅炉值班人员联系，尽快恢复正常，当在 10min 内汽温上升或下降 50℃时应打闸停机。尤其是汽温急剧下降，这往往是汽轮机水冲击事故的先兆。

（三）采用 DEH 控制系统进行汽轮机冷态启动的简介

现代 300MW 汽轮机多采用 DEH 控制系统，利用 DEH 控制系统来进行汽轮机的启停，提高了机组运行操作的自动控制能力，增加了安全性和快速性，得到了广泛的应用。其冷态启动的操作步骤：完成启动前所有检查准备工作；确认冲转条件已满足；冲转、升速并网带负荷。步骤如下：

（1）选择"操作员自动方式"按"操作员自动"键，在 DEH 操作盘上按"旁路请示切除"键，关闭旁路，确认再热蒸汽压力为零。

（2）汽轮机挂闸。

（3）采用主汽门控制，设定目标转速及升速率，转速升至 600r/min 时，低速暖机，对机组进行全面检查；转速升至 2040r/min 时，进行中速暖机；当机组转速升至 2900r/min 左右时，进行阀切换；待转速稳定后升速至 3000r/min。

（4）并网带负荷。机组转速达 3000r/min 并经全面检查一切正常后，按"自动同步"键通知电气操作人员并网。DEH 控制系统自动由转速控制转换为负荷控制并带上 5% 左右的初负荷，在初负荷下，进行 30min 的暖机。然后，通过设置"目标负荷"及"负荷变化率"来加负荷，直至额定负荷。

引进型 300MW 机组冷态启动参考曲线如图 7-1 所示。

三、热态滑参数启动

（一）汽轮机在热态下的特点

1. 上、下汽缸存在温差

汽轮机在热态停机冷却过程中，下汽缸比上汽缸冷却快，使得上缸温度高于下缸温度产生温差。

2. 转子有热弯曲

在上下汽缸温差的影响下，若盘车不当将会使转子产生径向温差引起热弯曲。

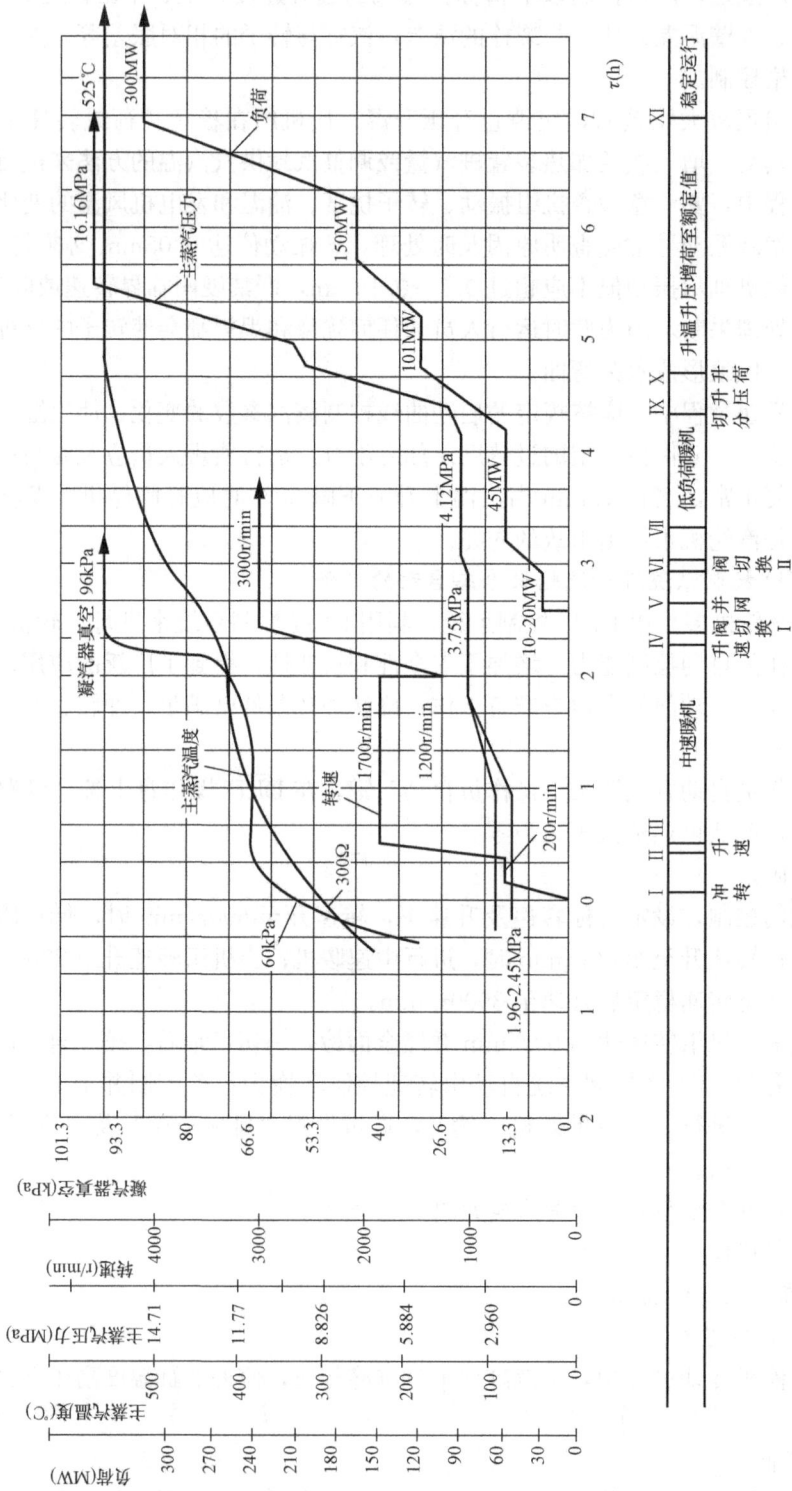

图 7 - 1 引进型 300MW 机组冷态启动参考曲线

在上述情况下启动汽轮机是相当危险的，应特别加以注意。

（二）热态启动冲转参数的选择

热态启动时，应选择与高中压缸金属温度相匹配的主蒸汽温度和再热蒸汽温度。一般都采用正温差启动，即蒸汽温度高于金属温度。因为如果启动时蒸汽温度低于金属温度，在启动过程中，转子和汽缸先被冷却，而后又被加热，使转子和汽缸经受交变应力的作用，容易产生裂纹。通常规定新汽温度和再热蒸汽温度应分别高于对应的汽缸金属温度 50～100℃，且蒸汽过热度不少于 50℃。热态启动时，真空也应比冷态启动时选得高一些。

（三）热态启动操作的特点及注意事项

与冷态启动相比，热态启动时应注意以下几个问题：

（1）上、下汽缸温差应控制在允许范围内。上、下缸温差过大会使汽缸产生"猫拱背"变形，使得调节级段的动静部分的径向间隙减少甚至消失，导致动静部分摩擦，因此必须严格控制。一般规定调节级上、下缸温差不得超过 50℃；双层缸的内缸上、下缸温差不超过 35℃。

（2）应保证转子的晃度不超过规定值。在热态启动前应测量转子晃度值，并应连续盘车不少于 4h，以消除转子暂时性的热弯曲。当转子的晃度值超过允许值时禁止启动，应延长盘车时间，以免动静部分出现摩擦，引起摩擦部分温度升高，又加剧转子的弯曲，形成恶性循环，导致汽轮机大轴永久性弯曲。此外，热弯曲过大还会造成机组强烈振动。

（3）在连续盘车的前提下，应先向轴封供汽后抽真空，否则，冷空气将进入汽轮机，造成汽轮机受冷。轴封供汽的温度应和汽缸金属温度相匹配，这也是热态启动和冷态启动的主要区别之一。

（4）热态启动时，因启动时间短，应严格监视振动，如果突然发生较大振动，必须立即打闸停机，转入盘车状态，待消除振动的原因后，重新启动。

（5）设有法兰螺栓加热装置的机组，应根据汽缸金属温度来决定法兰螺栓加热装置是否投入。例如上海汽轮机厂生产的改进型 300MW 机组规定：当汽缸金属温度在 370℃ 以上时，一般不必投入；当汽缸金属温度在 370℃ 以下时，在胀差正值增长时需投入加热装置，以控制胀差在允许范围内（投入加热装置的金属温度界限值还可根据各厂机组的特点来定）。

（6）根据汽缸金属温度确定汽轮机的起始负荷。热态启动时，应根据启动前高压下汽缸内壁的温度，从冷态启动曲线查出对应该温度时的负荷作为本次启动的起始负荷，并尽快带上起始负荷，以防汽轮机受冷。

四、中压缸启动

随着机组容量的增大，汽轮机采用了多种启动方式来满足机组快速启动的要求，以满足电网的调峰任务。实践证明，电厂负荷低时，停运一台汽轮机往往比几台汽轮机都在低负荷下运行经济性优越。为了尽量能简化机炉操作、降低热冲击、能够快速启动带负荷，现在相当数量的机组采用中压缸启动。

（一）中压缸启动的意义

中压缸启动是汽轮机启动时，关闭高压调汽阀，开启中压调汽阀，利用高、低压旁路系统，先从中压缸进汽启动后切换为高、中压缸联合运行的启动方式，旨在加快中压缸暖机，缩短启动时间。

（1）中压缸启动可以充分加热汽缸，加速膨胀。中压缸启动冲转前，高压缸倒暖，利用盘车时间，高压缸缸温可以升到一定温度水平，中压缸冲转后，相同条件下，蒸汽量增大，利于汽缸加热，利于中压缸暖机。高压缸在冲转、暖机至升初负荷暖机时，用高压缸内鼓风作用，对高压缸进行加热。但必须调整隔离真空阀，不得使高压转子过热损坏。从冲转至切换负荷，总体时间可比原联合启动方式大大缩短。

（2）在热态启动时，采用中压缸启动可以缩短锅炉点火至冲转时间，利于机组调峰运行。热态启动，参数要求高，主蒸汽参数达到要求的时间较长，而采用中压缸启动方式，主蒸汽加热后，经高压旁路进入再热器继续加热，中压缸冲转条件可以提前满足，可缩短锅炉点火升温时间。

（3）中压缸启动可以解决热态启动参数高，造成机组转速摆动，不易并网的问题。利用中压缸启动方式，启动参数相对降低，冲转蒸汽量增加2～3倍，可以使调速系统工作在一个较稳定区域。解决调节系统大幅度摆动，造成轴向位移较大的变化，即轴向推力的较大变化，并利于并网操作，缩短时间，尽快达到机组温度水平对应状态；减小机组热态启动的冷却作用，延长寿命。

（4）启动初期，低压缸流量增加，减少末级鼓风摩擦损失，可提高末级叶片的安全性。

（二）中压缸启动系统

中压缸启动方式下，汽轮机主要需解决高压缸摩擦鼓风的问题。调速系统上考虑了中压启动阀，热力系统上考虑了高压缸抽真空门和高压缸排汽止回阀加旁路门作为高压缸倒暖门。

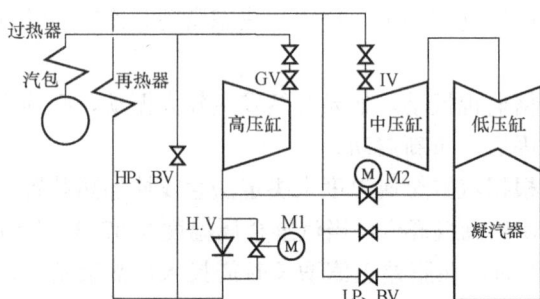

图7-2 中压缸启动机组的旁路系统
M1—暖缸阀；M2—高压缸抽真空阀；GV—高压调节汽门；IV—中压调节汽门；HP、BV—高压旁路阀；LP、BV—低压旁路阀；H.V—高压缸排汽止回阀

为实现汽轮机的中压缸启动，其热力管道布置与常规电厂不同，图7-2所示为中压缸启动机组的旁路系统。图中各主要装置的作用如下：

（1）高、低压旁路系统的作用。大型汽轮机的热惯性远远大于锅炉。锅炉的冷却速度较快，这是因为用于热交换的面积很大，在重新启动前还必须放水排污。汽轮机短时停运后接着再启动，转子和汽缸仍然处于热态，这时汽轮机在启动期间必须供给温度较高的蒸汽，目的是不使汽轮机冷却。

采用高、低压旁路系统后既满足了汽轮机对汽温的要求，又保护了再热器，同时使锅炉的燃烧调整变得相当灵活。

（2）高压缸抽真空阀的作用。在汽轮机负荷达到一定水平之前、完全切断高压缸进汽流量之前，高压缸抽真空阀用于对高压缸抽真空，以防止高压缸末级因鼓风而发热损坏。在冲转及低负荷运行期间切断高压缸进汽，以增加中、低压缸的进汽量，有利于中压缸的加热和低压缸末级叶片的冷却，同时也有利于提高再热蒸汽压力，因为再热蒸汽压力过低将无法保证锅炉的蒸发量，从而无法达到所需要的汽温参数。

（3）暖缸阀的作用（又称高压缸排汽止回阀的旁路阀）及高压缸的预热。暖缸阀是在冷态启动时用于加热高压缸的进汽隔离阀。在汽轮机冲转启动的第一阶段，中压缸内的蒸汽压力很低，因此热量的传递也很慢。在这一阶段，中压转子和汽缸的温度上升较慢，因此尽管蒸汽和金属之间有温差，它们都不会产生过高的应力。汽轮机高压缸的情况则不同，由于再热器压力已调整到一定的数值，所以蒸汽一进入汽缸，汽缸内的压力就升高了。为此，高压缸在进汽前必须先经过预热。

在启动的最初阶段，当锅炉出口蒸汽达到一定温度时，就可以进行汽轮机的预热。为了使蒸汽能进入高压缸，就需打开暖缸阀。此时，高压缸内的压力将和再热器的压力同时上升，高压缸金属温度将上升到相应于再热蒸汽压力下的饱和温度。这样的预热方式在汽轮机冲转过程中可以继续一段时间（直到升速至 1000r/min）。当高压缸内的金属温度达到要求时，暖缸阀自动关闭，并同时打开高压缸抽真空阀，使高压缸处于真空状态。高压缸预热过程不会干扰或延长启动过程，因为锅炉冷态启动时的升温升压所需时间就足以使高压缸得到充分的预热。运行实践证明，当机组汽温、汽压具备冲转条件时，高压缸的预热正好或早已结束。由于高压缸暖缸过程的电动阀控制是自动的，且当机组冲转时高压缸暖缸已经结束。这就产生了用中压缸启动机组的又一优点，即无论是冷态还是热态启动，对运行人员的操作程序和步骤总是相同的。

高压缸倒暖门装在高压缸排汽止回阀旁路上，用于在高压缸闷缸时，倒暖高压缸。

（三）中压缸启动运行

1．启动操作

机组启动前的检查及其他工作同冷态启动。操作中压缸启动阀，关闭高压调节汽门，锅炉点火后，打开倒暖门或挂高压缸排汽止回阀投入高压缸倒暖，达到冲转参数后，可冲动转子，到中速暖机结束后，关闭高压缸排汽止回阀或倒暖门，高压缸开始隔离，然后用抽真空门调整高压缸金属温升率，机组并网操作同冷态，升负荷至 5%～7% 时，进行切换，关闭抽真空门，打开高压调节汽门，挂起高压缸排汽止回阀，机组进入联合启动状态，切换时，高压缸金属温度应达到 320～340℃，切换时，注意主蒸汽温度匹配，然后的操作同机组正常启动。

2．中压缸启动运行中的几个问题

（1）表 7-2 为冲转蒸汽参数。

表 7-2　　　　　　　　　　　　　冲 转 蒸 汽 参 数

参数	300MW 机组	600MW 机组
主蒸汽压力（MPa）	2.94～3.43	5.0～8.73
主蒸汽温度（℃）	330～350	380～400
再热蒸汽压力（MPa）	0.686～0.784	1.54
再热蒸汽温度（℃）	300～330	≤380

（2）高压缸的隔离温度。冷态启动时，锅炉点火后即可投高压缸倒暖，即蒸汽依次经过主蒸汽管道、高压旁路和高压缸排汽止回阀进入高压缸，一般情况下高压缸倒暖温度与再热蒸汽压力下的饱和温度一致，高压缸温度可加热到 170～190℃，即当高压缸加热到 170～190℃时隔离高压缸。高压缸隔离期间，由摩擦鼓风热量继续加热高压缸，通过调整抽真空门的开度来控制高压缸的温升率。到 5%～17% 负荷切换前，高压缸温度可加热到 300℃左右，相当于机组带 20%～30% 以上负荷的缸温水平，在此基础上，应保证主蒸汽参数与高

压缸缸温的合理匹配，以避免切换后因主蒸汽参数低而使负荷带不上，造成高压缸缸温的大幅度下降，产生较大的热应力。需要指出的是，在高压缸隔离期间，禁止使高压缸缸温升到380℃，否则应立即打闸停机。

（3）切换负荷。切换负荷是指当中、低压缸带负荷至该值时切换为高、中压缸进汽的负荷。一般来说，切换负荷越高，就越能体现中压缸启动的优越性，但切换负荷的增加又受到旁路容量、轴向推力等因素的限制。

（4）切换时的中压缸温度。为了避免机组在切换前后中压缸温度出现大幅度的波动，切换前中压缸缸温应控制在合理的范围内。如果切换前中压缸缸温过高，一方面，因切换后允许接带负荷或高压缸缸温水平限制不能及时升到对应缸温下的负荷点，或再热蒸汽温度降低，将引起中压缸温的不必要冷却；另一方面，会因切换前中压缸温升量较大，增加机组冷态启动的寿命消耗。

因此，在切换前使中压缸温度控制在 360℃ 左右，高压缸温度控制在 360℃，选择合适的切换参数，这样，在切换后，既可使机组负荷增加，又不会引起中压缸温度的降低。

课题二　汽轮机正常运行维护

教学目的

了解汽轮机正常运行中的监视项目及内容。

汽轮机的正常运行是电力生产中最重要的环节之一。运行中对设备进行正确的维护、监视和调整，是实现安全、经济运行的必要条件。运行人员必须以高度的工作责任感来对待运行维护工作，通过认真监盘、定期巡检等形式及时发现运行中出现的异常情况，并加以调整，保证机组的安全和经济运行。

一、汽轮机正常运行中的监视

汽轮机正常运行中主要监视的项目有新蒸汽参数（压力、温度）、再热蒸汽参数（压力、温度）、真空、监视段压力、轴向位移、热膨胀及胀差、振动和声音以及油系统等。

1. 主蒸汽参数的监视

主蒸汽压力和温度不仅与汽轮机的安全运行关系很大，而且也直接影响运行的经济性，因此为了保证机组安全经济运行必须维持额定的蒸汽规范，一般规定主蒸汽压力变动不超过额定值的±5%，主蒸汽温度变动不应超过规定范围，运行人员应经常与锅炉运行人员密切联系，保持主蒸汽参数在正常范围内。

2. 再热蒸汽参数的监视

再热蒸汽压力是随着蒸汽流量变化而改变的，运行人员对不同负荷下的再热蒸汽压力应有所了解，再热蒸汽压力不正常升高，一般是中压缸调节汽门脱落，或调节系统发生故障，使中压调节汽门或自动主汽门误关等引起的，应迅速处理，设法使其恢复正常。

再热蒸汽温度随着新蒸汽温度和机组功率而变化。同新蒸汽温度一样，再热蒸汽温度的变化也将影响设备的安全性和经济性，应及时加以调整。

3. 真空的监视

真空是影响汽轮机的经济性的主要参数之一，由第三单元课题四可知，真空的变化不仅影响机组运行经济性，还会对机组运行的安全产生很多不利因素，所以运行中应注意监视真空的变化并做好相应的调整，使机组保持在最有利的真空下运行。

4. 监视段压力的监督

由汽轮机变工况的知识可知，在凝汽式汽轮机中，调节级汽室压力和各段抽汽压力均与蒸汽流量成正比，根据这一原理，在运行中通过监视调节级压力和各段抽汽压力不仅可以监视汽轮机负荷的变化情况，还可以有效地监督通流部分的工作是否正常，通常称各抽汽段和调节级汽室的压力为监视段压力。

在同一流量下，若监视段压力升高，则说明监视段以后通流面积减少，多数情况是结了盐垢，有时也会是由于金属零件碎裂和机械杂物堵塞了通流部分或叶片损伤变形等所致。

当结垢使监视段压力增长 5%～15% 以上时，轴向推力将增大到危险程度。监视段压力的变化一般允许为：中压汽轮机为 15%；高压汽轮机为 5%，超过上述限度时应进行清洗。

在分析监视段压力时，还要监视各段之间的压差，如压差超过规定值，会使该级隔板和动叶的工作应力增大，从而损坏设备。

5. 轴向位移的监督

轴向位移是指汽轮机转子在轴向推力的作用下，承受推力的推力盘、推力瓦块、推力轴承等的弹性变形和油膜厚度变化的总和。它的大小反映了汽轮机推力轴承的工作情况以及汽轮机通流部分动静轴向间隙的变化情况。轴向推力过大，推力轴承本身有缺陷或工作失常，都会造成推力瓦块烧损，使汽轮机动静部分发生摩擦，造成设备的损坏。为此，在运行中值班人员应密切监视轴向位移和推力瓦温度及回油温度的变化。

大功率机组都设有轴向位移保护装置和推力轴承工作瓦块温度指示器，并规定了轴向位移最大允许值和瓦块温度的最高允许值。一般规定推力瓦块乌金温度不超过 95℃，回油温度不超过 75℃，当温度超过允许值时即使轴向位移不大，也应减少负荷使之恢复正常，当轴向位移增大到超过极限值时，轴向位移保护装置动作切断汽轮机进汽，紧急停机。

轴向位移增加主要是轴向推力增加所致，发现轴向位移数值增大时，运行人员应对机组全面检查，查找原因，及时处理使之恢复正常。

运行中轴向推力增大的主要原因如下：

（1）汽温、汽压下降；

（2）隔板汽封间隙因磨损而增大；

（3）蒸汽品质不良，引起通流部分结垢；

（4）发生水冲击事故；

（5）负荷变化，一般来讲凝汽式汽轮机的轴向位移随负荷增加而增大。

6. 热膨胀和胀差的监视

运行中的汽轮机，当负荷增减速度过大或新蒸汽温度骤然变化时，汽缸和转子的热膨胀都将相应发生变化。如果热膨胀不均匀，胀差变大甚至超过极限值，会造成动、静部分的摩擦。为监视汽轮机热膨胀情况，汽轮机上装置有汽缸热膨胀指示器，大型机组还装有胀差指示器。热膨胀和胀差是运行中主要控制指标之一，应当注意监视和调整。

某厂一台汽轮机停机半年后启动至低速暖机时，机头振动增加，升速过程中振动量显著增大。经检查，发现机头左侧热膨胀指示器数值为 2mm，而右侧指示的为零。查找后发现右侧猫爪锈蚀卡死，当即停机，用千斤顶将猫爪横销顶起，使其松动消除锈蚀。再次启动，振动正常。由此可见，热膨胀的监视对机组安全运行是十分重要的。

7. 振动和声音的监视

转子在转动时不可避免要发生振动，其振动量只要不超过一定的程度是完全允许的，但是当机组振动不正常时，则表明设备发生了缺陷或运行不正常，振动过大还可能使轴封处动静部分发生摩擦，引起主轴局部受热产生永久变形；使动叶片、叶轮等转动部件损坏；使螺栓紧固部分松弛；严重时还会使整个机组损坏，因此在运行中必须注意监视。通常可使用振动表定时测定各轴承的振动值，并维持机组振动在允许范围内，对 3000r/min 的机组其最大振动值不允许超过 0.05mm。

机组在启动交接班或工况有较大变化时，运行人员必须对机组进行听音检查，听音的部位主要是轴承、主油泵和轴封等处。其目的是发现和防止汽轮机内部动静部分的摩擦或碰撞。声音是否正常主要靠运行人员的实践经验来判断，若发现有明显的金属声和摩擦声应紧急停机。

8. 油系统的监视

供油系统担负着向轴承供润滑油和向调节系统、保护装置供油的重要任务，一旦出现故障就可能导致轴瓦烧毁或使调节系统失灵，负荷无法控制。因此运行中应对油系统的工作情况密切加以监视。

油系统的监视主要包括：

(1) 油温。合适的油温是轴瓦油膜形成的必要条件。油温升高会使油的黏度降低，致使油膜破坏，油温过低，油的黏度增大，造成轴瓦油膜不稳定，引起振动。因此，应通过调整冷油器的冷却水量来控制轴承进油温度为 35～45℃。轴承进出口油温差为 10～15℃，如果运行中油温升高，应检查润滑油系统、冷油器或化验油质有无变化。轴承出口油温不允许超过 65℃，达到 70℃时必须故障停机。

(2) 油压。油压过高可能使油系统泄漏甚至破裂，造成油系统着火事故；油压过低会使轴承油量不足或断油，并造成调速系统工作失常。在运行中，如发现油压有不正常的变化时，应及时查找原因，加以消除。引起油压降低的主要原因可能是主油泵工作失常、注油器故障、减压阀弹簧调整不当或油系统漏油等。大、中型机组上都装有低油压保护装置。

(3) 油箱油位。运行中应保证系统有足够的油量，即油箱油位应在正常范围内。为了正确监视油位，应在油箱上装置油位指示器，一旦发现油位降低，应检查油系统各个部件，找出油位降低的原因，消除漏油，并补充新油。

(4) 油质。油质是影响汽轮机安全运行的最关键的指标之一，必须要有一定的检查化验制度以维持油质合格。运行中油温过高或油中浸入汽、水都会使油质变坏，发现油质恶化应及时处理。

(5) 冷油器工作情况。当冷却水温度、压力不变而冷油器出口油温与出口水温的差值增大时，表明冷油器的冷却表面污脏应进行清洗；如冷却水进出口温差增大，而出口水温与出口油温差不多，则表明冷却水量不足，应增大冷却水量。为防止铜管泄漏时造成油中进水恶化水质，应始终保持冷油器油侧的压力大于水侧的压力。

二、汽轮机正常运行中的试验

为了保证汽轮机安全可靠的运行，汽轮机运行人员在启动、停机及正常运行过程中应根据不同的目的进行以下试验：

（1）定期活动主汽门。目的：防止主汽门门杆卡涩。应每天进行一次。

（2）自动主汽门、调节汽门严密性试验。目的：检查自动主汽门和调节汽门关闭的严密程度。每次大修后均应进行此项试验。

（3）超速试验。目的：确保超速保护装置动作可靠。该项试验包括手动试验、注油试验、超速试验。每次大修或运行 2000h 后均应按规定进行此项试验。

（4）真空系统严密性试验。目的：检查和鉴定凝汽系统的严密性。这个试验一般每月应进行一次。在大约 80% 额定负荷下，凝汽器至抽气器间的空气阀门关闭严密时，3～5min 内真空平均下降速度不应大于 266.644～399.966Pa/min（2～3mmHg/min）

注意事项：真空系统严密性试验时间每次不能过长，一般应在 5～7min 以内；试验中如果真空下降的很快，到 650mmHg 时应立即停止试验，迅速开启空气门恢复真空，并分析真空系统不严密的原因，设法解决，保证机组安全经济运行。

课题三　汽轮机的停机

教学目的

熟悉汽轮机正常停机的基本过程，了解汽轮机紧急停机的主要步骤。

汽轮机从带负荷正常运行状态转到静止状态的过程称为汽轮机的停机。停机过程实质上是对机组零部件的冷却过程。停机中的主要问题是，防止机组零部件冷却过快或冷却不均匀使其产生过大的热应力、热变形和负胀差。根据不同的停机要求，可以选择不同的停机方式。

一、汽轮机的停机方式

（一）正常停机

正常停机是根据电网的需要有计划地停机。例如，按预定检修计划停机、调峰机组根据需要停机等。正常停机按停机过程中蒸汽参数是否变化又可分为额定参数停机和滑参数停机两种方式。

1. 额定参数停机

停机时主蒸汽参数不变，依靠关小调节汽门逐渐减负荷到零，直到转子静止的过程，称为额定参数停机。

2. 滑参数停机

停机时，调节汽门全开（或逐渐开大），汽轮机的负荷随主蒸汽参数的滑降而减小的停机过程，称为滑参数停机。

滑参数停机与额定参数停机相比，有以下优点：

（1）滑参数停机能使汽缸温度降得较低，缩短了冷却时间，有利于提前检修。

（2）在相同负荷下，滑参数停机时蒸汽流量大，又是全周进汽，对汽缸冷却均匀，因此汽轮机的热变形和热应力较小。

（3）滑参数停机可以减少停机过程中的能量和汽水损失，并且可利用锅炉余汽发电，基本上不对空排汽。同时，滑停可以减少锅炉放水，降低锅炉通风设备以及汽轮机润滑油泵、盘车装置等设备长时间运行的耗电量。

（4）滑参数停机时蒸汽对叶片、喷嘴具有清洗作用，可省去专门清洗盐垢的装置。

由于滑参数停机有上述优点，所以大功率单元机组正常情况下多采用滑参数停机。故本课题介绍滑参数停机。

（二）事故停机

因电网或设备事故、机组不能正常运行的被迫停机称为事故停机。按事故对设备系统构成威胁的程度又可分为紧急停机和一般故障停机。紧急停机时值班员可直接按运行规程的规定进行处理，无须请示汇报，以免延误处理时间。

二、滑参数停机

（一）滑参数停机的主要步骤

滑参数停机的步骤主要包括停机前的准备、减负荷、解列和转子惰走三个阶段。

1. 停机前的准备

（1）首先对汽轮机组设备系统作一次全面检查，分析有没有影响正常停机操作的设备缺陷。其次，要根据设备特点和具体运行情况，预想停机过程中可能出现的问题，并制订具体措施，做好人员分工，准备好停机记录及操作用具。

（2）对停机中需要使用的各个油泵进行试验，如高压辅助油泵、交直流润滑油泵、顶轴油泵等，正常后使它们处于备用状态。

（3）将除氧器和轴封供汽切换为备用汽源，并对法兰螺栓加热装置的管道进行暖管。

（4）做好盘车装置的试验，正常后使之处于备用状态。

2. 减负荷

减负荷有两种方式。一种是开始就按照滑参数停机曲线降温降压，并逐渐全开调节汽门；第二种是先将负荷减至80%～85%额定负荷，并进行必要的系统切换操作，然后再按滑停曲线降温降压、减负荷。下面主要讨论后一种减负荷方式。

第二种减负荷方式的基本过程是：带额定负荷的机组在额定参数下先将负荷减至80%～85%额定负荷，并将蒸汽参数降至正常运行允许值的下限，随着参数的下降逐渐开大调节汽门，使机组在此条件下运行一段时间，当金属温度降低、零部件温差减小并逐渐趋于平衡后，按滑参数停机曲线进行降温、降压减负荷。当负荷减到一定数值时应停留一段时间，待金属温降速度减慢、温差减小后，逐渐降低汽温使其低于调节级处汽缸金属温度30～50℃。当蒸汽过热度接近50℃且汽缸金属温度下降速度减缓时又开始降压，负荷随之降低。当负荷降到预定数值时再停留一段时间，保持汽压不变再继续降温，达到上述温度范围后再降压减负荷，这样交替地进行降温、降压、减负荷，直到将负荷减到较低数值。

负荷降到较低数值时有两种停机方式。一种是用汽轮机将负荷减到零，解列发电机，打闸停机，同时锅炉熄火，测转子惰走，这种方法停机后的汽缸温度一般在250℃以上；另一种是锅炉维持最低负荷燃烧后熄火，利用余汽发电，待负荷到零时解列发电机。这种方法停机后汽缸温度可降至150℃以下，便于提前检修，但后一阶段汽温已无法控制，稍有不慎就易发生水冲击。

3. 解列和转子惰走

汽轮机负荷减到零后应迅速通知电气操作人员解列发电机，并监视汽轮机转速的变化，确认调节系统在发电机解列后能将转速保持在正常的范围，防止超速。一切正常后，即可打闸断汽并检查自动主汽门、调节汽门及抽汽止回阀是否关严。在汽轮机转速下降到主油泵退出工作之前，应启动辅助油泵，以保证供给各轴承润滑油。

打闸断汽后，由于惯性作用，转子仍要继续转动一段时间才能停止，从主汽门和调节汽门关闭起到转子完全静止所需的时间称为转子惰走时间。转子惰走时间与转速下降关系的曲线称为转子的惰走曲线。新安装的机组投入运行一段时间，待各部分工作正常后停机时所测出的惰走曲线称为该机组的标准惰走曲线，如图 7-3 所示。

因为真空的变化情况对汽轮机的惰走时间将有较大影响，所以绘制惰走曲线时应在汽轮机停机过程中控制凝汽器真空，使真空以一定的速度降低，并同时绘出真空变化的曲线。

从图 7-3 可以看出，惰走曲线可分为三段：

第一段为刚打闸断汽时，因转子在惯性转动中转速仍然很高，摩擦鼓风损失很大（与转速的三次方成正比），使转速由 3000r/min 急剧下降到 1500r/min，故曲线较陡。

第二段是在 1500r/min 的较低转速下，其摩擦鼓

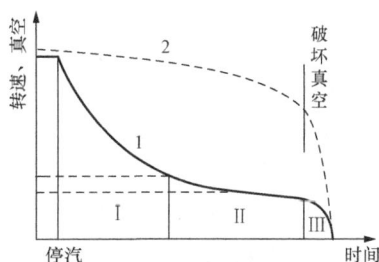

图 7-3 汽轮机停机时的转子惰走曲线和真空变化曲线
1—惰走曲线；2—真空变化曲线

风损失显著降低，转子能量损失主要消耗在克服调速器、主油泵、轴承和传动齿轮等摩擦阻力上，这要比摩擦鼓风损失小得多，故转速降落较慢，曲线较平坦。

第三段是转子即将静止的阶段，因为此时油膜已破坏，摩擦阻力迅速增大，转速迅速下降到零，故曲线较陡。

正常机组都有一定的惰走时间和惰走曲线，每次停机时，应保持相同的真空变化，记录转子的惰走时间和惰走曲线并与标准惰走曲线比较来发现设备的异常和缺陷。如果惰走时间比正常值明显加长则可能是主汽门或调节汽门关闭不严或抽汽止回阀漏汽进入汽缸所致；如果发现惰走时间急剧减少，则可能是轴承已经磨损或机组动、静部分发生摩擦。如某厂一台汽轮机，运行时曾有过振动，停机时发现惰走时间缩短了 2min，表明机体内部摩擦阻力增大。经检查发现，发电机轴瓦有摩伤痕迹，轴颈上还有乌金皮。

（二）转子停止后的工作

1. 盘车

汽轮机转子惰走结束，转速到零后，应立即投入盘车装置进行连续盘车，使转子继续转动以减少或消除由于上、下汽缸温差所引起的热弯曲，保证汽轮机随时都能启动。如果因某种原因，停机后盘车装置不能立即投入，则应记下转子静止时的位置，当可以连续盘车时，先将转子盘动 180°，消除热弯曲后再进行连续盘车。高压机组一般连续盘车到汽缸温度至 250℃ 以下时才能转为定期盘车，即每隔一定时间把转子转 180°，直到汽缸金属温度降至 180℃ 以下。

300MW 汽轮机的连续盘车，要盘到高中压缸内壁温度 150℃ 才能停止。盘车过程中，为防止轴承干摩擦被损坏，润滑油不能中断。对设有顶轴油泵装置的汽轮机，为减少盘车启动力矩及避免轴承磨损，投盘车前应先启动顶轴油泵，确认转子被顶起后，才能投入盘车。

2. 抽气器（或真空泵）和轴封供汽的停用

在转子惰走阶段应维持一定真空，除了可减少后几级摩擦鼓风损失产生的热量，有利于控制排汽温度外，还有利于使汽缸内积水在低压下蒸发，干燥汽缸内部，减少停机后对汽缸

金属的腐蚀。为此，通常在转速下降到 2000r/min 以下时才可停止抽气器（或真空泵），开启真空破坏门。当转速到零时，真空到零，随着凝汽器真空到零，停止向轴封供汽。轴封供汽过早停用，真空未到零，会造成大量空气从轴封处漏入汽缸发生局部冷却，严重时会产生变形引起动静部分的摩擦；轴封供汽过迟停用，即转子已经静止，真空为零后仍未停用轴封供汽，则会使停机后上、下汽缸温差增大，转子受热不均产生热弯曲。

3. 辅助油泵的运行

转子停止后，必须保持润滑油泵的连续运行，其目的是润滑轴瓦、冷却轴颈，并满足盘车装置运行的需要，以免汽缸和转子的部分热量由轴颈传递给轴承，使轴瓦温度升高，造成轴承乌金熔化，损坏轴承。

辅助油泵运行期间，冷油器也需运行。应调整冷油器冷却水，使润滑油油温不高于 45℃，轴承出口回油温度低于 45℃时可停止冷油器工作。

氢冷发电机停机后，仍为充氢状态时，轴端密封油系统仍需保持正常运行，排烟机也应保持正常运行，使烟气和漏出的氢气能及时排到室外。

4. 循环水泵和凝结水泵的运行

停机后，热力系统中仍有余汽和疏水排入凝汽器，因此仍需保持凝结水泵和循环水泵的运行，防止凝汽器内温度过高，造成铜管变形，影响胀口严密，使排汽温度回升。一般规定：当排汽缸温度降至 50℃以下后，停止供循环水，当确认无任何蒸汽和疏水进入凝汽器时，即可停止凝结水泵工作。对于短时间要再启动的机组，凝结水泵和循环水泵均没有必要停止。

5. 疏水

汽轮机停机后应开启各蒸汽管道的疏水门加强疏水。

（三）滑参数停机应注意的问题

（1）滑停时，最好保证蒸汽温度比该处金属温度低 30～50℃。新蒸汽、再热蒸汽应有 50℃以上的过热度。

（2）控制降温降压速度。新蒸汽平均降温速度为 1～2℃/min，平均降压速度为 19.7～29.4kPa/min，当蒸汽温度低于高压内上缸的内壁温度 30～40℃时，停止降温。

（3）在不同的负荷阶段，新蒸汽参数滑降的速度不同。较高负荷时，汽温、汽压的下降速度可快些，低负荷时汽温、汽压的下降速度应减慢。

（4）正确使用法兰螺栓加热装置，以减小法兰内外壁的温差和汽轮机的胀差。

（5）滑停时禁止做汽轮机的超速试验。因为新蒸汽参数低，要进行超速试验就必须关小调节汽门，提高压力，当压力升高后，就有可能使新蒸汽温度低于对应压力下的饱和温度，此时开大汽门作超速试验，就可能有大量凝结水进入汽轮机，造成水冲击。

三、汽轮机的紧急停机

在汽轮机运行中，当机组脱离正常运行状态而出现严重威胁人身和设备安全的情况时，运行人员应立即进行紧急停机。

1. 紧急停机的步骤

（1）手打危急保安器或按"紧急停机按钮"检查并确认自动主汽门、调节汽门、抽汽止回阀应全部关闭。

（2）向主控室发出"机器危险"信号，收到电气的"解列"信号后，检查机组转速是否下降。

（3）启动辅助油泵向轴承供润滑油，并调整氢压和密封油压。

（4）需要破坏真空的紧急停机，应停止抽气器并开启真空破坏门破坏真空，增加叶片鼓风作用，加速转子停止，必要时给发电机加励磁。

（5）当因汽轮机进水紧急停机时，应打开全部疏水门加强疏水。

（6）将事故报告班长和车间领导。

其他程序按运行规程规定的正常停机操作方法进行。

2. 紧急停机的情况

在下列情况下需破坏真空紧急停机：①机组强烈振动；②机组转速升高至危急保安器动作转速而危急保安器不动作；③清楚听到机组内发出金属响声；④发生水冲击；⑤机组内任一轴承断油、冒烟或轴承出口油温急剧升高，超过70℃；⑥轴封内冒火花时；⑦发电机或励磁机冒烟；⑧新蒸汽和给水管道严重破裂；⑨轴向位移及推力瓦温度突然超过极限数值时；⑩油系统失火又不能迅速扑灭时；⑪油箱油位迅速下降至最低油位以下而不能很快恢复时；⑫润滑油压下降到最低数值以下，分别启动高低压辅助油泵后仍不能很快恢复到正常数值时。

在下列情况下应紧急停机但不破坏真空：①调速系统失灵；②新蒸汽温度或再热蒸汽温度直线下降50℃；③空负荷时，凝汽器真空下降到60kPa以下；④新蒸汽管道损坏或法兰处严重漏汽。

课题四 汽轮机典型事故的处理及预防

教学目的

了解汽轮机事故处理的基本原则及几种典型事故的处理、预防措施。

一、事故处理的基本原则

电力工业的安全生产，对国民经济和人民生活关系极为密切，发电设备的事故，不但对本企业造成严重损失，还直接影响工农业生产，特别是大功率机组的安全运行情况，对电力系统举足轻重。电厂运行人员一定要坚持安全第一的方针，要有高度的责任感，并严格遵守各项规章制度。对汽轮机运行中可能发生的事故，应以预防为主。一旦发生事故，运行人员应本着下列原则进行处理：

（1）根据仪表指示，设备外部现象、声音、气味迅速准确地判断事故原因及产生的部位、范围，并尽可能及时地向班长、值长汇报，以便统一指挥。

（2）在值长统一指挥下，迅速处理事故，保证人身和设备的安全，并同时注意保持维护非事故设备的正常运行。运行班长受值长领导，但在自己管辖范围内的操作可以独立进行，各岗位应互通情报，密切配合，有效地防止事故扩大。

（3）如果班长、值长不在事故现场，应根据运行规程有关规定，及时处理。如已达到紧急停机条件，可不请示领导，立即破坏真空紧急停机。当发现自己不了解的现象时，应迅速报告上级，不得随意猜测处理，以免延误时间。

（4）正确执行上级命令，沉着机智、迅速果断、处理事故后应将事故现象、原因、时间、地点及处理经过详细记录，并报告上级。

二、几种典型事故的处理及预防

（一）大轴弯曲

汽轮机大轴弯曲事故一直是汽轮发电机组恶性事故中最为突出的一种，这种事故多数发生在大容量的汽轮机中，因此作为一个大容量机组的运行人员，对汽轮机大轴弯曲事故要特别引起重视，应熟练地掌握大轴弯曲的基本知识和防止大轴弯曲的有关技术措施。

1. 汽轮机大轴弯曲的原因

（1）停机后转子在静止状态。上、下缸温差使转子产生向上的弯曲。

（2）停机后转子静止，汽缸中有蒸汽漏入，使转子受热不均，产生热弯曲。

（3）启动中操作不当，如转子未转动就向轴封供汽，造成上、下缸温度不一致，引起转子弯曲变形。

（4）在上、下缸存在较大温差、汽缸变形较大情况下冲动转子，使动静部分局部摩擦过热，引起转子热弯曲。

（5）在启、停过程中，因任何原因使冷水、冷汽进入汽轮机，下汽缸受到突然冷却，使得汽缸产生拱背变形，造成通流部分径向间隙消失，转子和汽封体产生摩擦无法转动，盘车被迫停止。高温状态下的转子下侧接触到冷水时，局部骤然冷却，产生弯曲变形。

（6）在制造和检修时，叶轮、轴套等套装件在轴上装配尺寸不对，紧力不合适，运行一段时间后，因轴内应力过大而弯曲变形。

2. 预防大轴弯曲的措施

（1）启动前必须认真检查大轴的晃度，上、下缸温差，以及新蒸汽温度和再热蒸汽温度，确认以上各数值均满足启动条件才可以启动。

（2）在启、停过程中按运行规程正确使用盘车装置，防止转子受热不均。

（3）严禁在机组受到水冲击和振动较大情况下继续运行。

（4）热态启动时，应先向轴封供汽，后抽真空。高压汽封使用的高温汽源应与金属温度相匹配，轴封供汽管道应充分暖管、疏水。防止水或冷汽从汽封进入汽轮机。

（5）停机后应认真监视凝汽器、除氧器、加热器的水位，防止冷汽、冷水进入汽轮机，造成转子弯曲，并注意检查再热器减温水阀和Ⅰ级旁路减温水阀是否关闭严密。

（6）检修前后都应严格地检查转子的弯曲情况。当转子上更换零件时，一定要严格按规定尺寸装配，凡加热过的地方应设法消除应力。

（二）汽轮机振动

1. 机组异常振动的严重后果

汽轮机在运行中存在着不同程度的振动，其振动值应保证在表7-3所列数据以内。

表7-3　　　　　　　　　　部频振动标准　　　　　　　　　　mm

机组转速（r/min）	优等	良好	合格
1500	0.03以下	0.05以下	0.07以下
3000	0.02以下	0.03以下	0.05以下

当机组振动加剧，超过规定范围时，将会引起设备的损坏，甚至造成下列各种严重后果：

（1）使转动部件损坏。当机组振动过大时，会使叶片、围带、叶轮等各转动部件的应力增加，从而产生很大的交变应力，导致疲劳而损坏。

（2）使机组动静部分磨损。产生强烈振动时，轻则使端部轴封及隔板汽封磨损，间隙增大，漏汽损失增加，运行经济性降低；严重时会造成主轴弯曲。若振动过大出现在发电机与励磁机端时，将引起滑环及电刷的磨损，使发电机或励磁机损坏，电气绝缘磨损，以致造成接地或短路。

（3）使各连接部件松动。机组发生过大振动，将使与机组连接的轴承、轴承座、主油泵及蜗母轮、凝汽器及发电机冷却器的管道等发生强烈振动，引起法兰螺栓松动、地脚螺栓断裂，从而造成重大事故。此外，强烈振动还会引起基础裂缝。

（4）直接造成运行事故。当机组振动过大，同时又是高压端时有可能引起危急保安器的误动作而发生停机事故。

从以上几点可看出，振动直接威胁机组的安全运行。因此，一旦机组出现异常振动时，应及时查找原因，迅速消除，绝不允许在强烈振动下继续运行。

2. 引起机组异常振动的主要原因

（1）转子质量不平衡，如叶片结垢、脱落、断裂等。

（2）汽缸保温不良或保温层损坏及汽轮机受冷水影响热膨胀不均匀，或是滑销系统卡死不能自由膨胀等。

（3）启动中操作不当，如疏水不当，使蒸汽带水；暖机不充分，升速过快或加负荷过急，轴承油温过低；停机后盘车不当，使转子产生较大弯曲值，启动后又未注意延长暖机时间，以消除转子热弯曲等。

（4）运行中维护操作不当，如润滑油温过高或过低，润滑油压下降影响油膜形成；新蒸汽温度过高，使汽缸热膨胀和热变形不正常；新蒸汽温度过低，使湿蒸汽进入汽轮机产生水冲击；真空降低，排汽温度升高，使汽轮机排汽缸出现异常膨胀等。

（5）调节系统不稳定，使进汽量波动；发电机动静间隙不均匀或线圈受到损伤等。

3. 振动异常的处理方法

（1）当机组振动增大或发出不正常的声音时，运行人员应对可能引起振动的可以检查到的设备进行检查，并加强对新蒸汽参数、转子轴向位移、润滑油压及油温的监视，仔细倾听汽轮机内部的声音，分析振动的原因。

（2）当启动升速和带负荷过程中，机组发生强烈振动，并在轴封处或通流部分有清楚的摩擦声时，应立即停机进行检查。若仅有不大的振动时，应立即降低转速（或负荷）直到振动消除为止，并在此转速（或负荷）下暖机一段时间，再逐渐提升转速（或负荷），若振动仍不能消除，应停机检查。

（3）当运行中发生异常振动和声音时，应降低负荷直到振动消除为止，同时查找原因。如果振动强烈并伴有金属响声时，应立即破坏真空紧急停机。

（三）汽轮机水冲击事故

当水或低温蒸汽（低于汽缸金属温度或接近饱和温度的蒸汽）进入汽轮机内时，就有可能造成水冲击事故。水冲击事故会损坏叶片和推力轴承，使主轴承和汽缸发生变形，引起动静部分摩擦等。

1. 汽轮机水冲击事故的原因

造成汽轮机水冲击主要有两个方面的原因。

(1) 锅炉方面。

1) 锅炉负荷剧增。当汽轮机加负荷过急时，引起新蒸汽压力瞬间下降，这时锅炉汽包内的水温高于已降低了压力的饱和温度，一部分水立即变为蒸汽，产生汽水共腾现象，使大量水分被带入过热器和新蒸汽管道进入汽轮机。

2) 来自锅炉新蒸汽系统。由于误操作或设备误动作，蒸汽温度或锅炉水位失去控制，引起锅炉满水，造成汽轮机进水事故。

3) 锅炉减温器泄漏或调整不当。

(2) 汽轮机方面。

1) 启动时暖管和疏水不当，将蒸汽管道、汽缸、再热器内的积水冲入汽轮机。

2) 轴封系统进水。汽轮机启动时，轴封供汽系统的管道未能充分暖管和疏水，将积水带入轴封内；停机过程中切换备用轴封供汽汽源时，处理不当使轴封供汽带水；对于来自除氧器汽平衡管的轴封供汽，因除氧器控制失灵而发生满水也会使水进入轴封系统内。

3) 回热抽汽系统故障，如汽轮机抽汽管道止回阀关闭不严密或保护装置失灵、回热系统加热器水管破裂（尤其是高压加热器水管破裂）、加热器疏水故障及加热器满水均会导致水经抽汽管倒流入汽缸造成水冲击。例如，某厂一台中间再热机组的1号和4号低压加热器疏水管曾连在一起，事故前4号低压加热器停运满水，运行着的1号低压加热器至4号低压加热器的疏水门开启，因该疏水管径比1号低压加热器通向凝汽器的疏水管径大，致使1号低压加热器满水倒入汽缸内，低压缸瞬间发出两声巨响，机组强烈振动被迫紧急停机，这次水冲击事故使末级三个叶片断裂，五个叶片裂纹。

4) 滑参数停机操作不当。在滑参数停机过程中，若控制不当使降温与降压速度不相适应，即降温速度太快，汽压没有相应降低时，将使蒸汽过热度降低，接近或处于相应压力下的饱和温度，导致蒸汽管内集结凝结水，并进入汽轮机。

5) 对中间再热机组，水或低温蒸汽可能来自再热蒸汽系统。采用喷水减温装置来调节再热蒸汽温度时，若操作不当或阀门不严，减温水积存在再热蒸汽冷段管内或倒流入高压缸中，当机组启动时就被蒸汽带入汽轮机内。若启动时再热段暖管和疏水不充分也会造成汽轮机进水事故。

2. 汽轮机进水产生水冲击的象征

(1) 新蒸汽温度急剧下降。

(2) 从轴封信号管、轴封、新蒸汽管道法兰盘、汽缸法兰接合面等处有白色蒸汽冒出，或溅出水滴。

(3) 汽轮机内发出金属噪声或水击声，机组振动增大。

(4) 轴向位移增大，推力瓦温度和回油温度升高。

(5) 加热器满水时，抽汽管道内有水击声。

3. 处理方法

迅速破坏真空紧急停机，并开启有关蒸汽管道和汽轮机本体的全部疏水门加强疏水。检查推力轴承乌金温度和回油温度，正确记录惰走时间，仔细倾听汽轮机内部声响，测量轴向位移数值。

如果在惰走过程中没有异常情况发生时，可重新启动，但应小心谨慎。如果停机或再次启动过程中有异常情况，则应揭大盖检查。

4. 预防措施

（1）当主蒸汽温度和压力变化时，要特别注意监视，一旦汽温急剧下降到规定值，通常为直线下降50℃时，应按紧急停机处理。

（2）注意监视汽缸的金属温度变化和加热器、凝汽器水位，即使停机后也不能忽视。如果发现有进水危险，应立即查明原因，迅速切断可能进水的水源。

（3）热态启动前，主蒸汽和再热蒸汽要充分暖管，保证疏水畅通。

（4）当高压加热器保护装置发生故障时，加热器不能投入运行。运行中应定期检查加热器水位调节装置及高水位报警装置，使其处于良好状态。

（5）在锅炉熄火后蒸汽参数得不到保证的情况下，不应向汽轮机供汽。

（6）加强对除氧器水位的监督。

（7）在滑参数停机时，严格控制降温、降压速度，保持必要的过热度。

（8）定期检查再热蒸汽和Ⅰ、Ⅱ级旁路减温水阀的严密性，如发现泄漏应及时检修处理。

（9）只要汽轮机在运行状态，各种保护就必须投入。

（10）汽轮机在低速下进水，对设备的威胁更大，此时尤其要监督汽轮机进水的可能性。

（四）汽轮机油系统事故

汽轮机油系统起着向轴承、调节系统及保护装置供油的重要作用。一旦油系统发生故障而又处理不当时，就可能造成轴承烧毁，以至损坏设备或使调节系统失灵，对负荷失去控制，严重影响汽轮机运行安全。

油系统事故主要表现为：主油泵工作失常、油系统漏油、轴承油温升高和轴瓦断油、高压辅助油泵工作失常、油系统进水、油系统着火等，下面分别进行讨论。

1. 主油泵工作失常

油系统油压降低，供油量减少及泵内出现不正常音响。

原因：齿轮式油泵通常是机械部分损伤或损坏（如齿间间隙不当使齿轮啮合不良，传动装置磨损及螺丝松动等）所造成；离心式主油泵则可能由于射油器工作失常，使主油泵入口油压降低，进油量减少甚至中断，致使主油泵工作失常。

处理方法：应立即启动高压辅助油泵维持油压，若油压降低至规定值时应紧急停机；若只是主油泵声音不正常；应进一步监视油压，并仔细倾听油泵各部分的声音，当异音明显或有发展时应启动辅助油泵申请停机。若油系统有空气使射油器工作不正常而影响主油泵工作时，应启动高压辅助油泵维持油压，待排除空气后，停止辅助油泵工作。

2. 油系统漏油

（1）油箱油位、油压均下降。

原因：可能是外部压力油管破裂，法兰结合面不严密或冷油器铜管泄漏等。

处理方法：检查主油泵出口外部的调速和润滑油管及法兰消除漏油点，并向油箱补油至正常油位；检查冷油器出口冷却水，若有油花说明冷油器铜管漏油，应迅速切换备用冷油器。

（2）油位不变，油压下降。

原因：可能是主油泵工作失常，主油泵压力油管短路，主油泵吸入侧滤网堵塞或轴承箱、油箱内部压力油管漏油等。经检查若上述情况正常时，则可能是辅助油泵的止回阀和安全阀泄漏,使压力油经上述阀门漏回油箱。

处理方法:立即启动辅助油泵,保持油压在正常数值,查明漏油原因后及时予以消除。

(3)油压不变,油位降低。

原因:检查油箱油位指示器是否失灵,如油位指示器正常,则可能是油箱及其连接油管或轴承回油管漏油,或误开油箱放油门所造成的。

处理方法:迅速查明原因,并补充油至正常油位。凡属油系统漏油,应联系检修消除漏油点,经采取各种措施仍不能消除时,在油位降至最低油位前应启动辅助油泵,进行故障停机。

3. 轴承油温升高和轴瓦断油

轴承油温升高有两种情况,即所有轴承的油温均升高和仅某一个轴承的油温升高。

原因:(1)若所有轴承的油温均升高,应首先检查润滑油压和油量,如果正常则可以确认是冷油器工作失常所致,如冷油器操作顺序错误、切换冷油器时未放净空气、冷油器冷却水量不足、冷油器污脏传热不良或夏季冷却水温过高等。

(2)若某一个轴承油温升高,则可能是杂质进入轴承,使轴承摩擦发热油温升高,轴承进油管被堵塞,进油量减少,不足以冷却轴承使油温升高,轴瓦防转锁饼的销钉被折断,进油量减少,甚至断油。

处理方法:对于第一种原因,可以开大冷油器进水门增加冷却水量,降低润滑油温。对于第二种原因,一旦轴承回油温度升高至70℃以上时应紧急停机。

轴瓦断油事故往往是由于油系统某些设备在切换过程中操作不当引起的。例如,当冷油器进行串、并联切换时的误操作;汽轮机启动定速后,在停止高压电动油泵时,由于射油器工作失常,使主油泵失压且润滑油泵又没有联动时,都可能引起轴承断油,造成轴瓦烧毁,动静部分发生摩擦。

预防断油事故的措施如下:

(1)冷油器油侧的进、出阀门应挂有明显的禁止操作警告牌。运行中进行冷油器或滤油器切换操作时,必须有有经验的负责人在场监护并密切注视油温、油压、油流变化,避免因误操作造成断油烧瓦事故。如某厂值班人员在一次倒换冷油器操作时,未按规定填写操作票,违反监护制度由监护人监护操作,并错误地用左右手同时调节两个冷油器的出口油门,致使运行中的冷油器油门先关,备用冷油器油门尚未开启,造成润滑油瞬间到零,轴承冒烟,引起事故。

(2)当启动机组定速停止高压辅助油泵时,要缓慢地关闭出口门,并注意监视油压变化。若发现油压降低,立即开启高压辅助油泵出口门,然后分析原因采取对策。

(3)交直流润滑油泵和低油压保护装置应定期试验,保证随时能可靠投入。

4. 高压辅助油泵失常

原因:油泵内部损坏或进油管堵塞;高压辅助油泵的原动机工作失常。

处理方法如下:

(1)启动时发现高压辅助油泵声音不正常,但无金属摩擦声,且油压能达到正常值时,则可维持运行,直到主油泵投入工作后停止并查明原因。

(2)在启动升速最后阶段高压辅助油泵出现故障且油压降低时,则应迅速提高汽轮机转速,使主油泵投入工作,保证油系统的正常油压,然后停高压辅助油泵。

(3)若停机过程中高压辅助油泵出现故障,在条件许可下,可将汽轮机转速提升至额定值，维持空负荷运行，然后将辅助油泵停下检修，如果汽轮机转速已降至很低或是事故停机时，则应启动低压电动油泵供油，维持润滑油压。

5. 油系统进水

原因：汽轮机高压轴封段漏汽压力过大或轴封供汽压力调整不当使蒸汽通过轴承的挡油环进入油系统。

危害：油系统进水后，将引起润滑油乳化，腐蚀调节系统部件，导致调节系统事故。

预防油系统进水的措施如下：

（1）保持冷油器油侧压力大于水侧压力，防止铜管泄漏时水渗漏到油中。

（2）将高压轴封间隙调整到适当数值，保证轴封漏汽通畅；轴封压力调整器可靠，能按规定压力供汽。

（3）定期化验油质，发现油中带水应及时滤油。

6. 油系统着火

原因：油系统设备结构存在缺陷；安装检修时法兰紧力不够或法兰质量不佳；运行不当引起油管道破裂以及油管接头丝扣处断裂、脱落等均能造成漏油。当漏油落至附近没有保温或保温不良的高温部件上时，将引起油系统着火。

处理方法如下：

（1）当油系统着火不能及时扑灭且威胁设备安全时，应破坏真空紧急停机，迅速通知消防人员，并报告上级。

（2）在消防队到来之前，应有效地使用现场灭火器主动采取措施灭火。

（3）当火情对油箱有危害时，应立即打开事故放油门，把油放掉，但必须使机组静止前维持润滑油压不中断。

预防油系统着火的措施如下：

（1）厂房内严禁堆放杂物和易燃物品，应经常保持数量足够、性能良好的消防设施。

（2）渗漏在地面上的油应随时处理干净，汽轮机检修后，应将渗油的保温层更换。

（3）靠近蒸汽管道或其他高温设备的油管道法兰，应装隔离罩。油系统附近的蒸汽管道或其他高温管道应加装铁皮罩，并应保温良好。

（4）油系统在安装检修中，其法兰结合面要求采用隔电纸、青壳纸或耐油石棉橡胶板做垫料。

（5）油箱应有事故补油装置和便于操作的事故排油装置。

（6）当调节系统发生大幅度摆动或机组油管发生振动时，应立即检查油系统，发现漏油及时处理。

（五）汽轮机叶片损坏

叶片损坏事故包括叶片断落、裂纹、围带飞脱、拉金开焊或断裂、叶片冲蚀等。运行中叶片及围带断落的现象如下：

（1）单个叶片或围带飞脱时，将会在通流部分发生明显的金属撞击声。

（2）当末级叶片断落或叶片不对称脱落较多时，会使转子产生不平衡而发生强烈振动，但有时叶片断落发生在转子的中间级，则会使机组产生瞬间振动，运行后不久即可能趋于正常。

（3）当调节级叶片及围带飞脱堵在下一级静叶时，会使调节级汽室压力升高，同时推力轴承温度也略有升高。

（4）断落叶片落入凝汽器时，可能将凝汽器铜管打坏，使凝结水电导率、硬度增大，热井水位升高。

原因：

（1）叶片（或叶片组）振动特性不良发生共振，造成叶片或围带材料疲劳而折断。

（2）叶片质量不合格。设计应力过高，结构不合理；错用材料或材质较差叶片上有凹痕、裂纹；加工工艺不良引起应力集中等。

（3）新蒸汽温度经常过高或过低。如新蒸汽温度经常过高，使叶片产生蠕变，许用应力降低；如新蒸汽温度经常过低，会使末几级叶片因湿度过大受水珠冲刷，机械强度降低。

（4）不适当超出力运行，使最末一、二级严重过负荷。

（5）偏高额定频率运行，致使叶片有可能进入共振区域引起共振。

（6）叶片结垢严重，使叶片离心力增大，通流面积减小，反动度增大，产生附加作用力使叶片承受过大应力。

（7）启停机过程中，因操作不当，出现过大胀差，导致汽轮机动静部分发生摩擦而使叶片损坏。

（8）停机后维护不当，如停机后有少量蒸汽漏入汽缸，导致叶片锈蚀。

处理方法：叶片损坏的现象不一定同时出现，但当机组内部发生明显的金属撞击声或出现剧烈振动时，必须立即破坏真空紧急停机。

预防叶片损坏的措施如下：

（1）电网应保持在额定频率或正常允许变动范围内稳定运行，避免叶片进入共振区域工作。

（2）当蒸汽参数和各段抽汽压力，真空变化超过规定范围时，应限制机组出力，防止通流部分过负荷。

（3）不要长时间在低负荷下运行，防止调节级过负荷损坏叶片。

（4）加强对机组振动情况的监视和听音，防止动静部分摩擦。

（5）保证汽轮机在规定的汽温、汽压下工作。

（6）加强化学监督，限制蒸汽中的含盐量。

（7）长期停机应采取防腐措施。

（8）在机组大修时，应全面检查通流部分损伤情况，对出现的缺陷认真研究，并及时更换不合格叶片，以保证叶片的质量，使运行能安全可靠。

课题五　特种汽轮机的运行

教学目的

了解核电汽轮机、空冷汽轮机的结构特点及运行特点。

一、核电汽轮机

（一）基本特点

1. 初参数低且湿度大

反应堆供给汽轮机的蒸汽参数较低，压力一般为 $4.0\sim7.0$MPa，湿度为 $0.25\%\sim$

0.40%，温度大约270℃，即为略带湿度的饱和蒸汽。这比常规火电汽轮机组的参数低得多，有着与火电机组不同的运行特点，如图7-4所示。图中的虚线表示一个亚临界压力机组的热力过程线，实线表示核电厂汽轮机的工作过程。核电汽轮机压力仅为亚临界压力机组的1/3，临界、超临界压力机组的1/4，同时湿度大，工作段大部分处于湿蒸汽区。核电饱和汽轮机的整个高压缸处于湿蒸汽下工作，核电汽轮机与火电机组的主要差别发生在高压缸，低压缸有着与火电机组相似的参数与工作条件。

图 7-4 核电厂汽轮机的热力过程线

2. 蒸汽容积流量大

由于核电汽轮机初参数低，其有效焓降仅为常规火电汽轮机的50%左右，致使同等功率机组，核电汽轮机的进汽量是火电机组的2倍，而容积流量则为4～6倍，同时疏水量也增加。

3. 单机功率大且承担基本负荷

因为核电厂投资成本高，运行费用低，所以核电汽轮机都设计成大功率的，并承担电网的基本负荷。近期投运的机组，功率均为600～1500MW，最大的单机功率已达到1580MW（法国），并准备生产2000MW的机组，以进一步降低成本。

4. 结构特点

由于蒸汽初参数低和容积流量大，核电汽轮机在设计制造时，绝大多数采用1个高压缸加2～4个低压缸的结构。相同功率的常规火电汽轮机，一般由1个高压缸、1个中压缸再加1或2个低压缸组成。核电汽轮机一般无中压缸，高压缸采用双流程。低压缸由于容积流量大需要较大排汽面积，一般为2个（600～700MW）或3、4个（1200MW以上），其汽缸体积大、质量大。核电汽轮机制造成本高，为降低造价，设计制造采用标准化结构。为了通用化，汽缸和转子一般设计成适合600、700、1200、1300MW机组的，而不是为每一功率的机组设计一个尺寸的汽缸，即采用"模块化"技术，由一组标准的高压缸模块和低压缸模块组成许多系列的核电汽轮机，某一特定的汽缸模块具有固定的转子尺寸。一般，前几级静叶和动叶尺寸可变，以适应不同功率和流量的需要。对低压缸模块，需要调整轴承及联轴节尺寸以适应不同功率机组扭矩的变化。

常规火电汽轮机多采用全速（3000r/min或3600r/min），极少采用半速（1500r/min或1800r/min）。核电机组因为进汽量和排汽容积流量很大，所以一般采用半速机组。与常规火电全速汽轮机相比，核电半速汽轮机在不增加转动部套所受应力的情况下，允许把线性尺寸（平均直径和叶片高度）放大1倍左右，从而可得到3.5～4倍于全速机组的通流面积和排汽面积，以适应其排汽面积较大的需要。但是正由于半速机组的转子平均直径大，叶片长，增大了转子和叶片的设计和制造成本，因此半速机组的制造、安装总费用高于全速机组。

转速的选择应考虑机组成本与运行费用的比较。对于功率在600MW以上的机组，在电网频率为50Hz的国家，全速与半速机组都被采用；而在电网频率为60Hz的国家，绝大多数采用半速机组，这也是考虑到3600r/min时的离心力远大于3000r/min时的缘故。

去湿、防蚀及汽水分离再热器（MSR）的设计是十分重要的。核电厂的蒸汽参数低，

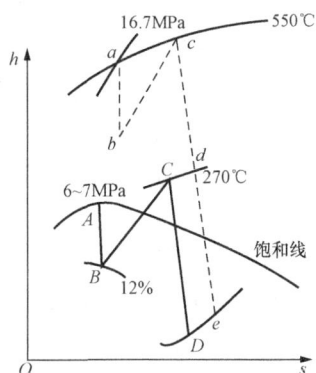

进汽为饱和蒸汽，工作段大部分为湿蒸汽，所以要采取去湿、防蚀、提高蒸汽干度的措施，以保证核电的安全，并提高效率。去湿的措施除增设汽水分离再热器（MSR）外，还包括有：在不引起严重漏汽损失的情况下，尽量采用无围带的动叶片；在级后设置去湿槽以及时排除沉积的水分；采用钻孔式或百叶窗式抽汽环，采用回热抽汽增大去湿量；汽缸内壁形状应平滑，以免沉积在壁面上的水分流动到壁面转折处又被汽流夹带；各级级间设有向下一级疏水的槽道等。防蚀主要措施：在蒸汽湿度大区域工作的零部件采用耐蚀防锈材料（如低铬合金钢）；承受压差的连接面加保护层并尽量用螺栓紧固；排汽端汽封区轴表面用节流新蒸汽所得的干蒸汽保护。在核电汽轮机中增设 MSR，其作用是将高压缸排汽引入 MSR，对湿蒸汽进行汽水分离，去除其中水分后，再用抽汽或新蒸汽对其进行再热，使蒸汽进入低压缸前有 $70\sim80℃$ 的过热度，最终的排汽湿度控制在 10% 左右，以提高效率保证机组安全。

（二）启动与运行特点

汽轮机在启动和加负荷过程中，最严重的情况为冷态启动。此时最大的温度变化率发生在升速至空转并网，加负荷过程的温度变化率为升速过程的二分之一。但研究表明，全负荷下的汽缸热应力高于空转并网时，稳态与瞬态有相近的应力。

由于高压缸的蒸汽压力低、缸壁薄、金属加热快，凝结加热过程并不产生较大的径向温差与热应力，但存在轴向温差，相应于逐级的蒸汽温度降低。这一现象不取决于负荷变化率，而决定于实际工况。随着负荷的增大，将产生更大的温差与热应力。在汽缸界面局部加厚或者不连续处，会产生较大的热应力。汽缸筒体部分的最大热应力发生在隔板支撑处和端部轴封处，最大的应力点位于中分面的内表面侧。法兰的最大应力发生在中间隔板支承处的上平面外缘，它也是汽缸的最大应力点。

核电汽轮机的启动与变负荷速率限制在高压缸进汽区，这里有最大的参数变化量，它处于湿蒸汽条件下，有着很高的放热系数，会引起金属内部较大的热应力。通常限制速率的主要因素为高压转子第一级处的热应力。

在开始启动的小流量时，由于调节阀的节流原因，启动与加负荷过程中蒸汽参数会出现深度节流，新蒸汽沿等熵线降压，高压缸进汽为过热状态，金属表面发生对流换热，放热系数很小。

打开阀门，逐渐增加蒸汽流量时，熵焓图上的进汽点沿等熵线向左移动，压力相应提高。当过热蒸汽的饱和温度达到与超过表面温度时就进入凝结放热状态。在启动与加负荷过程中主要依靠湿蒸汽在被加热表面的凝结放热。凝结有着很大的放热系数，使金属表面温度与蒸汽饱和温度基本能够保持一致，该温度与压力为单值关系，而压力的增长又正比于蒸汽流量的增加。因此可以通过限制流量获得合适的温差与热应力。

核电汽轮机热态启动中，金属表面温度高于过热向饱和过渡的蒸汽温度时，将发生金属的急剧冷却，使部件的热应力状态显著恶化，为避免出现负温差情况，需要尽快地升速与加负荷（缩短升速时间与加大初始负荷值），使相应压力的饱和温度很快地越过金属初始温度点。

正常的减负荷与停机过程可看作启动与加负荷的相反过程，采用相同的变化率。核电汽轮机高压缸处于湿蒸汽状态下，金属表面覆盖着一层液膜，减负荷时随着蒸汽压力下降，使饱和温度低于金属表面温度，液膜发生沸腾与蒸发。液膜蒸干，液体以液滴形式存在于核心汽流中，放热系数明显减小，雾状流动一直持续至所有液滴转化为蒸汽，然后进入过热区，发生对流换热，放热系数减小。

甩负荷情况下，蒸汽压力急剧下降，金属表面液膜与汽流中的液滴在短时间内完全蒸发，膨胀过程很快进入过热区，即使假定仍处于湿蒸汽状态下，当壁温超过工质饱和温度一定值时，液滴已不能再"浸润"表面，而被汽膜隔开，其换热条件相同于干蒸汽。甩负荷后蒸汽参数的最大变化发生在甩负荷后的瞬间，此时热应力最高。由于低压缸前蝶阀快速关闭，阀前蒸汽被抑制，以后通过蝶阀的反复启闭逐渐卸压和释放流量。在低压缸前蝶阀卡住不关的事故情况下，缸内蒸汽压力将很快下降至凝汽器压力，会引起汽缸与转子更大的温差与热应力。

核电汽轮机易于超速，反应堆对汽轮机负荷变化的适应性较差，因此对于调节系统自动化程度更高，反应更灵敏，保安系统更可靠，低压转子定期检查的时间间隔也有更严格的要求。

二、空冷汽轮机

在我国煤炭储量丰富的地区，往往由于水资源相对缺乏而制约了电力工业的发展，发电厂空冷系统为解决这一矛盾提供了条件。

（一）发电厂空冷系统介绍

目前，用于发电厂的空冷系统主要有三种，即直接空冷系统、带表面式凝汽器的间接空冷系统和带混合式凝汽器的间接空冷系统。

1. 直接空冷系统

直接空冷是指汽轮机的排汽直接用空气来冷却，空气与蒸汽间进行表面式换热。所需空气通常由机械通风方式供应。直接空冷的凝汽设备称为空冷凝汽器（空冷岛）。

直接空冷机组原则性汽水系统如图 7-5 所示。汽轮机排汽通过粗大的排汽管道送到空冷凝汽器内，轴流冷却风机使空气流过空冷凝汽器的外表面，将排汽凝结成水，凝结水再经凝结水泵送回汽轮机的回热系统。

直接空冷系统的优点是设备少，系统简单，基建投资较少，占地面积小，空气质量的调节灵活；其缺点是运行时粗大的排汽管道密封困难，维持排汽管内的真空困难，启动时建立真空需要的时间较长。

2. 带混合式凝汽器的间接空冷系统

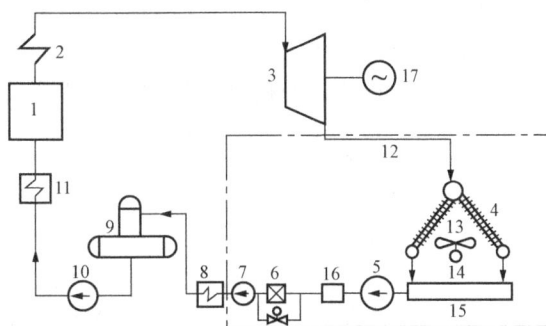

图 7-5 直接空冷机组原则性汽水系统

1—锅炉；2—过热器；3—汽轮机；4—空冷凝汽器；5—凝结水泵；6—凝结水精处理装置；7—凝结水升压泵；8—低压加热器；9—除氧器；10—给水泵；11—高压加热器；12—汽轮机排汽管道；13—轴流冷却风机；14—立式电动机；15—凝结水箱；16—除铁器；17—发电机

带混合式（喷射式）凝汽器的间接空冷系统又称为海勒式间接空冷系统，如图 7-6 所示。

系统中采用的冷却水是高纯度的中性水。中性冷却水进入凝汽器喷射，并直接与汽轮机的排汽相接触，排汽冷凝成的凝结水与冷却水混合，混合后的水除少量用凝结水泵送回给水系统外，其余的水则用冷却水循环泵送至空冷塔散热器，经与空气对流换热冷却后通过调压

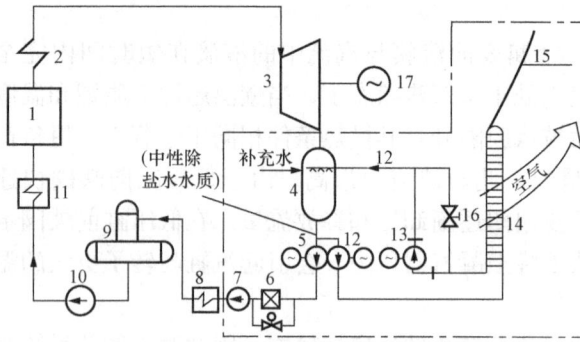

图 7-6　海勒式空冷机组原则性汽水系统
1—锅炉；2—过热器；3—汽轮机；4—空冷凝汽器；
5—凝结水泵；6—凝结水精处理装置；7—凝结水升压泵；
8—低压加热器；9—除氧器；10—给水泵；11—高压加热器；
12—冷却水循环泵；13—调压水轮机；14—全铝制散热器；
15—空冷塔；16—旁路节流阀；17—发电机

水轮机将冷却水再送至喷射式凝汽器形成循环。

海勒式间接空冷系统的优点是以微正压的低压水运行，较易控制，其年平均背压低于直接空冷机组，略低于哈蒙式间接空冷机组，故机组的经济性较高；其缺点是设备多，系统复杂，冷却水循环泵的泵坑较深，自动控制系统复杂，全铝制散热器的防冻性能差。

3. 带表面式凝汽器的间接空冷系统

带表面式凝汽器的间接空冷系统又称为哈蒙式间接空冷系统，如图 7-7 所示。

该系统的工作过程是，汽轮机的排汽进入表面式凝汽器内，在凝汽器内的冷却过程与湿冷系统相同。该系统与湿冷系统的不同之处是，用空冷塔代替湿冷塔，用不锈钢管凝汽器代替铜管凝汽器，用碱性除盐水代替循环水，用密闭式循环冷却水系统代替开敞式循环冷却水系统。

哈蒙式间接空冷系统的优点是，节约厂用电，系统设备少，冷却水系统与汽水系统分开，两者水质可按各自要求控制，冷却水量可根据季节要求来调整，在高寒地区，在冷却水系统中可充以防冻液防冻；缺点是空冷塔占地面积大，基建投资多，系统中需要进行两次换热，且都是表面式换热，使得全厂热效率有所降低。

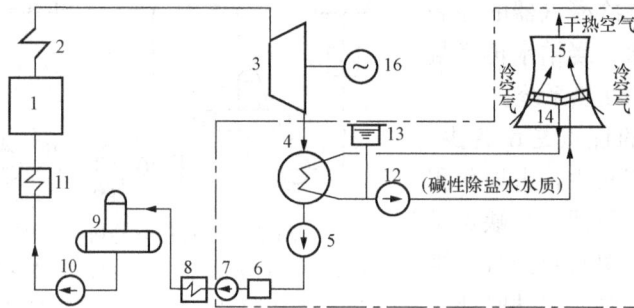

图 7-7　哈蒙式空冷机组原则性汽水系统
1—锅炉；2—过热器；3—汽轮机；4—空冷凝汽器；5—凝结水泵；6—凝结水精处理装置；
7—凝结水升压泵；8—低压加热器；9—除氧器；10—给水泵；11—高压加热器；
12—循环水泵；13—膨胀水箱；14—全铝制散热器；15—空冷塔；16—发电机

(二) 空冷汽轮机的变工况运行特点

空冷系统的汽轮机背压高而且变化范围大。间接空冷系统汽轮机的背压变化范围为 5～30kPa；直接空冷系统汽轮机的背压变化范围更大，多为 10～50kPa，这对空冷汽轮机的安全运行影响很大。

下面叙述空冷汽轮机变工况的主要特点。

1. 末级叶片容积流量变化大

(1) 气温低、背压低、负荷大时，汽轮机容积流量大。这将导致余速损失增大；由于蒸汽速度增大，作用力增加，使叶片弯曲应力增大；当背压过低，容积流量过大时，因马赫数增大，有可能在末级叶片通道内造成汽流阻塞，此时即使背压继续降低，机组功率也不能增加。只有采用降低空冷设备冷却性能的措施（如减少运行风机台数、运行功率或关闭百叶窗）来提高汽轮机背压、增加进汽量，也就是用降低机组运行的经济性来维持汽轮机的功率。因此，空冷汽轮机不宜在排汽压力过低的工况下运行。

(2) 当气温高、背压高、负荷较小时，汽轮机末级叶片容积流量过小。叶片根部、顶部均会出现脱流现象，使得该处的蒸汽倒流。由于叶片的根部、顶部脱流易形成旋涡区，不仅对叶片有冲蚀作用，而且还形成了稳定的扰动源，激发叶片产生振动，严重时会引起叶片组的颤振。

叶片颤振是一种自激振动，其激振力是由叶片本身的振动形成的，与汽轮机转速无关当发生自激振动时，振动的能量是不断从外部输入振动系统中功的积累，并且此能量逐渐增大，故振幅逐渐增大。但它与共振不同，共振是强迫振动的结果。当汽流流过振动叶片时，如果叶片受任何外部的作用而发生轻微的振动，则由于叶片和汽流的相互作用，在叶片表面将产生一个波动的压力分布，这样就会产生一个力和运行之间的相对位移，它导致在叶片上做功。如果在叶片一个振动周期内汽流对叶片做的功为负值，或者虽然功为正值，但小于叶片振动机械阻尼所消耗的功，叶片获得的总能量仍为负值，此时叶片振幅会逐渐减小直至为零，不会发生颤振；如果汽流流过叶片做的功为正值，而且大于机械阻尼所消耗的功，则能量逐渐积累，叶片振幅逐渐增大，此时会发生叶片颤振。

2. 在威尔逊（Wilson）区运行的末级叶片有盐分沉积

威尔逊区就是蒸汽湿度为 $2\%\sim4\%$ 的区域。此时，蒸汽中的盐分将沉积于叶片上，造成对叶片的腐蚀。通常，空冷汽轮机末级叶片湿度的变化范围为 $2\%\sim8\%$，即汽轮机运行时，末级叶片要通过威尔逊区，盐分在末级叶片上沉积，产生腐蚀，从而降低了叶片材料的许用应力。

3. 低压缸排汽温度变化大

图 7-8 所示为某空冷汽轮机在不同背压下的膨胀过程。由于空冷汽轮机在不同工况下其背压变化很大，因此排汽温度的变化也很大，致使低压缸各部分热膨胀产生差异。例如，当汽轮机轴承座落在低压缸外壳时，轴承标高的变化将影响各轴承的负荷分配和轴系的稳定性；叶片根部紧固力的变化将影响叶片的振动频率；低压隔板、汽封套将发生相对位移，以上变化对汽轮机的可靠性和安全性会带来不利影响。

(三) 空冷汽轮机的结构特点

针对空冷汽轮机的变工况运行特点，相应提出了一些与湿冷汽轮机不同的结构要求。

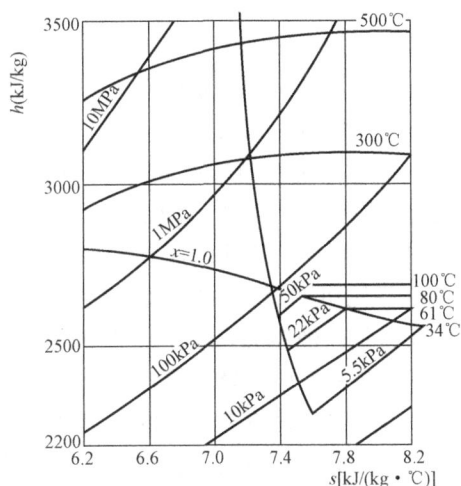

图 7-8 某空冷汽轮机在不同背压下的膨胀过程

1. 末级叶片

为了保证机组的安全，要从强度、刚度及控
制振动方面设计末级叶片，具体如下：

（1）通常采用比湿冷机组短的末级叶片。

（2）采用松拉金。由于离心力的作用，拉金紧紧地压在拉金孔外侧，增加了叶片振动的
机械阻尼和叶片的刚度，对减轻叶片的振动、防止叶片颤振有重要的作用。

（3）叶片型线的设计应满足背压变化大的特点。常规湿冷机组在设计工况下汽轮机末级
叶片根部反动度较小，在部分负荷下出现负的反动度，甚至出现根部倒流。空冷机组增大了
末级叶片的根部反动度，推迟了小容积流量下倒流的出现。

2. 低压缸喷水减温装置

低压缸出口一般均设有喷水减温装置，这对空冷汽轮机更为重要。当末级叶片蒸汽容积
流量过小，不能及时将摩擦鼓风产生的热量带走时，或背压过高时，均会导致排汽温度升
高。为了保护末级叶片，保证排汽缸温度不超过允许值，在排汽温度升高到某一数值时，应
投入喷水冷却系统。有的空冷汽轮机在低压缸进口也设置喷水减温装置。

3. 轴承的支承方式

空冷汽轮机的背压变化范围大，导致排汽温度变化大，使低压缸上的轴承标高发生变
化，引起轴承载荷的重新分配，进而影响到轴承 - 转子系统的稳定性，增加机组的振动，严
重时会激发颤振，所以空冷机组的低压轴承多采用落地式轴承。

小 结

1. 汽轮机从静止状态升速到额定转速，并将负荷加到额定负荷的过程称为汽轮机的启
动。启动方式大致有四种分类方法，其中压力法滑参数启动在大功率机组中应用最广泛。

压力法冷态滑参数启动的步骤可分为启动前的准备、锅炉点火并暖管、冲动转子及升速
暖机、并列接带负荷四个阶段。在启动中，应注意正确选择冲转参数，必须在满足冲转条件
后方可启动汽轮机，在启动过程中应严格控制金属的温升速度。

热态下的汽轮机上、下汽缸存在温差，转子有热弯曲，因此在热态启动时要正确选择冲
转参数，必须确认启动条件满足后才能启动。在启动全过程中应注意热态启动和冷态启动的
区别，正确地进行启动操作。

2. 汽轮发电机组的正常运行是电力生产中最重要的环节之一，为保证机组安全、经济
地运行，在运行中应严格地监视下列项目：新蒸汽参数、再热蒸汽参数、真空、监视段压
力、轴向位移、热膨胀及胀差、振动和声音以及油系统等，并将其控制在允许范围内。

3. 汽轮机的停机可分正常停机和事故停机两种。正常停机又分为额定参数停机和滑参
数停机，后一种停机方式在大功率机组中得到广泛应用。其停机步骤可分为停机前的准备、
减负荷、解列发电机转子惰走三个阶段。汽轮机停机实质上是金属部件的冷却过程，因此，
在滑停时要保持蒸汽有一定的过热度，并控制降温、降压、降负荷速度，以防止金属部件产
生过大热变形、热应力和胀差。当转子停止后要做好辅助设备的运行工作。

一旦机组发生事故时，应严格按照紧急停机步骤进行操作。

4. 电力工业的安全生产十分重要。当事故发生时，运行人员应遵循事故处理原则，迅

速处理事故，保证人身和设备的安全。本单元第四课题重点分析了几种典型事故的现象、产生的原因、处理措施和预防措施。

5. 核电汽轮机和空冷汽轮机的应用越来越广泛，由于工作条件的不同，两种汽轮机的有着显著的结构特点和运行特点。

复 习 思 考 题

1. 试述汽轮机启动方式的分类。

2. 压力法冷态滑参数启动的基本步骤有哪些？

3. 压力法滑参数启动冲动转子必须具备哪些条件？

4. 冲动转子时蒸汽参数的选择原则是什么？

5. 启动过程中应注意哪些问题？

6. 与冷态启动相比，热态启动时应注意哪些问题？

7. 汽轮机正常运行中的主要监视项目有哪些？

8. 运行中对监视段压力的监督有何作用？

9. 油系统监视主要包括哪些内容？

10. 汽轮机停机的方式有几种？简述滑参数停机的步骤。

11. 滑参数停机应注意哪些问题？

12. 转子停止后应做好哪些工作？

13. 滑参数停机有哪些优点？

14. 简述紧急停机的步骤。

15. 在哪些情况下需破坏真空紧急停机？

16. 汽轮机事故处理的原则是什么？

17. 产生大轴弯曲的主要原因是什么？如何预防？

18. 汽轮机异常振动有哪些危害？引起机组异常振动的主要原因是什么？

19. 汽轮机水冲击时有什么象征？如何处理和预防？

20. 油系统进水的原因是什么？有何危害？如何预防？

21. 如何预防断油事故？

22. 运行中叶片及围带断落时有哪些现象？造成叶片损坏的原因是什么？如何处理和预防？

23. 核电汽轮机的基本特点有哪些？

24. 简述空冷汽轮机的结构特点和变工况运行特点。

参 考 文 献

[1] 赵永民. 汽轮机设备及运行. 北京：水利电力出版社，1982.

[2] 赵素芬. 汽轮机运行. 北京：中国电力出版社，1998.

[3] 席洪藻. 汽轮机设备及运行. 北京：水利电力出版社，1988.

[4] 常桂莲. 汽轮机. 北京：中国电力出版社，2001.

[5] 吴季兰. 300MW 火力发电机组丛书——汽轮机设备及系统. 北京：中国电力出版社，1998.

[6] 靳智平. 电厂汽轮机原理及系统. 北京：中国电力出版社，2004.

[7] 上海新华控制技术（集团）有限公司. 电站汽轮机数字式电液控制系统——DEH. 北京：中国电力出版社，2005.

[8] 王爽心，葛晓霞. 汽轮机数字电液控制系统. 北京：中国电力出版社，2004.

[9] 孙为民，杨巧云. 电厂汽轮机. 北京：中国电力出版社，2005.

[10] 孙奉仲. 大型汽轮机运行. 北京：中国电力出版社，2005.

[11] 饶金华. 电厂汽轮机设备及运行. 北京：中国电力出版社，2012.

[12] 陈庚. 单元机组集控运行. 北京：中国电力出版社，2001.

[13] 王勇. 电厂汽轮机设备及运行. 北京：中国电力出版社，2010.

[14] 赵素芬. 汽轮机设备及运行. 2 版. 中国电力出版社，2006.